JN204949

錬金術の秘密

再現実験と歴史学から解きあかされる「高貴なる技」

The Secrets of Alchemy

ローレンス・M・プリンチーペ
Lawrence M. Principe
ヒロ・ヒライ 訳

bibliotheca hermetica

勁草書房

THE SECRETS OF ALCHEMY
By Lawrence M. Principe

Japanese translation licensed by The University of Chicago Press, Chicago, Illinois, U.S.A. through The English Agency(Japan)Ltd.

口絵1. ヘールショップ《キミストの実験が火を吹く》油彩画（1687年）
密閉したガラス容器を加熱しておこる爆発
妻が子供の尻を拭くことで夫の失敗を象徴する（後景）

口絵 2.「硫黄の水」が銀の色彩を変化させる
ライデン・パピルスに記述された処方（再現）

口絵 3. 初期近代人たちの「アンチモン」である輝安鉱（生硫化アンチモン）（左）
黄金の「アンチモンのガラス」（右）
有名な結晶紋をみせるアンチモンの「星状レグルス」（中央上）

口絵 5. 賢者の卵のなかで育つ「賢者の木」は幹と枝がある（再現）
スターキーがサンゴと比較するのも理解できる

口絵 6. 賢者の卵のなかで育つ「賢者の木」の拡大写真（再現）
輝く銀白色と枝分かれした形状が明確にわかる
容器の4分の1もみたしていなかった無定形の物質が容器一杯に育つ

口絵 4.「賢者の水銀」と金の混合物を賢者の卵に密閉する（再現）

口絵 7. 1716 年に鉛から変成されたという金から鋳造されたメダル

大カマと砂時計で土星（鉛）を象徴する人物が太陽（金）を象徴する頭部をもつ

口絵 9. ブラーケンブルフ
《キミストの工房と遊ぶ子供たち》
油彩画（17 世紀後半）

口絵 8. ファン・デ・フェンネ
《豊かな貧困》
油彩画（1632 年）

口絵 10. 小テニールス
《キミスト》
油彩画（17 世紀）

口絵 11. ヴァイク
《書斎のキミスト》
油彩画（17 世紀）

口絵 12. ヴァイク《キミスト》油彩画（17 世紀）

bibliotheca hermetica 叢書

錬金術の秘密

再現実験と歴史学から解きあかされる「高貴なる技」

Lawrence M. Principe

The Secrets of Alchemy

bibliotheca hermetica 叢書の発刊によせて

ヒロ・ヒライ

従来、思想史・哲学史とよばれるジャンルでは特定のテクストの解釈に重点がおかれ、それぞれのテクストが成立する背景にあった「知のコスモス」の把握には必ずしも十分な関心がはらわれてこなかった。ある思想家を理解するためには、テクストを読みこむだけではなく、その背景にある歴史的な文脈（コンテクスト）を把握することが必須である。一方、歴史学では政治・経済・制度の研究が主流であったが、近年では文化的な側面もクローズ・アップされてきた。インテレクチュアル・ヒストリーはその一歩先にあるものだ。そこでは、個々の思想家だけではなく、文学・芸術作品、さらには政治的な事象までもが研究の対象とされる。特徴的なのは、各作品や出来事が成立するさいの知的文脈の理解に大きな努力がはらわれることである。つまり、インテレクチュアル・ヒストリーとは歴史学と哲学のあいだに存在し、歴史学者の時間軸にたいする感性と哲学者のテクストのなかに入りこむ浸透力のふたつを同時に必要とするジャンルなのだ。

職業的専門家の出現により学問の細分化がおこなわれたのが近代ならば、それ以前の知的世界は多様な要素が複雑に絡みあっており、その探求にはおのずから分野横断的な視点が求められる。哲学、科学、宗教、文学、芸術といった各分野の枠内で論じられていた多様な主題が追求されなければならず、これらの主題はたがいに交錯しあい、密接に関連していたことが理解されるであろう。こうした時代の知的世界の研究にとってインテレクチュアル・ヒストリーの手法はうってつけといえる。

分野ごと、さらには対象となる文化圏ごとに縦割りにされがちな本邦の学問伝統においては、そのような方向性をもつ研究を発表する特別な場所の確立が真に望まれている。本叢書は、この要請に真摯にこたえようとするものである。研究者たちに発表の機会を提供するだけでなく、その成果を受けとるオーディエンスそのものを育ていくことも目的としている本叢書には、国内の研究者によるオリジナル作品とともに、海外の優れた研究書や重要な原典の翻訳がおさめられることになるだろう。

インテレクチュアル・ヒストリーを専門にあつかうインターネット・サイト『ヘルメスの図書館』bibliotheca hermetica（略称ＢＨ）http://www.geocities.jp/bhermes001/ が一九九九年に開設されてから十余年が経過し、その活動をとおして世界各地に散らばる希望の種子たちが出会い結びつくことで大きな知的ネットワークが生まれた。そこから育ったものたちは成果を世に問う段階に達している。おりしも、新しい研究者の組織 Japanese Association for Renaissance Studies（JARS）が設立され、本邦における研究体制の基盤も整いつつある。本叢書の発刊は好機を得たといってよい。

天才カルダーノや放浪の医師パラケルスス、そして最後の万能人キルヒャーに代表される、あらゆる領域に手をそめ、優れた業績を残した人物やその作品世界を読み解くことは、分野横断的なインテレクチュアル・ヒストリーの独壇場である。本叢書が、この手法の豊かさと奥深さ、とくにその多様性をもってして、大いなる知の空間を表象する『ヘルメスの図書館』となることができれば幸いである。

目次

bibliotheca hermetica 叢書の発刊によせて

凡例

一、本書はLawrence M. Principe, *The Secrets of Alchemy* (Chicago: University of Chicago Press, 2013) を底本とした。

一、引用では、邦訳を参照した場合も、原典にかんがみて表記を微調整してある。原典の著作家自身による補足には（　）を、筆者・邦訳者による補足には［　］をもちいた。

一、読者の便を考えて段落を区切ったところもある。

一、ラテン語の表記は原則として綴りを標準化し、i/jとu/vはiとuにそろえた。大文字の使用についても標準化した。

一、近代以前の書物のタイトルは長く複雑であるため、とくに初出以降は適宜簡略している。

一、本書には、なじみの薄い多数の人名が出てくる。できるかぎり初出時に欧語の綴りと生没年をつけた。おもな活動期だけがわかる場合にはfl.で記してある。

一、補足的な関連文献を［　］で、邦訳書は＝で邦題と書誌情報をくわえた。

プロローグ——錬金術とはなにか

1　はじめに

錬金術の黄金時代は約三〇〇年前に終わったが、この「高貴なる技」はさまざまな仕方で命脈をたもっている。うす暗い実験室で燃えさかる炎や煮えたぎる釜にむかう神秘的な魔術師たち、錬金術という言葉そのものがこうしたイメージをかきたてる。また多くの人々が「賢者の石」について聞いたことがあるだろう。賢者の石とは、幾多の錬金術師たちが探しもとめた謎の物質で、鉛を黄金に変化させる能力をもつという。

J・K・ローリングの第一作『ハリー・ポッターと賢者の石』の驚異的な成功で、いまでは誰もが賢者の石と中世パリのニコラ・フラメルの逸話を知るようになった。残念ながらアメリカの出版社は、「賢者の石」という由緒正しい名前を平凡な「魔法の石」に変えてしまい、錬金術が十分な尊敬を払われていないことを露呈させる。一六世紀スイスの錬金術師ホーエンハイムのテオフラストゥスは「パラケルスス」の名前で知られるが、日本の漫画やアニメ『鋼の錬金術師』で「光のホーエンハイム」となって新たな人生を歩みだした。このシリーズは錬金術の諸概念を驚くべき方法で再解釈している。

錬金術と変身のつながりを転用して、多くの書物が「錬金術」を題名に採用し、新しい意味を毎年のように生みだしている。P・コエーリョによる一九八八年のベスト・セラー小説『アルケミスト』から、『愛の錬金術』

や『財務の錬金術』といったより平凡なもの、そして『アメリカ式錬金術：アメリカ合衆国におけるゴミ処理の歴史』といった想像力にあふれるものまで多種多様だ。また変身というテーマは、各種の自己啓発プログラムが錬金術という言葉を頻繁に採用する要因となっている。

こうした多様な変種と並行して、おそらく驚くべき数の人々が世界中で金属変成を探究している。数世紀前と多少なりとも同様に、現代の化学は悲観的な予測しかあたえないのにもかかわらず。個人的な経験によると、現代の探究者たちは大学で教職についていることもある。このように錬金術は、さまざまな外見と扮装のもとに存在しつづけている。

しかし現代社会がもつ錬金術への親近感は、外見的なものだろう。錬金術の神秘性は人々の興味をひくが、内容の難解さと複雑さは人々の理解しようとする気持ちをすぐに鈍らせてしまう。錬金術について確実で満足のいく結論を導くことは、賢者の石を発見するのと同じくらい難しい。錬金術のテクストは秘密主義や奇怪な言葉づかい、曖昧な観念や奇妙な図像にあふれていて、恐ろしく錯綜した世界という印象をあたえる。錬金術師たちは、彼らがなにをしていたのかを他の人々が理解するのを簡単には助けてくれない。

印刷物だろうとインターネットだろうと、錬金術についての研究は矛盾にみちた迷路に読者をすぐに追いこんでしまうので、とても厄介な代物だ。歴史学的に信頼できる入手可能な研究書は、高度な専門性を前提とする素晴らしい学術書から入門編だが時代遅れとなった一般書まで存在する。(1)しかし大衆作家やオカルト主義者、少数の「押売り」による書物の方がはるかに多い。こうした書物は現段階で到達された知見を提示するよりも、陳腐な逸話や勘違い、歴史的な誤解、根拠のない解釈をくり返している。その大多数は、程度の差こそあれ宗教や心理学、魔術や神智学、ヨーガやニューエイジ運動、そしてより頻繁には曖昧な「オカルト主義」と錬金術を結びつけている。だから地図をもたずに迷路から脱出し、錬金術の実像について明確な結論をえるのは、勇敢な冒険家にとっても非常に困難なのだ。

錬金術とはなんだろう。錬金術師とは誰だったのか。彼らはなにを信じ、なにをしていたのか。なにが彼らの目標で、彼らはなにを達成したのか。彼らは宇宙の働きと自身の営みをどのように理解していたのか。彼らは同時代の人々の眼にどのように映っていたのか（口絵1）。これらの問題を本書では考察していこう。

私の目標は、錬金術のさまざまな秘密について信頼できる指針を提供する点にある。包括的な歴史となると長大な紙幅を必要とするし、それを執筆するのは時期尚早だ。学者たちによって解明されるべき問題がまだ沢山あるからだ。かわりに、さらなる研究のための基礎となる入門編を提示することにしよう。本書の執筆の動機は、錬金術についての近年の諸発見の果実を一般読者の手にも届けたいと考えた点にある。錬金術は特権的な秘密の知識だと考えられてきたが、おそらく現代の錬金術にとって最高の秘密は、専門家たちの理解が過去四〇年のあいだに急展開した点だろう。現在、錬金術は科学史家たちにとても人気のある研究テーマとなっている。何世紀にもわたって誰にも読まれずに眠っていた書物や手稿にふたたび光があてられ、歴史的な文脈にそってより正確に理解されてきている。新しい知見が毎日のように報告されているのだ。しかしこうした情報は大多数の読者には届かないままにある。しばしば英語以外の言語で専門学術誌に発表されているからだ。結果として、錬金術についての一般書は過去の欠点をくり返し、八〇年以上も前に学術書のなかで満足いく説得力でもって正されたはずの間違いが生きのびている。熱心な読者はもっと良いものを手にする価値があると私は信じている。

（1）錬金術の通史には John Read, *Prelude to Chemistry: An Outline of Alchemy, Its Literature and Relationships*（London: Bell & Sons, 1936）; F・S・テイラー『錬金術師：近代化学の創設者たち』平田寛・大槻真一郎訳（人文書院、一九七八年）; E・J・ホームヤード『錬金術の歴史：近代化学の起源』大沼正則監訳（朝倉書店、一九九六年）がある。これらの書物は有用な入門編だったが、現代の研究成果によって時代遅れとなっている。

私は本書をふたつのレベルで機能するように執筆した。本文は専門家でない人々や一般読者、学生を念頭においている。前提となる錬金術の基礎知識や科学史の専門知識はほとんど必要としない。たしかに第六章では、化学の基礎知識が読書の助けとなるだろう。その一方で特定の問題をほりさげたい読者には、注を豊富にして専門的な文献にむかえるようにした。これらの注は網羅的とはいえないが、各テーマについての最良の研究や原典の校訂版への手引きとして機能する。入手できるかぎりの文献を列挙することは避け、重要なものだけを厳選している。私がまだ出会えていない貴重な文献を執筆した研究者には、この点を理解していただきたい。もし書誌情報や抜刷りをいただけるなら、それは望外の喜びだ。

さらに私は、本書が人名事典となるのを避けようと腐心した。本書では多くの重要な人物たちが付随的に言及されるか、まったく登場しないので、読者のなかには失望する人がいるかも知れない。かわりに私は、錬金術の主流を代表する少数の重要な人物たちだけに焦点を絞った。表面的な概略とともに流れていくよりも、ながい歴史のなかで標識となる精選された人物と思考に読者は精通することになるのだ。

2　錬金術の時代区分と本書の構成

西洋錬金術の歴史は伝統的に三時代に区分されてきた――ローマ帝国期エジプトをふくむギリシア語圏の時代、アラビア語圏の時代、そしてヨーロッパの時代だ。ギリシア・エジプト世界の時代は三世紀から九世紀にまたがる。ここで錬金術の基礎や、後代の展開を特徴づける多くの要素が確立される。アラビアあるいはイスラム時代は八世紀から一五世紀まで到達する。ギリシアの遺産を探究し、理論的な枠組みや実践的な知識と技術でそれを発展させる過程だ。錬金術は中世ヨーロッパに到達したとき、アラビア学の一部として紹介された。その血縁は

「アルケミア」という名称にアラビア語の定冠詞「アル」al-をもつ点に象徴される。しかし錬金術はヨーロッパでこそ大きな展開をみせ、一二世紀から一五世紀までの成熟期のあと、一六世紀から一八世紀までの初期近代に黄金期をむかえる。これは「科学革命」といわれる時代と重なる。この時期に錬金術はもっとも発展・多様化し、それ以前よりも多くの記録やテクストを後世にのこす。

この標準的な三区分に、本書では一八世紀から現代にかけての第四の時代を追加する。この時期に錬金術は、重要な「復活」と「再解釈」を経験し、活気ある文化的・知的な運動を生みだす。したがって第四の時代は錬金術の歴史全体にとって欠かせない要素だと理解されるべきだ。またこの時代は、現代まで幅ひろく流布している誤解されたイメージも生んだ。この現象の起源を固有の文脈において理解すべきだろう。そうすれば、歴史学的により正確な一八世紀以前の錬金術の実像を把握する助けとなるはずだ。現代に流布している解釈の起源を暴くことは重要であり、本書で時代の順序を入れかえて議論するのを正当化するだろう。したがって本書の第一章から第三章では、それぞれギリシア世界、アラビア世界、そして中世ヨーロッパにおける錬金術をあつかう。第四章は、一六・一七世紀の黄金時代を飛びこして、一八世紀における錬金術の「終焉」とそれにつづく再生と再解釈を議論する。そのあとに、第五章で初期近代の黄金時代にもどろう。

西洋で探究されたテーマと似たものは、インドや中国などの東方においても探究された。しかしこれらの地域は本書ではあつかわない。理由は単純で、現時点では満足のいく包括的な成果をえられるほど研究が進展していないからだ。過去の錬金術史の記述は、東洋と西洋をひとつの書物に落しこもうと試みてきた。しかしそれは混乱をまねく結果となる。たとえば中国と西洋の歴史を無視した結合は、ヨーロッパの錬金術師たちが「不老不死のエリクシル」を探究したという間違った考えを生んでしまう。たしかに西洋の実践家たちは寿命を延ばすための医薬を探究したが、地上界での不老不死の獲得は中国だけに存在した目標だった。東洋と西洋の探究には類似点があるが、非常に異なる文化的・哲学的な文脈のなかで展開しており、そうしたものを無理やりにひとつの書物に押しこめば、それぞれの独自性を毀損してしまうだろう。「外丹」waidan や「内丹」neidan と呼ばれた東洋の実践に「アルケミア」という西洋起源の言葉を当てはめること自体が、誤解をまねく行為だ。それらがイスラム世界で出会ったという可能性はたしかに捨てきれないが、東洋と西洋の関連は現段階では証明されていない。だから説得力ある歴史的な証拠がない現状で、そのような関連を想定するのは賢明ではないだろう。東洋と西洋の流れは、現段階では別個にあつかう方が良い(2)。

本書後半の三つの章は、一六・一七世紀のヨーロッパにおける黄金期の諸相を詳述する。まず第五章は初期近代の理論と実践を概観し、金属変成や医薬、その他の秘薬を生成するさいの用語と目標を議論する。つぎに第六章は、錬金術師たちが実際に実験室でなにをしていたのかという難問にとりくむために、テクストの分析と実験というふたつの手順を採用する。第一の手順は伝統的なもので、当時の実践家たちが知識と工程を隠すために使用した奇怪な言語と図像の解読を試みる。第二の手順は新手であり、解読された工程を実験室で再現する。実践家たちが操作し観察したものを追体験し、テクストの読解が正しいか吟味するのだ。第六章は、賢者の石の調整法を記した謎めいたテクストと図像をどのように理解すべきか説明し、暗号化された工程に秘められた本当の「化学」を暴く。結果はしばしば驚くべきものになるだろう。

初期近代のヨーロッパにおける錬金術は、煙にみちた実験室だけに限定されていたのではなく、文化の広範な領域に浸透していた。芸術家や詩人、人文主義者、劇作家、神学者、その他の多くの人々が錬金術から発想を拝借し、それらに言及していた。彼らの作品は、「高貴なる技」へのさらなる視座をあたえてくれる。錬金術師たちの事物の見方や考え方は、初期近代人と現代人の自然観や世界観のあいだに存在する大きな相違を説明するだろう。錬金術の研究は、いまは失われてしまった驚くべき世界観への覗き窓を提供する。この世界観は錬金術師たちに特有なものではなく、当時のヨーロッパ文化において一般的なものだった。そうした世界観を把握できなければ、錬金術師たちばかりか、われわれの祖先を理解できないことになる。西洋文明の重要な遺産を忘却に追いやってしまうのは、われわれ自身を貶めるのに等しい。最終の第七章は錬金術のこうした広大な世界を描きだす。

　錬金術の歴史、そして歴史一般の研究は、過去の時代と過去の文化に生きた知識人たちが世界を解釈した方法を教えてくれる。彼らは自らをとりまく世界が課した問題にどのように応え、世界がもつ力と豊かさをどのように利用していたのか。たった一瞬でも良いから他人の眼で、つまり彼らの古いけれども「新鮮な」方法で観察すれば、もっとも些細で無視されている事物でさえ、なにかを教えてくれる。そうして、われわれはより豊かになるのだ。歴史を研究する理由は、まさにそこにある。この意味において、錬金術は多くのことを教えてくれるはずだ。

（2） Nathan Sivin, *Chinese Alchemy: Preliminary Studies*（Cambridge, MA: Harvard University Press, 1968）; idem, "Research on the History of Chinese Alchemy," in *Alchemy Revisited*, ed. Z. R. W. M. von Martels（Leiden: Brill, 1990）, 3–20. 前者は有益な議論や原典の校訂・翻訳、操作の再現もふくむ化学的な説明を収録。Joseph Needham, *Science and Civilisation in China*, V: *Chemistry and Chemical Technology*（Cambridge: Cambridge University Press, 1974–1983）, pt. 2–5; idem, "The Elixir Concept and Chemical Medicine in East and West," *Organon* 11（1975）, 167–192; Hong Ge, *Alchemy, Medicine, Religion in the China of AD 230*（Cambridge, MA: MIT Press, 1967）. 中国の西洋への影響を誇張するため、ニーダムの著作は用心が必要だ。インドについては Praphulla Chandra Ray, *A History of Hindu Chemistry*（London: Williams & Norgate, 1907–1909）, repr. *History of Chemistry in Ancient and Medieval India*（Calcutta: Indian Chemical Society, 1956）; Dominik Wujastyk, "An Alchemical Ghost: The Rasaratnakara by Nagarjuna," *Ambix* 31（1984）, 70–84 を参照。どちらも注意ぶかい研究と再評価を必要とする。

第一章　起源——ギリシア・エジプトの「ケメイア」

1　はじめに

錬金術の起源を探るためには、紀元後一世紀のエジプトへと旅しなければならない。この土地は、もうすでに王ファラオやピラミッドの建設者たちが活躍した太古のエジプトではなく、国際的なギリシア語文化圏の一部となっていた。だから本書では「ギリシア的なエジプト」あるいは「ギリシア・エジプト世界」と呼ぶことにしよう。

エジプトは紀元前三三四年から二三年にかけてマケドニアのアレクサンドロス大王（Alexandros, 356–323 BC）による大遠征で征服され、ギリシア文化の影響下におかれる。紀元前一世紀にローマ帝国に合併されてからも、言語と支配的な文化はギリシアのものだった。アレクサンドロス大王にちなんだ首都アレクサンドリアは紀元前三三一年に建設されたが、紀元後一世紀には人間や思想が交錯する活気ある十字路となる。この地中海東岸に位置する文化のメルティング・ポットに、現存する最古の化学的なテクストにくわえ、「化学」という用語の起源さえも見出せる。

錬金術に必須な技術の多くは、錬金術の誕生よりずっと以前に発達する。銀やスズ、銅、鉛といった金属を鉱石から製錬することは、四千年前からおこなわれていた。銅をふくむ青銅や真鍮といった合金の製造、そして冶金術や金細工にかかわる多様な技術が高度に発達していた。エジプトでは職人たちが洗練されたガラス製品を製作する工程を考案し、人工的な宝石や化粧品、その他の多くの商品をつくりだす。こうして古代における「化学産業」と呼べるようなものを形成していた(1)。父親から子供へ、師匠から弟子へと伝承される技術は、何世代にもわたって洗練される。

2　技術的な文献――パピルスと偽デモクリトス

錬金術の歴史に結びつけられる最初の文献は、この技術的・商業的な背景に由来する。これらの貴重な文献は、紀元後三世紀にギリシア語で書かれたパピルス文書だ。一九世紀初頭にエジプトで発見され、ライデンとストックホルムの博物館に所蔵されていることから、「ライデン・パピルス」と「ストックホルム・パピルス」と呼ばれる(2)。工房での実践的な「処方(レシピ)」が二五〇種類ほど記載され、金や銀、宝石、染料という四つのグループに分類できるだろう。どれもが高価な贅沢品に関係している。興味ぶかいのは、記載された処方のほとんどが、そうした品物を「真似する」ことに焦点をあわせている点だ。銀を金に、あるいは銅を銀に似せる処方、人工的な真珠やエメラルドの調整法、そして皇帝のための非常に高価な紫色の染料に似せた代用品などだ。各種の金属の純度を調べる方法も記述している。こうした処方の利用者たちは、正真品と偽造品の違いを明確に理解していた。

職人たちがなにをしていたのかは、彼らの操作の工程をたどると明白になる。たとえばライデン・パピルスの八七番目の処方には、「硫黄の水の発見法」が記載されている――

生石灰を一ドラクム、粉末にした硫黄を同量。それらを一緒に容器にいれる。そして強い酢か若者の尿をくわえる。液体が血のようになるまで加熱し、それをろ過し残渣をとり除いて純粋なものを使う(3)。

この処方の原料はいたって簡素で容易に入手できるので、現在でも再現できる。私は酢よりも尿が有効なのを確認したが、指定された原料を混ぜて一時間ほど緩やかに沸騰させると、オレンジ色がかった赤色の悪臭をはなつ液体がえられる。この液体をどのように使うのかパピルスには記されていないが、想像するのは難しくない。磨いた銀の一片を液体に浸けると金属片はすぐさま黄褐色、つぎに金色、そして銅色、青銅色、紫色と変化して最後に茶色となる。印象ぶかいことに、最後まで金属特有の光沢は失われずに色彩だけが変わり、色彩と光沢は

（1） Alfred Luca & John R. Harris, *Ancient Egyptian Materials and Industries*（London: Arnold, 1962）; Martin Levey, *Chemistry and Chemical Technologies in Ancient Mesopotamia*（Amsterdam: Elsevier, 1959）; Marco Beretta, *The Alchemy of Glass: Counterfeit, Imitation, and Transmutation in Ancient Glassmaking*（Sagamore Beach, MA: Science History Publications, 2009）; Peter van Minnen, "Urban Craftsmen in Roman Egypt," *Münstersche Beiträge zur antiken Handelsgeschichte* 6（1987）, 31-87; Paul T. Nicholson & Ian Shaw（eds.）, *Ancient Egyptian Materials and Technology*（Cambridge: Cambridge University Press, 2000）; Fabienne Burkhalter, "La production des objets en métal（or, argent, bronze）en Égypte Hellénistique et Romaine à travers les sources papyrologiques," in *Commerce et artisanat dans l'Alexandrie hellénistique et romaine*, ed. Jean-Yves Empereur（Athens: EFA, 1998）, 125-133; Robert Halleux, *Le problème des métaux dans la science antique*（Paris: Les Belles Lettres, 1974）.

（2） Robert Halleux, *Les alchimistes grecs I: Papyrus de Leyde, Papyrus de Stockholm, Recettes*（Paris: Les Belles Lettres, 1981a）は信頼できる校訂版と仏訳を所収。古い英訳が Earle Radcliffe Caley, "The Leiden Papyrus X: An English Translation with Brief Notes," *Journal of Chemical Education* 3（1926）, 1149-1166; idem, "The Stockholm Papyrus: An English Translation with Brief Notes," *Journal of Chemical Education* 4（1927）, 979-1002 にある。

（3） Halleux（1981a）, 104-105. ギリシア名は曖昧だが、文脈で「硫黄の水」や「神的な水」と訳せる。

長期間たもたれる。液体の温度や金属を浸ける時間をいろいろ試し、私は金に驚くほどそっくりな銀をつくりだせた(4)（口絵2）。

色彩の変化は、金属の表面に非常に薄い硫化物の被膜が形成されることで生じる。これは「硫黄の水」に潜んでいるカルシウム硫化物の作用による。似たような技法は金属の置物などを染色する、つまり金属表面の色彩に変化をあたえるときに現代でもたまに利用される。

こうした処方は錬金術の誕生に必要な条件となるが、厳密にいえば錬金術ではない。その他の科学的な活動がそうであるように、錬金術はたんなる処方の集成ではないからだ。知的な枠組みを提供し、実践を補強・説明して新しい知見の獲得のための道筋を手引きする理論的な体系がなくてはならない。さらにいえば、錬金術は高価な品物の外見上の偽物をつくること以上のものであるはずだ。

これらのパピルスは、ギリシア・エジプト世界で生きのこった現存する唯一の文献だ。この点を理解するのは重要だろう。同時期に多くの錬金術書が執筆されたことが知られているが、この遠く離れた時代の唯一の証人は破損した断片群でしか伝わっていない。換言すれば、これらは現在では失われた原本から筆写された抜粋集なのだ。

『ギリシア錬金術文書』*Corpus alchemicum Graecum* と呼ばれる抜粋集は、ビザンツ世界の写字生たちによって編纂されたものであり、初期のものでさえギリシア・ローマ時代のエジプトが色褪せて遠い思い出になった後代に成立した。もっとも古い写本は一一世紀初頭のもので、二世紀から八世紀ごろと思われる二〇数種の書物から抜粋されているが、多くの頁が欠損している(5)。この写本はヴェネツィアの図書館に所蔵されており、所蔵番号で「マルシアヌス・グラエクスの二九九番」と呼ばれる。その内容は、パリやその他の土地の図書館に所蔵されている後代の写本群によって補強することができる。これらの写本群は、他の補足的なテクストや異読をふくむテクストを収録しているからだ。こうした文献は、学者にとって値段がつけられないほど貴重なものだが、錬金術の誕生については苛立たしいほど薄っぺらな覚書でしかない。同時に問題なのは、写字生たちが自分たちにとって重要だと思われたものだけを選んで筆写した点だ。それらは原本テクストを正しく復元する助けにはならないし、もとの著者が重要だと考えていた事柄でもない。こうしたわけで、ギリシア・エジプト世界における錬金術師たちの思考や実践の全体像は、数世紀後に彼らの書物が抜粋された方法のせいで歪曲されてしまっている。

『ギリシア錬金術文書』における最古のテクストは、紀元後一世紀後半から二世紀ごろのものだ。『自然なものと隠されたもの』*Physica kai mystica* と題され、断片でしか現存していない。著者はデモクリトスとされるが、「原子」の概念で有名な紀元前五世紀に活動した古代ギリシアの哲学者ではない[6]。おそらく後代につけられた題

（4） 実験では、五グラムの水酸化カルシウムと同量の硫黄を一〇〇ミリ・リットルの新鮮な尿（醸造白酢で代用可）と混ぜて、良く換気された場所で一時間ほど過熱し、熱いうちに溶液を濾過する。

（5） Marcellin Berthelot & C. E. Ruelle（eds.）, *Collections des alchimistes grecs*（Paris, 1888）は校訂版と仏訳を収録するが、双方とも批判されている。だが大半のテクストにとって唯一の入手可能な文献だ。Zosime de Panopolis, *Mémoires authentiques*, ed. Michèle Mertens（Paris: Les Belles Lettres, 2002）, xx–xlii; Henri Dominique Saffrey "Historique et description du manuscrit alchimique de Venise *Marcianus graecus* 299," in *Alchemie: art, histoire et mythes*, ed. Didier Kahn & Sylvain Matton（Paris: SEHA, 1995）, 1–10; André-J. Festugière, *Hermétisme et mystique païenne*（Paris: Les Belles Lettres, 1967）, 205–229 も参照。ギリシア語の錬金術文献の一覧は Joseph Bidez et al.（eds.）, *Catalogue des manuscrits alchimiques grecs*, 8 vols.（Bruxelles: Lamertin, 1924–1932）を参照。

（6） Matteo Martelli, "L'opera alchemica dello Pseudo-Democrito: un riesame del testo," *Eikasmos* 14（2003）, 161–184; idem, "Chymica Graeco-Syriaca: osservationi sugli scritti alchemici pseudo-Democritei nelle tradizioni greca e sirica," in *'Uyūn al-Akhbār: studi sul mondo Islamico*, ed. D. Cevenini & S. D'Onofrio（Bologna: Il Ponte, 2008）, 219–249; Christoph Lüthy, "The Fourfold Democritus on the Stage of Early Modern Europe," *Isis* 91（2000）, 442–479. ただし Robert B. Steele, "The

名は、しばしば『物質的なものと神秘的なもの』と訳されている。これは正しい翻訳にもみえるが、じつは間違っている。より正しい題名は『自然なものと隠されたもの』だろう。「隠された」を意味するmysticaという語は古代では、現代人が考える神秘的、つまり宗教的かつ霊的・神的なものではなく、たんに「秘密のもの」を意味した。(7) この著作を『物質的なものと神秘的なもの』と呼ぶのは、著者が物質的なものと霊的なものを意味したと思わせるので良くない。だからphysicaも「物質的なもの」よりも「自然なもの」が良いだろう。上述のパピルスと同様に、『自然なものと隠されたもの』は工房での処方を記録し、金・銀・宝石・染料の四つに区分している。分類法の類似は、この区分を標準とする処方集の伝統が存在したことを示唆するだろう。これらの工程が偽デモクリトスにとって「隠された」ものだったのは、職人たちが儲けるための秘訣、あえていえば「企業秘密」だったからだ。

たしかにこのテクストには、著者が死人を召喚しようとする描写がある。彼は重要な技術を習う前に師が死んでしまったため、正しい工程がわからず不満をもっていた。しかしその試みはほぼ失敗する。師の影は、彼の世界と現世を隔てる壁をこえて知見を伝授することは許されないと伝え、「書物は神殿にある」と答えるだけだった。しばらくして神殿の柱が前触れもなく割れ、隠れた空洞が姿をあらわし、そこに秘密の技術についての簡素な警句が書かれているのが発見される――「自然は自然に喜び、自然は自然に勝利し、自然は自然を支配する」。(8) 工房のなかで錬金術の秘密が突然に発見される逸話は、これにかぎらない。この不明瞭な警句は『自然のものと隠されたもの』のなかに何度も登場する。しかしこの逸話にどんな意味を見出そうとしても、処方群はいかなる現代的な意味においても「神秘的」あるいは「超自然的」な含意のない実践的なものでしかない。

3　錬金術の誕生

パピルスや『自然なものと隠されたもの』といった処方集は、貴金属を真似したり増量したりするのを目的とする。しかし紀元後三世紀に、錬金術は誕生への決定的な段階に到達する。いつどこで最初にそれが起きたのか正確に知らせるテクストは残っていないが、あるとき本当の金と銀を人為的に生成するというアイデアが生まれる。当時の職人たちの観点からは、この展開は理にかなったものだったろう。「硫黄の水」が銀の表面を金のように染色するなら、なぜその効果をさらに金属の内部へと進める方法がないのか。さらに一歩進んで、なぜ金の色彩だけでなく、すべての特性を銀にあたえる方法がないのか。金を生成する造金はギリシア語の「金をつくる」chryson poiein から「クリソペア」chrysopoeia と呼ばれ、造銀は「アルギュロペア」argyropoeia と呼ばれる。また一般にひとつの金属を別の金属に変えることは「変成」transmutatio と呼ばれる。

こうして錬金術師たちは、頭脳と手を駆使して格闘すべき首尾一貫した目標を見出す。彼らはクリソペア以外にも多様なことに従事するが、造金と造銀は「高貴なる技」の中心をなす目標として残るだろう。最初期の実践

Treatise of Democritus on Things Natural and Mystical," *Chemical News* 61 (1890), 88-125 の英訳は誤りが多い。Matteo Martelli (ed.), *Pseudo-Democrito: scritti alchemici, con il commentario di Sinesio* (Paris: SEHA, 2011a); idem (ed.), *The Four Books of Pseudo-Democritus* (London: Routledge, 2014) はシリア語断片も考慮にいれる信頼できるものだ。

(7) この表現は宗教的な儀式で使用される事物にたいして使われたが、キリスト教時代には発見するのに多大な努力を要するものを意味するようになる。Louis Bouyer, "Mysticism: An Essay on the History of a Word," in *Understanding Mysticism* (Garden City: Image Books, 1980), 42-55 を参照。

(8) Martelli (2011a), 184-187.

家たちは職人たちから技術や手順、道具を拝借したが、自らは職人たちとは異なる集団に属していると考えた。(9) こうして錬金術師たちは紀元後三世紀にアイデンティティを獲得する。

錬金術は、ふたつの伝統の交錯から生まれる――処方集にみられる職人たちの実践的な知識、そして古代ギリシアの自然哲学に由来する物質の本性やその変化についての思索だ。物質とはなにか。ひとつの物質はどのようにして他の物質に変化するのか。これらの問題にかんするギリシア哲学の伝統は、錬金術の誕生よりもさらに七〇〇年も以前にさかのぼれる。ソクラテス(Socrates, c. 470-399 BC)以前の哲学者たちと総称される初期の人々は、これらの問題に傾注した。この伝統における最初の哲学者は、ミレトスのタレス(Thales, 6c BC)だろう。彼は自然界に存在するすべての事物が始原的な唯一の物質が変化したものにすぎないと主張し、それを水と同定する。彼のあとに多くの哲学者が、それぞれの主張とともに登場する。レウキッポス(Leucippos, 5c BC)とデモクリトス(Democristos, 5c BC)は、すべての事物を構成する不可視の「原子」を提唱する。エンペドクレス(Empedocles, c. 495-c. 435 BC)は、火・空気・水・土という名前の四つの「根」で自然の事物の起源と変化を説明する。これら四つは「愛」と「憎」と呼ばれる力によって、さまざまな仕方で結合・分離する。しかしすべての哲学者のなかで、おそらくアリストテレス(Aristoteles, 384-322 BC)がもっとも顕著なかたちで物質の本性と変化の問題に傾注した。彼は後代の探究にもっとも影響力があり、有益な理論と考え方を考案する。

これらの哲学者たちは、物質の隠れた本性と変化を説明しようとした。彼らの多くは、ある種の安定した不変の基体がつねに転変する事物の奥底に存在すると考える。唯一の究極的な基体がすべての物質のもとになるという発想は「一元論」と呼ばれる。タレスにとって究極の物質とは水であり、デモクリトスにとっては不可分の原子、アリストテレスにとっては「第一質料」proton hyle と呼ばれるものだ。一方でエンペドクレスの四元素は、厳密にいうと多元論の立場を代表している。一種類以上の始原的な物質があると主張したからだ。しかし彼は同時に、変化の根底にある一定性という考えも保持した。

これらの自然哲学者たちは、工芸についての実践的な知識をほとんどもっていなかったが、ギリシア・エジプト世界という国際的なメルティング・ポットでは工芸と哲学というふたつの伝統が共存していた。そしておそらく紀元後三世紀に、錬金術という独立した知の領域が誕生する。クリソペアについての最初期の本格的なテクストでは、ふたつの伝統の密接な相互作用がはっきりと観察できる。これらの作品の著者はギリシア・エジプト世界に生きた錬金術師であり、彼はそれ以降の歴史をとおして崇敬されることになる。それなりの信頼性ある歴史的な詳細が知られている最初の人物、それがパノポリスのゾシモスだ。

4　パノポリスのゾシモス

紀元後三〇〇年ごろに活躍したゾシモス（Zosimos, fl. 300 AD）は、現在ではアフミムと呼ばれる上部エジプトの町パノポリスに生まれる。[10] 錬金術における初期の権威者や彼の時代に存在していた諸派に言及しているので、彼は最初の錬金術師でない。彼の批判を除くと、これらの諸派についてはなにも知られていない。ゾシモスは二八点にのぼるテクストを執筆したと考えられているが、残念ながら現在ではほとんどが消失してしまった。現存しているのは以下の断片だけとなる――ギリシア文字「オメガ」に分類されたことから『オメガの書』とも呼ば

（9）Matteo Martelli, "Greek Alchemists at Work: 'Alchemical Laboratory' in the Greco-Roman Egypt," *Nuncius* 26（2011b）, 271-311: 282-284 の言語分析をみよ。

（10）Mertens（2002）はゾシモスについての信頼できるテクストと研究だ。彼女があつかわなかった Berthelot & Ruelle（1888）, III: 117-242 のテクスト群の分析がまたれる。

れる『器具と炉について』への序章、他の著作の幾つかの断章、そしてあちこちに記録された抜粋群だ。(11) 彼の著作の幾つかは弟子だったらしいテオゼベイアという女性に宛てられているが、彼女が実在したのか、架空の人物なのかは確認できない。現存するテクストが断片であることや、それらの解釈の困難さにもかかわらず、これらの文書はギリシア錬金術への最善な入門篇となっている。驚くべきことに、後代の錬金術にとって基本でありつづける多くの概念や様式をそこに見出せる。

金属の変成を主目的とすること、実践的な問題を洞察する力、問題の解決法を探究する力、そして理論的な諸原理を考案し応用する点は、ゾシモスの著作の革新性と重要性を示している。それ以前のテクストは多様な処方のよせ集めだったが、彼の作品は物質についての知識を駆使した整合性ある研究プログラムを提出している。たとえば彼は、蒸留や昇華、ろ過、固化などの操作のために有益な器具類を詳述している。(12) これらの器具の多くは料理や香料の製造、その他の工芸で使用されていたものを転用しており、彼自身によって考案されたものではないが、四世紀初頭に実践的な錬金術がどんな仕方で発達していったのかを垣間みせてくれる。また先駆者たちのテクストが彼にとって大切な典拠であり、頻繁に引用されている。もっとも重要な権威はマリアで、この人物は後代に「ユダヤ人マリア」と呼ばれる。ゾシモスは、彼女がさまざまな器具と使用法を発明したとしている。そのなかには、直火を使わず温水で穏やかに加熱する手法がある。この簡素で有用な発明は、古代錬金術師マリアの名前を今日までひろく伝えている。フランス料理の「バン・マリー」やイタリア料理の「バーニョ・マリア」と呼ばれる二重鍋のテクニックに残されているのだ。

ゾシモスが記述した器具の幾つか、たとえば「ケロタキス」kerotakis と呼ばれるものは、ひとつの物質を他の物質の蒸気にあてるように考案されている。彼は蒸気の固体への作用にひときわ強い関心をもっていたようだ。この関心は部分的には実践的な観察に依拠していた。古代の職人たちは、熱した「カダミア」あるいは「カラミン」と呼ばれる亜鉛をふくむ土から発散する蒸気を銅にあてると、表面が亜鉛との合金である真鍮に転化して金色になることを知っていた。また水銀とヒ素の蒸気は銅を銀白色にかえる。おそらく、これらの色彩の変化についての知識がゾシモスに真の変成を起こしうる同様の工程を探究させたのだろう。たしかに彼のテクストには、それを導く理論を見出せる。これは非常に重要な点であり強調すべきだろう。錬金術師たちは金を生成するために、でたらめに物質を混ぜあわせて盲目的に作業していたという誤解が現代では流布しているが、こうしたイメージは真実とかけ離れている。すでにゾシモスにおいて、実践を導く「理論的な原理」や理論を支え、あるいは修正させる「実際の観察」を見出せるのだ。錬金術における多くの理論的な枠組みは、さまざまな時代や場所で発達したものであり、それらが金属変成の可能性を下支えし、実践的に追及する道筋を示していた。

　ゾシモスの場合、彼の思考を完全に把握するだけの十分な著作は現存していない。しかし彼が金属はふたつの要素からなると考えていたのは明白だ。「身体（ソーマ）」と呼ばれる非揮発性の部位と「精気（プネウマ）」と呼ばれる揮発性の部位である。精気は金属の色彩や他の特性をつかさどり、身体はすべての金属に共通する基体をあたえる。ある断片によれば、ゾシモスは後者を液体である水銀とみなしている。だから金属の種類は精気によるのであり、身体によるのではない。そこから彼は、火による蒸留や昇華、気化をとおして身体から精気を分離しようとしていた。分離した精気を他の身体に結びつけることで変成がおこり、新たな金属が生まれるという。

（11）Mertens（2002）, ci-cv によると、ゾシモスは晩年に自著をギリシア語の二四のアルファベット順に整理し、各篇に批判への応答や解説として序章をつける。さらに四書をくわえて、一〇世紀ビザンツの『スーダ辞典』に言及されているように二八書とする。『オメガの書』の断片と『シグマの書』と『カッパの書』への言及が現存している。

（12）Mertens（2002）, cxiii-clxix は明瞭な図版とともに器具について注意ぶかく洞察ある分析をあたえている。Martelli（2011b）も参照。

ゾシモスの慎重だが積極的で探究心にみちた態度は、はるかな時空をこえてわれわれの眼前にあらわれてくる。彼は、硫黄の蒸気がさまざまな物質に異なる作用をあたえることに気づいて驚く――「その蒸気は白色で、たいていの物質を白色にするが、（それ自体が白色な）水銀に吸収されると結果としてできる化合物は黄色となる」。そして同時代人にたいして批判的な態度をたえずもっており、「すべてに先立ってこの謎を探究すべきだ」と彼らに忠告する(13)。また硫黄の蒸気が水銀を凝固させるとき、水銀が揮発性を失って凝固するだけでなく、硫黄も凝固して水銀と結びつくことにも驚嘆する(14)。現代では、彼の観察したものは化学の基本的な原理と理解されている――物質が他の物質と化学反応すると、それらは混合物のように「平均化」するのではなく、完全に違うものに変化する。紛れもなく彼は注意ぶかい観察者であり、経験した事柄をふかく考察する人物だったのだ。

ゾシモスは変成のことを「染色」と呼び、「染める」を意味する動詞「バフェイン」baphein から派生する「バフェー」baphē という語をもちいる。同様に変成をつかさどる物質を「染色剤」、つまり色彩をつけるものとする。これらの用語を選んだ理由は、金属や石類、布類を染色して商品をより高価なものにする処方文献の伝統と密接に関連している。ゾシモスのテクストに頻出する「硫黄の水」は、もはや表面上の変化をもたらす単純な化合物ではなく、真の金属変成をあたえる理論上の物質という驚くほど新しい意味をもつにいたる。したがってそれは、懸命に探究され秘匿されるべきものとなる。

錬金術に遍在する秘密主義と名前の秘匿という特徴が、すでにここに見出される。ギリシア語の曖昧さのせいで「硫黄の水」は文脈によって「神聖な水」を意味し、ゾシモスはそれをもてあそぶ。ある箇所では変成をもたらす物質をさし、別の箇所では処方文献にみられる生石灰と硫黄の単純な化合物を意味する(15)。また別の箇所では「銀のような水、休むことなく逃げる両性具有者［…］、それは捕えられないので金属でもなく、つねに動いている水でもなく、身体でもない」という(16)。この引用における謎かけでは、「神聖な水」は金属の基体となる水銀をさしているようだ。別の箇所では同じ用語がさらに別の意味ももつ。近年発見されたばかりのテクストで、彼は錬金術師たちが「多くの名前でひとつのものをさし、ひとつの名前で多くのものをさす」と認めている[17]。そして変成を導く「水たち」の生成が「念入りに隠すべき紛れもない秘密」だと記している[18]。こうして初期の処方文献にみられた控えめな秘密主義は、ゾシモスとともに明確に意図的なものとなる。このような秘密主義は、錬金術のすべての時代をとおして消滅することはないだろう。

秘密主義をおし進めるために、ゾシモスは錬金術で典型的となる手法を採用する。ドイツ語で「暗号名」Decknamen と呼ばれるものだ。ある物質を本来の名前で呼ぶかわりに、しばしば錬金術師たちはその物質と直接的または比喩的なつながりをもつ別の言葉におきかえる。すでに偽デモクリトスにこの手法の萌芽を見出せる

（13）Mertens（2002）, 12. 硫黄の蒸気による白色化は、硫黄の燃焼から生成される二酸化硫黄の漂白効果をさしているのかも知れない。新聞紙は今日でも、この方法で漂白されている。

（14）水銀と違って固体であり、硫黄よりもはるかに低揮発性な硫化水銀をさしている。

（15）Matteo Martelli, "'Divine Water' in the Alchemical Writings of Pseudo-Democritus," *Ambix* 56（2009）, 5-22; Cristina Viano, "Gli alchimisti greci e l'acqua divina," *Rendiconti della Accademia nazionale delle scienze*, parte II, *memorie di scienze fisiche e naturali* 21（1997）, 61-70.

（16）Mertens（2002）, 21. 両性具有者については、本書の第三章第八節を参照。

（17）近年の刺激的な出来事として、ゾシモスの失われていたテクストがアラビア語訳で発見された。これらの文献は、彼に帰された多くの偽作群とともに存在したことが知られていた。Manfred Ullmann, *Die Natur- und Geheimwissenschaften im Islam*（Leiden: Brill, 1972）, 160-164. しかしその真正性は Benjamin C. Hallum, "Zosimus Arabus," Ph.D. diss.（Warburg Institute, 2008）によって確立される。ここでは「第二六書簡」（366）から引用する。

（18）Mertens（2002）, 17.

が、そこでは「われわれの」という代名詞が普段の名前で示される物質とは異なる物質につけられて区別される。たとえば鉛と幾つかの性質を共有するアンチモン鉱石の輝安鉱は「われわれの鉛」と呼ばれる。この手法は秘密性を保持する一方で、仕組みを解読する知識をもっている人々への密かな伝達を可能にするという二重の役割をはたす。暗号は秘匿すると同時に開示するのだ。解読されるためには、暗号はデタラメではなく論理的でなければならない。もし暗号が読者たちによって解読されなければ、それは完全な秘密となってしまう。意図したものが情報の完全な秘匿なら、なにも書かない方が錬金術師たちにとっては簡単だったろう。

ゾシモスにおいても、情報の暗号化は物質名にとどまらない。もっとも有名な彼による断片は、紛らわしくも『夢』と呼ばれるものだ。三つの断片が五つの夢を記述している。これらの夢は化学容器のかたちをした祭壇、銅や銀、そして鉛でできた人々、彼らの四肢の切断と死、そしてゾシモスと彼らの対話からなっている。これまでにも、これらの断片がなにを意味しているのかを説明するために多くのインクが流されてきた。さまざまな仮説が提出されたが、ゾシモス自身は実際の変成作業の寓意的な記述だと語っている。換言すれば、描かれた登場人物や場所、動作は人格化された暗号であり、整合性のある物語に織りこまれている。このような寓意的な言説は錬金術のテクストに共通する特徴として継承され、一四世紀以降のヨーロッパにおける実践家たちの著作で顕著となる。

ゾシモスは一連の夢を「序章」と呼び、読者が「言説の華」anthē logon を発見する助けとする。[19] 現存するテクストではひとつの工程がつづくだけだが、もともとは他にもあり、現在では失われてしまった。別の箇所で彼は、夢から「覚めた」あとに「夢での出来事に関係する人々は、金属の技における液体だとわかった」とはっきり書いている。[20] また『硫黄について』で、鉛の銀への変成を王になる悩める男にたとえている。テクストによって実際の工程と結びつけられるイメージは、第二の「夢」で表現されるものと酷似する。[21]

現代の研究者の幾人かは、ゾシモスの寓意的な記述にさまざまな神秘的・心理学的な意味を読みこみ、記述の背景を大幅に無視してしまった。彼の著作全体や文化的な環境との関係だ。ゾシモスはこれらの夢が金属変成における技術的な事柄をさしていると明言し、それが彼の著作の主題だった。さらに別の人々は、ゾシモスの理論と実験室での実践という観点から、これらの夢のもっともらしい解釈を提案しさえした。[22] ゾシモスが自身の作業についての夢や白昼夢をみたと考えるのは可能だろう。おそらく多くの読者は、自分の仕事に関連した事柄が奇妙な夢にでてくる経験をもっているはずだ。しかし実際には、ゾシモスが小説家のように文字どおり意図的に、これらの夢を実践的な著作の寓意的な「序章」として構想したとみる方が良いだろう。それは彼の普段の秘密主義とも嚙みあう。事実、夢のひとつを語った直後に、彼は自身の沈黙を説明するかのように、そして読者にも同じような沈黙を勧めるかのように「沈黙は優れたものを教える」と忠告する。[23] 文学的な仕掛けとして夢を使用することは彼の時代に人気があり、情報を夢のかたちで配置することは権威的な雰囲気と啓示的な響きという風格をテクストにあたえた。

ゾシモスの夢の本当の意味が錬金術の実践的な操作にあると示せたとしても、幅ひろい文化的な背景を無視できるわけではない。夢のなかで彼は、当時の宗教的な儀式についての知識と経験に依拠したイメージを使用して

（19） Mertens（2002）, 40–41.
（20） Mertens（2002）, 47.
（21） Hallum（2008）, 130–147: 142–143. Mertens（2002）, 45, n. 19 の解釈と比較せよ。『硫黄について』は、ゾシモスの現存するほぼ完全な著作としては唯一のものかも知れない。それが現存するふたつの独立したギリシア語の断片の典拠だったことが証明されている。
（22） Mertens（2002）, 207–231.
（23） Mertens（2002）, 41.

いる。祭壇や四肢の切断、そして犠牲についての説明は、ギリシア・エジプト世界の神殿での実践を反映している。この点を認識すると、科学史全体にとって重要な問いが見出せる——実践家たちの哲学的および神学・宗教的な関心は、錬金術やその他の自然の探究のなかでどのような姿をあらわすのか。錬金術であろうと他の領域であろうと、自然の探究は文化的な空白からは生じないし、実践家たちは自らの生きた時代や場所に特有の概念や関心・考えから孤立していない。錬金術やすべての科学的な探究がこれらの点と不可分なことは第七章であつかうので、ここではゾシモスについて重要な点に目をむければ十分だろう。

ゾシモスとグノーシス主義には明確な結びつきがある。グノーシス主義とは、啓示される「叡智」gnosis が救済に必要なことを主張した二・三世紀の宗教的な運動の集合体だ[24]。人間の内的な存在は神聖な起源をもつが、物質的な肉体に閉じこめられているという。救済をあたえる叡智が人間の起源についての無知や忘却を克服するのに必要であり、それが肉体のうける苦難や物質的な世界を支配する悪の力から人間の霊魂を解放する。ゾシモスが生きたギリシア・エジプト世界に流布したグノーシス主義の影響は、彼の著作の二箇所で確認できる。『器具と炉について』への序章、そして「最終話」と呼ばれる断片だ[25]。グノーシス主義はゾシモスの錬金術でどんな役割をはたし、どの程度の影響をあたえているのか。

最初のテクストで、ゾシモスは批判者たちに反論する。彼らは偽の染色剤を使っており、その効果は「神霊(ダイモーン)」と呼ばれる存在の仕業なのだという[26]。ダイモーンは惑える錬金術師たちを騙して自分たちの方法が成功していると信じこませ、ゾシモスが説く器具や材料と操作を不要だと主張させる。そして無知な人々を操って支配下にとどめ、排除すべき悪の力たる「運命」に服属させる。ゾシモスにいわせれば、真の錬金術師が探究すべきなのは純粋に「おのずから作用をおよぼす自然の」染色剤であり、その力が金属を変成させる[27]。この物質を調整するには正しい器具や材料、工程が必要なのだ。

ダイモーンの支配下に落ちる悪影響についての主張を補強するため、ゾシモスは人間の「堕落」について説明する。最初の人間が悪霊に騙されてアダムとして肉体に閉じこめられて以来、人々が神的な領域に帰る、つまり救済されるには肉体を拒絶する必要があるという。キリスト教的なグノーシス主義のもと、ゾシモスはイエス・キリストが救済に必要な叡智を人間にあたえるとする。そしてダイモーンが人間の幽閉と苦難の起源であり、ゾシモスの著作を否定するよう惑える錬金術師たちを仕向けているという。彼らはダイモーンの支配から自らを解放するかわりに盲目的に騙されつづけ、自分たちの立場を悪くしている。ゾシモスの反論は、真の変成をもたらす物質を調整するのに必要な炉や器具についての現在では失われたテクストの序章として準備されている。ゾシモスの理論や実践に、グノーシス主義ははっきりと姿をあらわしているのだろうか。もしかするとそうか

---

(24) Wouter J. Hanegraaff et al. (eds.), *The Dictionary of Gnosis and Western Esotericism* (Leiden: Brill, 2005), I: 403-406 を参照。

(25) Zosimos of Panopolis, *On the Letter Omega*, ed. & tr. Howard M. Jackson (Missoula: Scholars Press, 1978) は良い英訳だが、Mertens (2002), 1-10 は文献学的に良質だ。「最終話」は André-J. Festugière, *La révélation d'Hermès Trismégeste* (Paris: Gabalda, 1942-1950; repr. Paris: Les Belles Lettres, 2006), I: 275-281 & 363-368 に校訂・仏訳がある。Cf. Daniel Stolzenberg, "Unpropitious Tinctures: Alchemy, Astrology, and Gnosis according to Zosimos of Panopolis," *Archives internationales d'histoire des sciences* 49 (1999), 3-31.

(26) 古代哲学では、ダイモーンは神々と人間を媒介する非物質的な存在で、彼らの道徳的な性癖には善悪がある。ソクラテスは有益な助言をくれるダイモーンに言及している。ゾシモスの宇宙観では彼らは人間を支配下におく悪い存在であるが、これはユダヤ・キリスト教の影響をうけているのかも知れない［榎本恵美子『天才カルダーノの肖像：ルネサンスの自叙伝、占星術、夢解釈』(勁草書房、二〇一三年)、第六章も参照］。

(27) Festugière (1942/2006), I: 366.

も知れない。グノーシス主義者たちは自らの主張を神話のかたちで示す傾向があり、ゾシモスが錬金術の作業を寓意的な夢で表現するのを選んだのは、神話化という同一の傾向に由来するのかも知れない。彼は金属が身体と精気の二要素からなるという理論を提出し、変成を達成するには受動的で不活性の身体から能動的で揮発性の霊魂を解放しなくてはならないと主張する。これらの点は、人間の神聖な霊魂が物質的な肉体に閉じこめられており、解放しなくてはならないというグノーシス主義やその他の当時の神学的な観点と似ている。グノーシス主義者にとって、人間の個性と人格は身体ではなく霊魂に由来する。ゾシモスはプラトン（Platon, 428/7-348/7 BC）にも言及しており、この点はプラトン主義者にもあてはまるだろう。そして同様に、金属もそれぞれに固有の本性と姿を身体ではなく精気から獲得するのだ。

現代的な価値判断によって前近代的な思考の複雑さと豊かさを分析しようとすると、大きな間違いを犯すだろう。ゾシモスには哲学的・神学的な立場を自身の思考から分離する理由がなかった。今日このような「混ぜもの」は、科学的な思考を邪魔すると考えられる傾向がある。しかしそれは現代人の観点からの「混ぜもの」であって、偏見であるばかりでなく、真実からかけ離れている。ゾシモスの手法は他の誰のものとも同じように、彼の生きた時代の世界観から影響をうけ、それに依拠せずにはいられない。だから錬金術は、彼にとって宗教だったというのは正しくないし、グノーシス主義的だったというのは誇張しすぎだろう。しかし実際の作業において自身の考え方、つまり当時のグノーシス主義やプラトン主義、その他の学派の影響下に成立していた知的な背景を、彼は「消すことができた」あるいは「消すべきだった」と考えるのも同じくらい間違っている。現代の科学者たちにとってさえ、それは不可能なのだ。彼らの幾人かは「純粋な客観性」という名前のダイモーンの悪戯によって、それが可能だと確信しているのかも知れないが。

ゾシモスの時代と土地を離れる前に、もう一点だけ考察しよう。彼の活動期が紀元後三〇〇年ごろだとした研究者たちが正しいなら、ローマ皇帝ディオクレティアヌス（Diocletianus, 244-311 AD）が二九七年から九八年にかけてエジプトで起きた騒乱を弾圧しただけでなく、錬金術書群を破壊しようとしたことも、ゾシモスは見聞きしたはずだ。皇帝は、エジプト人たちが書いた銀と金についての「ケイメイア」cheimeia についての書物をすべて焼却するよう命じたと伝えられる。迫害で殉教したキリスト教徒たちの証言によると、これはエジプト人たちがふたたび騒乱を起こすのに十分な富を蓄えるのを防ぐためだった。[28] 記録どおりに書物の焼却がなされたのなら、この件は皇帝による通貨改革と関係していたのかも知れない。アレクサンドリアで鋳造されエジプトで流通していた硬貨を通常のローマ硬貨におきかえる改革は、二九五年から九六年におこなわれた。

紀元後三世紀のローマ帝国は、恒常的な通貨危機を経験している。鋳造される硬貨は貴金属の含有率を次第に減らし、額面と実際の価値の隔たりが増大して通貨価値は下落していく。たとえば「アントニアヌス」antonianus と呼ばれる硬貨の銀の含有率は、五二パーセントからわずか五パーセント以下になる。青銅硬貨では多くの場合、実際よりも外見上の価値が増すように表面に銀や銀の偽物が塗布された。最終的に失敗に終わる皇帝の方策は、新しい貨幣を発行することだった。[29] エジプトの書物はしばしば貴金属の模倣や合金の変造、あるいは理想的には金や銀をつくる方法を記述していたので、通貨価値の安定化を望んでいる為政者にとって、これらの知識は流布してもらっては困るものだったようだ。とくにそれが帝国内の反抗的な地域にあってはなおさら

（28） *Acta sanctorum julii*（Antwerpen, 1719-1731）, II: 557; *Iohannes Antiocheni fragmenta ex Historia chronica*, ed. & tr. Umberto Roberto（Berlin: de Gruyter, 2005）, Fr. 248: 438-429.

（29） C. H. V. Sutherland, "Diocletian's Reform of the Coinage: A Chronological Note," *The Journal of Roman Studies* 45（1955）, 116-118; Juan Carlos Martinez Oliva, "Monetary Integration in the Roman Empire," in *From the Athenian Tetradrachm to the Euro*, ed. P. L. Cottrell et al.（Aldershot: Ashgate, 2007）, 7-23: 18-22.

だ。興味ぶかいことに、偽の貴金属からなる古代末期の硬貨は近年かなりの数が発見されており、それらの幾つかはパピルスや偽デモクリトスの著作にある処方でつくられる金属に驚くほど似ている。[30]偽金づくりや通貨価値の下落の心配が皇帝による勅令の背景にあったなら、これは通貨価値についての配慮から錬金術の禁令がだされた最初の例だろう。ケメイアの文献を禁止する皇帝の勅令は、ゾシモスの著作にみられる秘密主義の背景を説明するかも知れない。

この仮説が正しいかどうかは別として、つぎの点は強調に値する。この禁令は、錬金術をさす「アルキミア」alchimiaや「キミア」chimiaという語の起源となる「ケイメイア」cheimeiaの最初の使用例なのだ。ここで、前者ふたつの語について説明しなければならない。錬金術と同じくらい、これらの起源についても多くの信用できない主張がなされてきた。錬金術師の存在と同じくらい古い時代からだ。彼らは自らの伝統についてさまざまな主張をするために、架空の語源を案出するのを好んだ。古代で良く知られているのは、事物の名前を神話上の始祖にさかのぼることであり、ローマの名前は神話の「ロムルス」Romulusに由来するとされる。ゾシモスは「ケメス」Chemesあるいは「キュメス」Chymesという名前の錬金術師に言及している。またこの技芸が天使によって『ケメウ』*Chemeu*という書物で啓示されたとも主張している。[31]この着想のもとは、間違いなく聖書外典の『エノク書』だろう。そこでは堕天使が人間に生産技術を教えるからだ。

錬金術や化学の歴史についての現代の書物でさえ、ありえない起源を紹介することがある。有名な例では、「ケミア」chemiaという語はコプト語で黒色を意味する「ケメ」khemeに由来し、ナイル川の泥土の色から「黒色の土地」のエジプトをさすという。この説を支持する証拠として、紀元後一世紀の哲学者プルタルコス(Plutarchos, c. 46–120 AD)がしばしば言及される。彼は「ケミア」chemiaがエジプトの古名だと記述しており、「キミア」とは文字どおり「エジプトの技」を意味するという。[32]より怪しい説だが、これを金属変成の重要な段階の「黒化」や「黒い技」という想像上の考えと結びつける人々もいる。

より妥当な説によると、最初期の錬金術師たちの言語、つまりヘレニズム期やローマ帝政期のエジプトにおける知識階級の公用語だったギリシア語に、これらの語の起源は見出せるという。「ケミア」chemiaの「ケム」chemは、おそらく「溶かす」を意味するギリシア語の「ケオ」cheoに由来する。ここから金属の塊をさす「キュマ」chumaが導かれる。初期の化学的な操作は、ほぼすべて金属の溶解・溶融をともなっていたので、これは合理的な説明に思われる。この場合、技術をあらわすギリシア語は「ケメイア」chemeiaまたは「キュメイア」chumeiaとなり、「溶かす技」を意味する。同時にコプト語の語源もふくめた二重の意味をもっていた可能性も排除できない。とにかくギリシア・エジプト世界にかんして、「アルケミア」alchemiaという語を使用するのは時代錯誤だろう。この単語はギリシア語をアラビア語化したもので、「アル」al-はアラビア語の定冠詞だからだ。したがってゾシモスや当時の人々が実践していたのは、英語では「ケミー」chemyと呼ばれるべきかも知れない。さらなる語源についての考察は後述しよう[33]。

---

(30) Paul T. Keyser, "Greco-Roman Alchemy and Coins of Imination Silver," *American Journal of Numismatics* 7-8 (1995), 209-233.

(31) 九世紀のシンケロスに引用されたゾシモスの断片。Cf. Georgios, Synkellos, *Chronographia*, I: 23-24; Mertens (2002), xciii-xcvi. ゾシモスがこれを書いた文脈は知られていない。

(32) プルタルコス『エジプト神イシスとオシリスの伝説について』第三三章（364C）。

(33) Robert Halleux, *Les textes alchimiques* (Turnhout: Brepols, 1979), 45-47.

5　末期アレクサンドリアとビザンツ世界

ゾシモス以降の時代から八世紀までのケメイアについては、ギリシア語のテクストが幾つか現存している(34)。そのほとんどは初期の著作の注解であり、詳細な研究がまたれる。この時代における重要な展開は、理論的・哲学的なものと実践的なものの大胆な融合だろう。

現在では失われてしまったゾシモスの著作への注解を書いたオリュンピオドロス（Olympiodoros, 6c AD）は、アリストテレスの著作を注解した哲学者と同一人物の可能性もある。タレスら最初期のギリシア人哲学者たちにならって、彼は事物の共通な基体という考えを採用し、すべての金属に共通な物質を議論した。この物質は多様な性質をうけとって種々の金属を生みだす。したがって、変成は金属を共通の物質へと還元することで達成される。互換可能な諸性質の組合せから生まれる種々の金属に共通な物質という考えは、ゾシモスが金属を身体と精気に分離したのを継承しているように思われる。興味ぶかいことに、オリュンピオドロスは明快な用語ではなく寓意をもちいることを正当化するために、プラトンがもっとも重要なことを語るときには似たような技法を採用したと指摘している(35)。

アレクサンドリアのステファノス（Stephanos, 7c AD）は、新プラトン主義の哲学者・注解者・天文学者であり、『金をつくるための大いなる業について』という錬金術書を執筆する。このテクストは最近になって、六一七年に書かれたと同定されている。ここではプラトンやアリストテレス、その他の著名なギリシア人哲学者たちの考えが錬金術に適用されている(36)。しかしながらゾシモスとは違って、オリュンピオドロスやステファノスは実際の錬金作業には興味をもっていなかったようだ。錬金術は、彼らの中心を占める関心事ではない。彼らはまずもって哲学者だった。したがって彼らにとって錬金術もまた哲学的なテーマであり、少なくとも現在の知見から考えるに、彼らは手を汚さない錬金術師だったようだ。しかし彼らは、物質についての古代ギリシアの哲学を錬金術に応用して理論的な枠組みを洗練させる。このような展開は、それ自体が興味ぶかいだけではなく、こうした時代の錬金術がアラビア世界に受容されたのだから非常に重要となる。

前述した写本「マルシアヌス・グラエクス」の二九九番に描かれ、しばしば紹介されるヘビの図像は、おそらくギリシア錬金術の理論と実践が基礎にすえた原理を象徴したものだ。このヘビは「ウロボロス」ouroboros と

（34）概略については Michèle Mertens, "Graeco-Egyptian Alchemy in Byzantium," in *The Occult Sciences in Byzantium*, ed. Paul Magdalino & Maria Mavroudi（Genève: La Pomme d'Or, 2006）, 205–230 を参照。

（35）Cristina Viano, "Aristote et l'alchimie grecque," *Revue d'histoire des sciences* 49（1996）, 189–213; eadem, "Les alchimistes gréco-alexandrins et le *Timée* de Platon," in *L'Alchimie et ses racines philosophiques: la tradition grecque et la tradition arabe*, ed. Cristina Viano（Paris: Vrin, 2005）, 91–108; eadem, *La matière des choses: le livre IV des* Météorologiques *d'Aristotle et son interprétation par Olympiodore*（Paris: Vrin, 2006）, Appendix 1: 199–208; eadem, "Olympiodore l'alchimiste et les Présocratiques," in Kahn & Matton（1995）, 95–150; eadem, "Le commentaire d'Olympiodore au livre IV des *Météorologiques* d'Aristote," in *Aristoteles chemicus: il IV libro dei* Meteorologica *nella tradizione antica e medievale*, ed. Cristina Viano（Sankt Augustin: Academia, 2002）, 59–79.

（36）錬金術師と新プラトン主義者のステファノスの同一人物性については長期の論争がある。Maria K. Papathanassiou, "Stephanus of Alexandria: On the Structure and Date of His Alchemical Work," *Medicina nei Secoli* 8（1996）, 247–266; eadem, "L'Œuvre alchimique de Stephanos d'Alexandrie," in Viano（2005）, 113–133; eadem, "Stephanos of Alexandria: A Famous Byzantine Scholar, Alchemist and Astrologer," in Magdalino & Mavroudi（2006）, 163–203 は同一人物説を支持する。Frank Sherwood Taylor, "Alchemical Works of Stephanus of Alexandria," *Ambix* 1（1937）, 116–139; 2（1938）, 39–49 には大まかな英訳が収録されている。

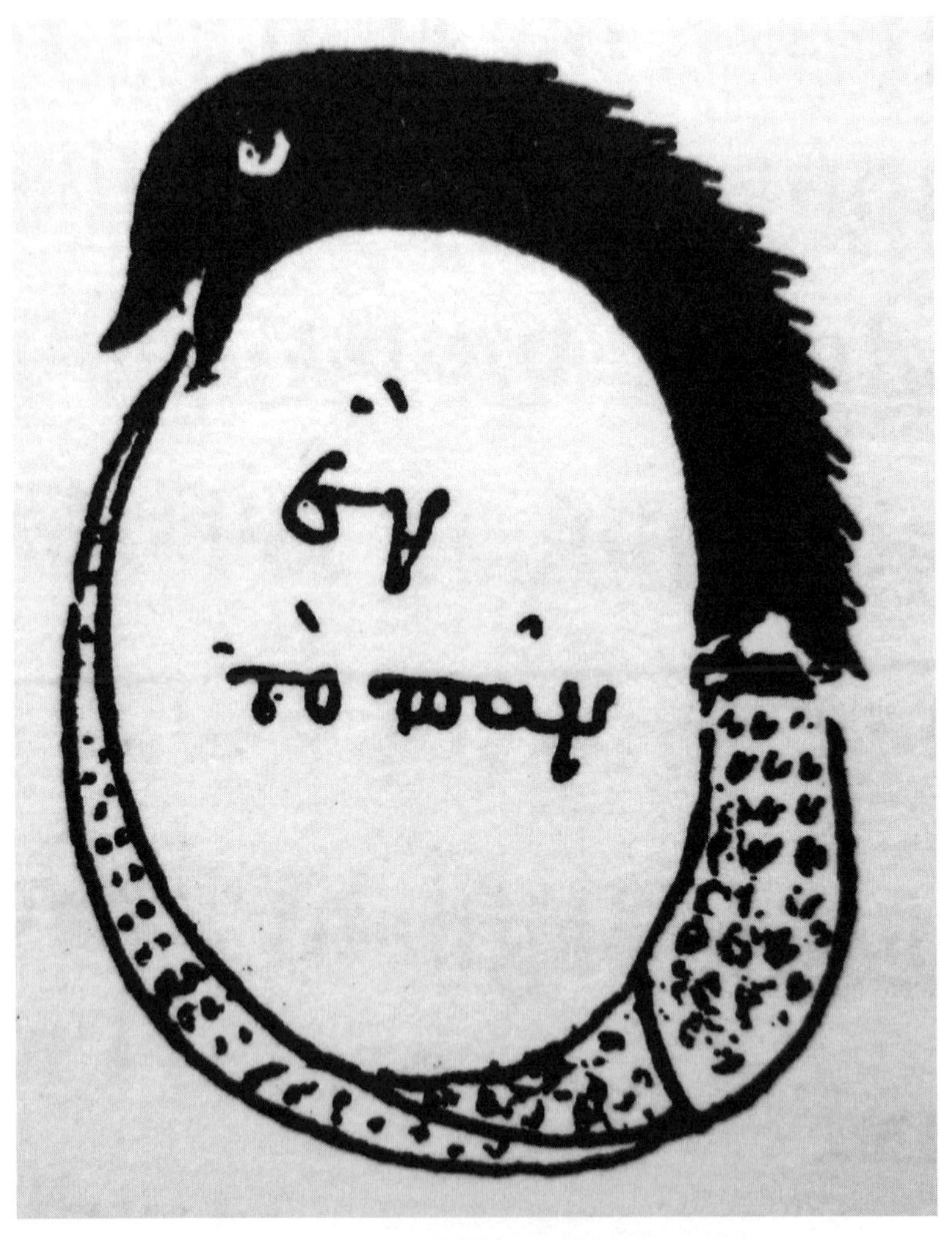

図 1-1.「マルシアヌス・グラエクス」299 番（fol. 188v）に描かれたウロボロス

呼ばれ、自分の尻尾をくわえている（図1―1）。さまざまな解釈がこの魅力的な図像に提唱されてきた。しかし図像に書きこまれた一文「ひとつにして、すべて」hen to pan は、事物の基体となる普遍的な物質が存在するという古代ギリシアの考えを想起させ、ひとつの物質は他の物質に変化するという変成のアイデアを補強する。そして事物は消滅するようにみえるが、新しいものが生成することから、万物はいつも同じだという考えが導かれる――ひとつのものはすべてであり、すべてのものはひとつである。だからウロボロスは物質的な事物の総和として、つねに自らを消費し自らを生成する、つまり永遠に自らを破壊しながら再生するという不変性を象徴している。

ギリシア世界からアラビア世界へと移行する前に、もうひとつの展開に言及しておこう。金属の変成をもたらす特別な物質の新しい名前だ。それはゾシモスにとって、「硫黄の水」と呼ばれる幾つかの物質のひとつを意味する。彼は「クセリオン」xērion という別の語も使用するが、これはもともと傷口にふりかける粉末状の医薬のことだった。偽デモクリトスが、金属に色彩をつけられる物質に「ファルマコン」pharmakon という薬・軟膏・毒を意味する語をもちいていたので、採用したのかも知れない。クセリオンという語は、別の類比も示唆する。医薬が病気の人間を癒して回復させるように、変成をもたらす物質はケメイアの「医薬」であり、卑金属を癒して回復させるという点だ。この強力な物質は、七世紀より以前には存在しないが、以降たえず継承される新しい名前を手にいれる。それが「賢者の石」ho lithos ton philosophon だ。この「石ではない石」を調整する方法を見出すことが錬金術師たちの究極の目的となる。(37)

(37)「石ではない石」という表現は、ゾシモスにも見出せる。Mertens (2002), 49 を参照。正しい表現は流布している「賢者の石」ではなく、「賢者たちの石」だ。さまざまな言語のテクストが、複数形の所有格を使っている。

第二章　成長——アラビアの「アル・キミア」

1　はじめに

西暦七五〇年から一四〇〇年ごろのアラビア世界で、錬金術は新しい理論や概念、実践的な技術、物質の知識などのあらゆる点で大きな発展をとげる。アラビア世界は数世紀におよんで文化を育み、科学や医学、数学をまたにかける巨大な知の総体を生みだす。ヨーロッパ人たちは一二世紀になってはじめてアラビアの学問に遭遇し、畏怖と称賛の念をもつ。しかし尊敬の感情も時間とともに次第にうすれ、豊かさと重要さを認識されていたアラビア学も衰退し、影響力のあった著作家たちの貢献や名前さえ混乱のうちに忘れられていく。だから錬金術あるいは科学全体の歴史における重要さにもかかわらず、この時代についての知識は非常にかぎられている。歴史家たちは、まずアラビア錬金術の原典を再発見しなければならなかった。そして一九世紀末に、彼らはテクストをふたたび研究しはじめる。興味ぶかいことに、この流れを促進させたのは化学者であり、ギリシアの錬金術文書も出版したマルセラン・ベルテロ（Marcellin Berthelot, 1827-1907）だった。[1]

それ以降、幾多の問題が考察され、多くの知識の空隙が埋められた。かなりの謎が解決されたともいえるが、

（1）Marcellin Berthelot, *La chimie au Moyen Âge*, 3 vols. (Paris, 1893).

いまだに多くの課題が光をあてられるのを待っている。もっとも重要なアラビアの著作家たちについてさえ、ひと握りのテクストが校訂されたにすぎず、翻訳されたものの数はもっと少ない。テクストがもつ難解さや戦争などによる手稿群の逸失、そして史料の自由な閲覧を邪魔している諸地域の政治・経済的な状況によって、必要とされる研究はなかなか進まない。もっとも深刻な問題は、アラビア語を得意とする科学史家の数が少なすぎること、そして錬金術に関心をもつ歴史家となるとさらに少なくなることだろう。

2　ギリシアからアラビアへの知識の伝搬

イスラム教が成立すると、七世紀半ばにアラビアの軍勢はさまざまな方向へと侵攻する。北はパレスティナとシリア、西は北アフリカを縦断して最後にはスペインやフランスにまで侵入する。錬金術の歴史にとって重要なのは、地中海の東側にあったビザンツ帝国の領土がアラビアの軍勢によって征服されたことだ。六四〇年にアレクサンドリアの町が占領され、エジプトはイスラム帝国に併合される。エジプトやその他の東地中海のビザンツ諸領において、新生のイスラム世界は古代ギリシアの思想と文化に触れるようになる。

イスラム世界では、「カリフ」が預言者ムハンマド（Muḥammad, c. 570–632）の後継者として指導者となる。六六一年にウマイア朝の第二代カリフであるムアーウィア（Muʿāwiya, 602–680）が首都をダマスカスに定めたことで、異文化との接触が強化される。この地域はほんの三〇年前までビザンツ帝国の領土だったからだ。ウマイア朝のカリフたちはイスラム教徒のアラビア人だが、領民たちのほとんどはキリスト教徒のビザンツ人だった。新しいイスラム教徒の支配者たちは戦闘には優れていたが統治には不慣れだったので、経験をもつビザンツ人たちを役人や技術者として雇うことになる。この社会的・政治的な状況は、新たにやってきたアラビア人たちにギリシアの学問にふれる機会を提供する。こうしてギリシア語からアラビア語への翻訳の運動がウマイア朝でゆっくりと開始され、それを継承したアッバース朝で大幅に加速される。

七六二年に建設された都市バグダードにダマスカスから首都がうつされると、そこは翻訳家たちによる翻訳運動の中心地となる。翻訳された書物には、アリストテレスやプラトンの哲学書、エウクレイデス（Eucleides, fl. 300 BC）の数学書、ガレノスやヒポクラテスの医学書、技術や機械の実践書、そして「ケメイア」についての著作もふくまれていた。[2]

ギリシア世界の「ケメイア」がアラビア世界の「アル・キミア」al-kīmiyā' となった経緯は、しっかりと把握されていると考えられてきた。魅力的なことに、物語はダマスカスの宮廷における陰謀と殺人からはじまる。ハーリド・イブン・ヤジード（Khālid ibn-Yazīd, ?-704）は、第二代カリフであるムアーウィアの孫にあたる若き王子だ。内戦時にメッカに立てこもった父親が六八三年に没すると、まずハーリドの兄がカリフとなる。しかし兄は、おそらく自然ではない仕方で翌年に二二歳の若さで早死にする。ハーリドは若すぎるため、のちにカリフ位が譲られるという条件のもと、マルワンという近親者がカリフとなる。しかしマルワンは未亡人となったハーリドの母親と結婚し、自分の子孫を後継者とすることにして、ハーリドは私生児だと宣言する。ハーリドの母親はマルワンが寝ているすきに枕で窒息死させ、あるいは毒をもり、裏切りに復讐する。こうした状況から、ハーリドはエジプトに逃れる。失ったカリフ位を忘れるために、彼はギリシアの学問を勉強しはじめ、錬金術に開眼する。幾つかの説によると、彼はアレクサンドリアのステファノスと思われる「年長者ステファノス」と呼ばれる

（2）D・グタス『ギリシア思想とアラビア文化：初期アッバース朝の翻訳運動』山本啓二訳（勁草書房、二〇〇二年）を参照。David C. Lindberg, *The Beginnings of Western Science* (Chicago: University of Chicago Press, 1992/2007), 166-176 も手軽な入門編だ。

人物と出会う。ステファノスはハーリドを指導し、彼のためにギリシア語の錬金術書を翻訳する。異説では、ハーリドはステファノスではなく、マリアノスというキリスト教徒の修道士から指導をうける。この修道士はギリシア人かローマ人か、はたまたエルサレムに隠遁していたか否かで諸説がある。どちらにしてもマリアノスは、おそらくアレクサンドリアのステファノスのもとで錬金術を学び、賢者の石の調整法をふくむ秘密をハーリドに伝授する。王子は教えを記録するために、錬金術書を幾つか執筆する。

医学や天文学、錬金術の翻訳書を献呈された最初のイスラム教徒というハーリドの役割と彼の著作については、キリスト教徒のマリアノスとともに一〇世紀のアラビア語の書物に記録がある。(3) またマリアノスに帰される著作は、ラテン語訳とアラビア語訳の両方が現存している。(4) しかし残念なことに、この物語は純粋に架空のものだろう。(5) マリアノスとハーリドの名前を冠したテクスト群は、彼らが生きたとされる時代よりも約一〇〇年以上もあとに書かれたものなのだ。

しかし、この物語に魅了された人々にも慰めはある。たしかな証拠は発見されていないが、そこにハーリドが介在しなかったとしても、おそらくエジプトが錬金術のアラビア世界への伝搬の出発点だったと考えられる。七〇四年のハーリドの死の直後に、この伝搬ははじまる。マリアノスについていえば、ギリシアの学問はおそらくキリスト教徒を媒介にしてアラビア世界に伝わったのだろう。似たような伝搬についての証拠は幾つか知られている。(6) しかし歴史上の人物としてのマリアノスは実在しなかった。この架空の修道士がギリシア錬金術をアラビア世界に伝えたのではなかったとしても、彼は錬金術の最初の伝達者としての栄誉を約五〇〇年後の熱心な読者たちのあいだで獲得する。ラテン語化された「モリエヌス」という名前で、やがて彼は姿をあらわすだろう。

ハーリドとマリアノスの逸話を抜きにしても、ギリシア錬金術のアラビア世界への最初期の伝搬はいまだ良く解明されていない。確実なのは、著名なギリシア人名のもとに多くの著作が執筆されたことだ。ゾシモスはもちろん、ソクラテスやプラトン、アリストテレスやガレノスといった、実際には錬金術書を執筆しなかった人々の名前が使用された。現段階では、これらのテクストが最初からアラビア語で書かれたのか、消失してしまったギリシア語による偽作の翻訳なのか、あるいはそれらの混合したものなのかを判断できない。(7)

3　ヘルメスとエメラルド板

初期のアラビア世界の偽作群は、錬金術の歴史でもっとも尊ばれる有名なテクストを生みだす。伝説的な人物

（3）アラビア科学の貴重な情報源であるアン・ナディームの『フィフリスト』*al-Fihrist* は九八七年に執筆された。Johann W. Fück, "The Arabic Literature on Alchemy According to An-Nadīm," *Ambix* 4 (1951), 81-144: 89, 120 は錬金術の部分を英訳しているが、ハーリドの逸話の初期の形態も見出せる。

（4）Morienus, *De compositione alchemiae*, in *Bibliotheca chemica curiosa*, ed. Jean-Jacques Manget (Genève, 1702), I: 509-519. Cf. Ullman (1972), 191-195; Ahmad Y. Al-Hassan, "The Arabic Original of the *Liber de compositione alchemiae*," *Arabic Sciences and Philosophy* 14 (2004), 213-231.

（5）Julius Ruska, *Arabische Alchemisten*, I: *Chālid ibn-Jazīd ibn-Muʿāwija* (*Heidelberger Akten von-Portheim-Stiftung* 6 [1924]; repr. Vaduz: Sändig, 1977); Manfred Ullmann, "Hālid ibn-Yazīd und die Alchemie: Eine Legende," *Der Islam* 55 (1978), 181-218.

（6）総主教ティモテオス一世（Timotheos I, c. 740-823）は、アリストテレスの『トピカ』の最初のアラビア語訳をアッバース朝の第四代カリフのアル・マフディー（al-Mahdi, 744-785）のために準備した。グタス（二〇〇二年）、六九-七八頁を参照。

（7）これらの初期の著作については Georges C. Anawati, "L'alchimie arabe," in *Histoire des sciences arabes*, ed. Roshdi Rashed & Régis Morelon (Paris: Seuil, 1997), III: 111-142; Ullmann (1972), 151-191 を参照。

ヘルメスに帰される『エメラルド板』だ。ギリシア語で「三重に偉大な」を意味する「トリスメギストス」を冠されたヘルメスは、ギリシアとエジプトの神話と英雄のイメージが複雑に重層化された神である。彼に帰される書物群は「ヘルメス文献」と呼ばれ、ギリシア・エジプト世界を起源とする多様なテクストの集合体となっている。その核となるのは新プラトン主義的な色彩をもつ哲学的・神学的な『ヘルメス文書』で、紀元後一世紀から四世紀にかけて成立する。その他にも占星術や技術、あるいは魔術についてのテクストがあり、幾つかは紀元前一世紀に書かれたようだ。これらのテクスト群は古代末期に良く知られるようになるが、そのどれもが錬金術とは明確に関連していない(8)。

しかしすでにゾシモスは、ヘルメスの名前を権威としてあげていた。より重要なことにイスラム世界では一〇世紀までに、ヘルメスが錬金術の創始者であり、バビロニアの生まれで、多くの関連書を執筆したと考えられるようになる(9)。それ以降、彼の名声と威信は増大する。中世ヨーロッパでも彼の名声は高まりつづけ、モーセの同時代人かモーセの後継者と考えられるようになる。さらに彼は、キリストの到来を予見した神がかり的な異教の予言者とみなされるまでになる。結果としてイタリアの町シエナの大聖堂につくられた一五世紀の床モザイクでは、ヘルメスがもっとも偉大な最初の予言者として描かれている。

ヘルメスはヨーロッパでも同様に錬金術の創始者としての地位をたもち、「ヘルメスの技」という表現は錬金術・化学の同意語になる。拡大しつづける神話のせいで、彼に帰される『エメラルド板』はアラビアとヨーロッパの双方の錬金術師たちに聖なるものとみなされ、無数の注解が一七世紀のニュートンをふくむ多くの人々によって執筆される(10)。

『エメラルド板』の起源は謎に包まれているが、ヘルメス文献よりも数百年後の八世紀以降にアラビア語で執筆されたことを示す証拠がある。徹底的な調査にもかかわらず、ギリシア語の原型やギリシア語による初期の言

現しているのは明白だ。「万物が唯一のものから生まれた」というのは、ウロボロスがもつ意味と似た一元論への言及とも解釈できる。しかし「父親は太陽」である「それ」とはなんだろう。錬金術師たちは何世代にもわたって、これが金属変成をもたらす「賢者の石」を意味し、この高貴なる物質についての知識が『エメラルド板』に隠されていると確信した。しかし太陽と月とはなんだろう。乾と湿の原理だろうか、それとも金と銀なのか。大地の胎内とはなんだろう。どんなに精妙な物質でどのように大地を養うというのか。特定されていない「それ」が、賢者の石や錬金術とどんな関係があるのか。これらの点はきわめて不明瞭だ。『エメラルド板』の起源と意味についての謎は、すぐに解決できるものではない。

初期のアラビア世界における錬金術への関心については、一〇世紀ごろに記述された逸話がある。歴史家のイブン・アル・ファキ（Ibn al-Faqīh, fl. 903）によれば、カリフのアル・マンスール（Al-Manṣūr, 714-775）の使者と

---

(13) 『創造の秘密の書』のアラビア語版は Balīnūs, *Sirr al-khalīqah wa ṣan'āt al-ṭabī'ah*, ed. Ursula Weisser (Aleppo: Institute for the History of Arabic Science, 1979) を、概略は Ursula Weisser, *Das* Buch über das Geheimnis der Schöpfung *von Pseudo-Apollonios von Tyana* (Berlin: de Gruyter, 1980) を参照。中世のラテン語訳は "Le *De secretis naturae* du pseudo-Apollonius de Tyane: traduction latine par Hugues de Santalla du *Kitāb sirr al-halīqa* de Balīnūs," ed. Françoise Hudry, in *Chrysopoeia* 6 (1997–1999), 1–153 を参照。

(14) アラビア語圏では、地下墓所や遺跡で秘密の文書が発見されるのがトポスとなる。Ruska (1926), 61–88.

(15) Eric J. Holmyard, "The Emerald Table," *Nature* 112 (1923), 525–526: 526. しかし起源と時代同定についての彼の主張は間違いだ。ニュートンのヘルメス注解は James E. McGuire & P. M. Rattansi, "Newton and the Pipes of Pan," *Notes and Records of the Royal Society of London* 21 (1966), 108–143; Betty J. T. Dobbs, "Newton's Commentary on The Emerald Table of Hermes Trismegistus: Its Scientific and Theological Significance," in *Hermeticism and the Renaissance*, ed. Ingrid Merkel & Allen G. Debus (Washington, DC: Folger Shakespeare Library, 1988), 182–191 を参照。一七世紀のヘルメス批判は、A・グラフトン『テクストの擁護者たち』ヒロ・ヒライ監訳（勁草書房、二〇一五年）、第五章と第六章を参照。

してウマーラ・イブン・ハムザ（ʿUmāra ibn-Hamza, 8c AD）がビザンツ帝国の皇帝コンスタンティノス五世（Constantinos V, 718-775）を訪問する。[16]皇帝は使者に帝国の驚異的な事物を紹介するが、そのなかには白色と赤色の粉末をつめた袋でみたされた倉庫もあった。皇帝は使者の眼前で鉛を溶かすように命じ、坩堝に白色の粉末を投げいれると、鉛はすぐに銀に変成する。つぎに銅が溶かされた坩堝に赤色の粉末が投げこまれると、銅は金に変成する。使者が帰国して報告すると、カリフは錬金術に興味をもち、ギリシア語の著作群を翻訳するよう命ずる。この逸話が使者の報告を忠実に伝えているのか、後代の再構成なのかは判別できないが、少なくとも時代的には正しい。バグダードの建設者アル・マンスールによる七五四年から七五年までの治政下で、科学や医学の著作群が本格的に翻訳されはじめるからだ。この逸話は白色と赤色という二種類の変成剤に言及した最初の記録であり、非常に重要な意味をもつ。これら二種類の賢者の石は錬金術の標準的な構成要素となっていくだろう。

4　ジャービルとジャービル文書

アラビア世界への錬金術伝搬の初期をおおう不明瞭さは、すぐに混乱にとってかわられる。ギリシア・エジプト世界でのゾシモスの役割と同じくらい重要な役割を、アラビア世界ではたす人物が登場する。ジャービル・イブン・ハイヤーン（Jābir ibn-Ḥayyān）だ。正確にいうと幾人かのジャービル、あるいは反対に実在しなかった人物かも知れない。

錬金術史の研究者たちは、ある人物が記録されている人物と同一なのか、本当に言及される時代と場所に生きていたのかという問題にしばしば直面する。匿名や偽名、秘密、謎、つくり話、そして攪乱にみちている。ジャービルの場合、その正体と著作についての論争は彼の没年とされる時期から現在までつづいている。ハーリドとマリアノスの場合と同様に、錬金術ではしばしば外見と真実は乖離しているのだ。

伝統的な伝記群によると、ジャービルは七二〇年ごろにバグダードの南にある古代都市クーファに生まれた。彼は若いころ、七八六年に四六三歳で死んだとされる隠遁者ハルビー、ついでマリアノスの弟子とされるキリスト教徒の修道士から錬金術を学ぶ。すでにこの時点で話はかなり疑わしい。ジャービルのもっとも重要な師は、イスラム宗教史に登場する第六代のシーア派の宗教的な指導者（イマーム）のジャアファル・アル・サーディク（Jaʿfar al-Ṣādiq, 700/2–765）だった。ジャービルはこの人物が彼の知識の源泉であり、自分はその愛弟子だと語る。ある記録はジャービル自身がイマームあるいは隠遁者（スーフィ）になったとする。ジャアファルの死後、彼はバグダードにうつり、裕福な権力者バルキミ一族と近しくなる。そして『千一夜物語』で有名なカリフのハールーン・アル・ラシード（Hārūn al-Rashīd, 763/6–809）の宮廷に紹介され、カリフのために錬金術書を執筆する。ジャービルの没年は八〇八年や一二年、一五年とさまざまに伝えられている。

一〇世紀には、これらの話にたいする疑いが流布していた。バグダードの書店主イブン・アン・ナディーム（Ibn al-Nadīm, ?–995/8）は、「多くの学者たちと年長の書店主たちがジャービルという人物は存在しなかったと明言する」と記録している。[17] しかし彼はこの見解を、三千もの書物を執筆しておきながら別人の名前を冠する人間はいないという理由から否定する。なお「書物」kutub は章あるいは数頁の断章に近いもので、巻物ではないから、三千という数も荒唐無稽ではない。他の著作家たちも疑いの声をあげた。一四世紀の文学史家イブン・ヌバ

(16) Gotthard Strohmaier, "ʿUmāra ibn Hamza, Constantine V, and the Invention of the Elixir," *Graeco-Arabica* 4 (1991), 21–24; idem, "Al-Manṣūr und die Frühe Rezeption der Griechischen Alchemie," *Zeitschrift für Geschichte der Arabisch-Islamischen Wissenschaften* 5 (1989), 167–177.

(17) Fück (1951), 96.

ータ・アル・ミスリ（Ibn Nabāta al-Miṣrī, 1287–1366）は、当時の統一見解によるとジャービルというのは幾人かの著作家たちがもちいた偽名だと主張する。

ジャービル論争は科学史家たちがアラビア錬金術を再発見した二〇世紀初頭に復活するが、比類ない博識と語学力をもつポール・クラウス（Paul Kraus, 1904–1944）が決定的な研究を発表する。[18] 彼はジャービル文書で言及される幾つかのギリシア語の著作が八世紀にアラビア語では入手不可能だったことを指摘し、伝統的な伝記がジャービルを一〇〇年以上も早い時代に位置づけてしまっていると結論する。またジャービルの提唱する基本理論が八一三年から三三年のあいだに成立した『創造の秘密の書』に由来すると見抜く。これはジャービルの没年とされる年代よりも後代となる。さらに彼に帰される著作の多くは、九世紀末におきたシーア派の宗教運動の影響をうけているという。

またクラウスは、ジャービルに帰される書物が複数の著作家たちによるもので、それらは約一〇〇年のあいだに成立したと主張する。最初期の『慈悲の書』*Kitāb al-raḥma* は九世紀半ばに執筆される。[19] クラウスによれば、この書物に感化されたシーア派の錬金術師たちが続編をつくり、すでに存在したテクストに加筆してジャービル風の新たな作品を同世紀末ごろに生みだす。彼らがジャービルとジャアファルとのつながりを捏造し、さらなる著作群が一〇世紀後半までに追加されたという。したがってジャービル文書は、錬金術師たちの「学派」による産物だったのだ。[20] もしかしたら、この流れのどこかに実際のジャービルが存在したかも知れない。しかしそれは、伝統的な伝記群が主張するものと同一人物ではなかった。本書で「ジャービル」という場合、これらの著者たちの集団をさすことにする。

5　金属の「水銀・硫黄」の理論

ジャービルの著作には、理論的な枠組みとともに作業の工程や材料、そして器具についての実践的な知見があふれている。なかでも、もっとも成功したのは「水銀・硫黄」の理論だろう。この理論は『解明の書』*Kitāb al-īḍāḥ* で提示されているが、ながい前史がある。究極的には、地球の中心から派生する二種類の「蒸散気」というアリストテレスの考えに由来するのだろう。蒸散気のひとつは乾いた煙状で、もうひとつは湿った蒸気状であり、地下で凝縮されて石類や金属を生むという[21]。しかしジャービルの直接の典拠はアリストテレスではなく、バリーヌースだった[22]。ゾシモスの硫黄の蒸気にたいする関心や、水銀がすべての金属に共通する身体だという考

(18) Paul Kraus, *Jābir ibn Ḥayyān: contribution à l'histoire des idées scientifiques dans l'Islam*, I: *Le corpus des écrits jābiriens* (*Mémoires de l'Institute d'Égypte* 44 (1943); repr. Hildesheim: Olms, 1989); idem, *Jābir ibn Ḥayyān: contribution à l'histoire des idées scientifiques dans l'Islam*, II: *Jābir et la science grecque* (*Mémoires de l'Institute d'Égypte* 45 (1942); repr. Paris: Les Belles Lettres, 1986). イスラム教の文脈にジャービル文書をおく第三作を準備していた彼は、カイロの自宅で縊死しているのを発見される。自殺か他殺かは不明だ。多くの謎を解読した天才は、謎にみちた悲劇的な最期をとげる。彼は数世紀ものあいだ失われていた書物群を発見したが、自身の最終作の手稿は大半が散逸してしまったのだ！

(19) ジャービルに帰される別のテクストが発見されたが、後代の偽作だと判明した。Julius Ruska, *Arabische Alchemisten*, II: *Ǧaʿfar Alṣādiq, der Sechste Imām* (*Heidelberger Akten von-Portheim-Stiftung* 10 [1924]; repr. Vaduz: Sändig, 1977) は、ジャアファルに帰される錬金術テクストの独訳を収録する。

(20) Kraus (1943/1989), xlv–lxv に要約されている。

(21) アリストテレス『気象論』第三巻第六章（378a17–b6）。

(22) Kraus (1942/1986), 270–303; Pinella Travaglia, "I *Meteorologica* nella tradizione eremetica araba: il *Kitāb sirr al halīqa*,"

えも、彼らを媒介する役割を演じたかも知れない。

ジャービルに採用されたバリーヌースの理論は、アリストテレスの湿った蒸散気に似た「水銀」と煙状の蒸散気に似た「硫黄」と呼ばれる二原質からすべての金属ができているとする。これらの二原質は地下で凝集されると、異なる割合と純度で結びついてさまざまな金属を形成する。ジャービルはいう――

金属とは、水銀が大地の煙状の蒸散気に見出される硫黄によって凝固したすべての物質のことだ。これらの物質は、ふくまれる硫黄の種類という本質的ではない性質でしか異ならない。硫黄は、さまざまな大地の状況や太陽の熱に当てられた具合によって異なる。もっとも精妙かつ純粋で均衡のとれた硫黄は金のものだ。これは水銀を完璧で均衡のとれたかたちで凝固させる。この均衡のおかげで金は火に抵抗し不変でいられる。[23]

したがって、金は最高の硫黄と水銀が正確な比率で完璧に結合したときに生まれる。しかし不純物をふくんでいたり、間違った比率で結合したりすると、卑金属ができる。この考えは金属変成の理論的な基盤をあたえることになる。つまり、すべての金属が二原質を共有し、それらの比率と純度が異なるだけなら、卑金属のなかの水銀と硫黄を純化して、その比率を調整してやれば金が生じるはずだ。

水銀・硫黄の理論では、ふたつの点が強調されるべきだろう。第一に、一八世紀にいたるまで金属は七種類しか知られていなかった。金と銀は貴金属とされ、銅や鉄、スズ、鉛、そして水銀は卑金属とみなされた。[24]貴金属と卑金属の違いは貨幣としての価値だけではなく、外観の美しさや耐腐食性にもとづいている。第二に、金属の原質としての水銀と硫黄は、必ずしもこれらの名前で親しまれている物質と同一ではなかった。これらは水銀と硫黄と呼ばれる化学物質のもつ特性との類似から、凝縮された二種類の蒸散気に当てられた名前だ。アラビアの錬金術師たちは、実験室で通常の水銀と硫黄を結合させると、金属ではなく「辰砂」と呼ばれる硫化水銀が生成するのを知っていた。ジャービル文書は、溶けた硫黄に水銀を滴下して辰砂をつくる処方さえ収録している。(25)

水銀・硫黄の理論は驚くほど長生きする。最初に提唱されてからほぼ千年後の一八世紀にいたるまで、程度の違いはあるがほとんどの化学者たちによって受容される。理論的に有益であり、観察される現象もそれを裏づけるようにみえる。鉄や銅は微細な粉末にされて火に触れると激しく燃え、硫黄に似た臭いをはなつ。この現象は金属が可燃性の硫黄のような物質をふくんでいると思わせる。またスズと鉛が簡単に溶融して水銀と見分けがつかなくなる点は、水銀と似た流動性をもつ物質を多くふくんでいると思わせる。反対に、この流動性をもつ物質を少量しかふくまないため、鉄や銅は液化しにくいのではないか。つまり、鉄や銅は硫黄のように「乾いて」いるのだ。同様に、スズと鉛は可塑的で柔軟だが、銅と鉄は固くて脆い。これは粘土にふくまれる水分が粘性を左右するように、前者が流動性をもつ物質を多くふくみ、後者はそうではないようだ。最後に、卑金属のサビや腐食は構成要素が分解されやすい、つまり貴金属の金や銀のように強くて安定した結合ではなく、弱い結合をもつ

---

in Viano (2002), 99-112.

(23) Jābir, *Kitāb al-īḍāḥ* in *The Arabic Works of Jābir ibn Hayyān*, ed. Eric J. Holmyard (Paris: Geuthner, 1928), 54; Eric J. Holmyard, "Jābir ibn-Ḥayyān," *Proceedings of the Royal Society of Medicine, Section of the History of Medicine* 16 (1923b), 46-57: 56; Karl Garbers & Jost Weyer (eds.), *Quellengeschichtliches Lesebuch zur Chemie und Alchemie der Araber im Mittelalter* (Hamburg: Buske, 1980), 34-35.

(24) ギリシア・エジプト世界の錬金術師たちは、水銀を金属とみなさなかった。ジャービル文書の幾つかのテクストは水銀を金属と考えるが、幾つかはそうしない。アラビア錬金術の後期からヨーロッパの錬金術において、水銀は金属と考えられるようになった。

(25) Garbers & Weyer (1980), 14-15; Holmyard (1923b), 57.

ので分解されやすいことを示唆している。

6　ジャービルの金属変成剤——アリストテレス、ガレノス、ピュタゴラス

もし金属変成が構成要素の比率の変化だけを必要とするのなら、この操作はどのように実践されるのだろうか。ジャービルは、古代ギリシアの自然哲学から抽出したふたつの概念を基礎におく。第一に、四性質と四元素についてのアリストテレスの理論だ。アリストテレスは、すべての事物のもっとも基本である一次的な性質を温・冷・湿・乾の四性質とした。これらの四性質のふたつがペアとなって基体となる「質料」と結びつくと、火・水・空気・土という四元素を生じる。[26] 温と乾は火を、冷と湿は水を、冷と乾は土を、温と湿は空気をあたえる（図2—1）。アリストテレスは、四元素を容器に入れられるような具体的な物質ではなく、抽象的な原理とした。しかしジャービルはアリストテレスよりも化学者であり、これらの元素を単離できる具体的な物質とみなす。

木や肉、毛髪、葉、卵といった有機物が蒸留されると、熱の強度によって順番にさまざまな物質が分離され、最後に固体の残渣をのこす。ジャービルは、この操作を混合物の構成要素への分解だと解釈する。「火」は可燃性あるいは色彩をもつ物質、「空気」は油性の物質、「水」は水性の物質として分離され、残渣が「土」に対応する。これらの物質が蒸留によって分離されたあとに、ジャービルはペアとなる二性質のひとつを排除することで、さらに分解を進めようとする。アリストテレスによれば水は冷と湿のペアが質料に結びついたものなので、ジャービルは分離された水を乾の性質をもつ「硫黄」と一緒にふたたび蒸留するように促す。蒸留のくり返しにより硫黄の乾が水の湿を破壊し、アリストテレスの元素よりもさらに純粋なものが獲得される——冷の性質だけをもつ物質だ。湿がとり除かれたので水の特性も変化する。ジャービルは、水がくり返しの蒸留で塩類と似た光輝く

白色の固体へと変化すると主張する。各元素が同様に処理されて四つの物質を生じ、それぞれが四性質のひとつだけをもつのだ[27]。

単一の性質だけをもつ四つの物質が分離されたあと、それらは変成剤と結合される。操作を誘導するためジャービルはここで、究極的には古代ギリシアの医学に由来し、アラビアの医師たちによって展開された考えを導入する。ペルガモンの医師ガレノス（Galenos, 129–c. 216 AD）はアリストテレスの四性質と四元素に類似する体系にもとづいて、ヒポクラテス（Hippocrates, c. 460–c. 370 BC）の医学を体系化する。四元素との類比から、人間の身体も血液や粘液、黒胆汁、黄胆汁という四体液をふくみ、粘液は冷・湿、黒胆汁は冷・乾といったように、それぞれが四性質と結びつけられる（図2—1）。四体液が正しい「均衡」あるいは「体質」にあるときに身体は健康となる。各体液の量は食生活や活動、場所や四季、その他の要因によって変化する[28]。四体液の均衡が崩れると病気が発生する。医師はそれを見極め、均衡を回復するように処置しないといけない[28]。鼻腔がつまって鼻水が流れ、元気がない患者は粘液の過剰に苦しんでいる。「カゼ」と呼ばれる病気は英語で「寒」cold とされるが、これは四体液と四性質の学説の名残なのだ。現代の多くの親たちも無意識のうちにガレノス主義者よろしく、カゼは微生物のせいではなく、冷と湿に接したことから発生すると信じている。治療には体液の均衡をとり戻すように身体を刺激するか、温・乾という反対の性質をもつ医薬を処方することが必要とされる。

（26）Lindberg（1992/2007）, 32, 53-54.

（27）Kraus（1942/1986）, 4-18 は、これらの操作を詳述している。

（28）ガレノス医学の概略は Geoffrey E. R. Lloyd, *Greek Science after Aristotle*（New York: Norton, 1973）, 136-153: 138-140 を参照。段階の理論のアル・キンディーによる発展は Pinella Travaglia, *Magic, Causality and Intentionality: The Doctrine of Rays in al-Kindi*（Firenze: Sismel, 1999）, 73-96 を参照。

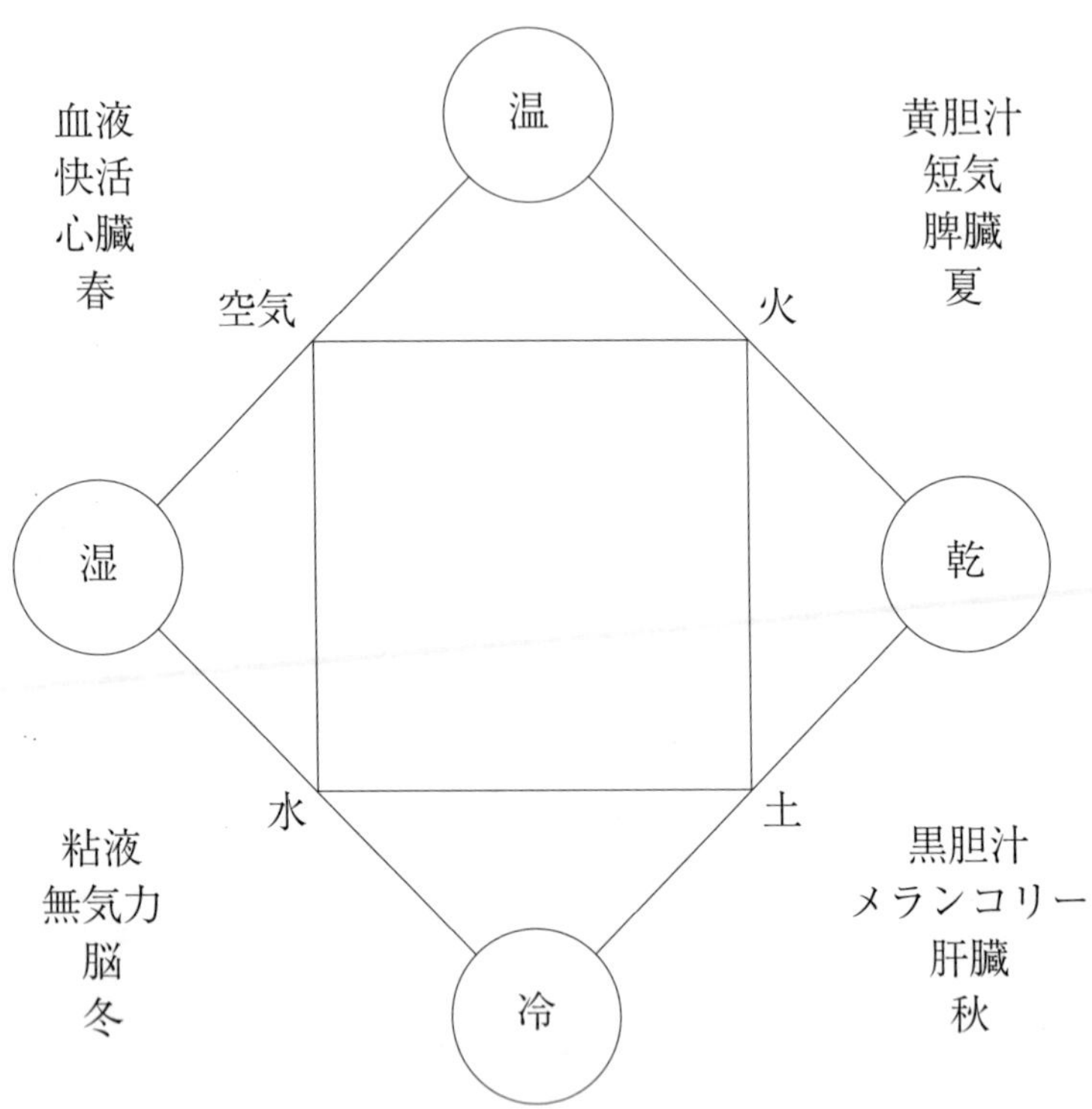

図 2-1. アリストテレスの四性質と四元素およびガレノスの四体液の関係

ジャービルによる金属変成の理論は、まったく同様に機能する。彼は各金属が四性質の正確な比率から構成されていると考える。たとえば金は温と湿が、鉛は冷と乾が支配的だという。だから鉛を金に変成するには、より多くの温と湿をくわえるか、冷と乾をへらさなければならない[(29)]。そこからジャービルは、こうした操作を可能とする実践的な手法を考案する。温や湿だけをもつ物質を分離したあとに適切に混ぜあわせ、鉛のもつ比率を金のもつ比率に補正する物質とすることによって、鉛を金へと変成する。

ジャービルが変成剤にあたえた名称は、医学との結びつきを示す。ギリシア・エジプト世界の錬金術師たちは変成剤を「クセリオン」xērion と呼んでいた。これはもともと傷を治すための粉末薬をさす。ジャービルは、それをアラビア語に転化して「アル・イクシール」al-iksīr とする。ギリシア語の xērion から語尾「イオン」-ion をとり、アラビア語の定冠詞「アル」al- をくわえ、発音しやすいように「イ」i を添加したものだ。このアラビア語の単語は、ヨーロッパでは「エリクシル」elixir と転化されて伝搬する。この用語は現在でも、驚異的な効能をもつ医薬にたいして使われる。医薬が四体液の比率を調整して病気を治すように、ジャービルのエリクシルは金属を「治療」するのだ。結果として、それぞれの患者が特定の医薬を必要とするように、各金属は固有のエリクシルを必要とすることになる。各エリクシルは単離された元素を決まった量だけ混合したものであり、各金属にすでに存在する各性質の量を補って金のもつ比率を再現する。なんと簡素で洗練された理論だろう！

ジャービルの理論は斬新で独創的だ。彼のエリクシルは正しい比率による四性質の結合にすぎないので、どんな物質からも生成することができる。四性質はすべての物質にふくまれているからだ。この考えは、ギリシア・

(29) ジャービルは相反する性質がすでに物質の内部に存在するので、外側から反対の性質を使って交換させる必要があると主張する。Kraus (1942/1986), 1-3 を参照。

エジプト世界の錬金術師たちの発想とは大きな対照をなしている。彼らにとって、錬金術の偉大な秘密は変成剤をつくるための具体的な物質を発見することであり、その物質は鉱物界に見出されるという。ジャービル文書の最初期の『慈悲の書』もこの見解を踏襲しているが、のちに成立した『七〇の書』は動物性の物質を好んでいる。この心変わりは、実践における欲求不満に由来しているのかも知れない。蒸留で動植物性の物質を分解するのは容易だが、鉱物性の物質を分解するのは非常に困難か不可能だからだ。ここで、ジャービル文書の著者たちが実践的な操作に勤しんでいた点を留意するのは重要だ。彼らは広範な種類の物質で実験をおこない、諸物質が過熱にたいしてどう反応するか観察していた。ジャービル文書は化学的な作用と反応の記述でみちている。[30]

ジャービル文書は、物質への反応度によってエリクシルを三段階に分類している。四性質が純粋であるほど、エリクシルは強力となる。怠惰な錬金術師たちは数回の蒸留から第一段階や第二段階のものを入手して満足するだろう。それらは一種類の金属だけに穏やかに作用する。しかし達人は蒸留をくり返し、高純度な四性質の結合から「至高なるエリクシル」al-iksīr al-a'ẓam を獲得する。これは賢者の石そのものであり、どんな金属でも金に変成できるという。[31]

これらすべての考えは、九世紀末の『七〇の書』に見出せる。ジャービル文書の規模が拡大すると、シーア派の錬金術師たちが参入し独自の考えや実験をくわえ、新しいレベルの複雑性が生じる。すでに本書の読者は、ジャービル文書の著者たちが直面する問題に気づいたかも知れない――金への変成のために足りない性質の量を追加するのなら、最初に存在する性質の量を正確に把握する必要があるという点だ。どうやったら鉛に存在する温・冷・湿・乾の量を知ることができるのか。今日なら分離や秤量をふくむ経験的な分析手法を想起するかも知れない。ジャービル文書の著者たちも最初はそうしたようだ。しかし一〇世紀半ばまでに、彼らは問題を違った角度から考えるようになる。出発点はガレノス流の医学理論だが、実際に使用する手法は驚くべき方向へと航路をそれていく。

ガレノスの医学への貢献は、秤量という問題と関係している。彼は病人の四体液の均衡がどのくらい乱れているのかを計量するために、半定量的な尺度を導入する。四性質を四段階の強度へと細分し、医薬と病気をこれらの段階へと分類したのだ。ガレノスの考えは投薬量の問題にも関連していた。もし病人が穏やかに「冷」な第一段階にあるならば、第四段階にある強度に「温」な医薬を投与するのは危険だろう。四体液の均衡を反対側に悪化させてしまうからだ。病気とそれを直すことになる医薬の強度は「均衡」しなければならない。

ジャービルの『均衡の書』*Kutub al-mawāzīn* は、ガレノスの体系を金属変成に応用している。しかしガレノスの第二段階は、第一段階よりもどのくらい強度があるのだろうか。ジャービルによれば、四段階の強度の比は一対三対五対八だという。つまり第二段階は第一段階の三倍、第三段階は五倍、第四段階は八倍の強度がある。さらに彼は、各性質の四段階を七つの「等級」に細分し、全部で二八種類の強度に分類する。つぎに各物質の温・冷・湿・乾を同定するために、彼はピュタゴラス派の数秘術の採用という驚くべき方向に舵をきる。

---

(30) ジャービル文書は部分的にしか出版されていない。Jābir (1928); idem, *Textes choisis*, ed. Paul Kraus (Paris: Maisonneuve, 1935) についで、Pierre Lory, *L'Élaboration du Élixir Suprême* (Damascus: Institut français de Damas, 1988) は『七〇の書』の最初の一四書を所収。現代語訳では *Das Buch der Gifte des Ǧābir ibn-Ḥayyān*, ed. Alfred Siggel (Wiesbaden: Akademie der Wissenschaften und der Literature, 1958) [*Kitāb al-sumūm*]; *Dix traités d'alchimie*, tr. Pierre Lory (Paris: Sinbad, 1983) [『七〇の書』の最初の一〇書] がある。『慈悲の書』は "*Liber Misericordiae* Geber: Eine lateinische Übersetzung des grösseren *Kitāb al-raḥma*," ed. Ernst Darmstaedter, *Archiv für Geschichte der Medizin* 17 (1925), 187–197 に、『七〇の書』は Marcellin Berthelot, *Mémoires de l'Académie des Sciences* 49 (1906), 308–377 で中世ラテン語訳が出版された。Jābir (1983), 79–89 は器具と操作についての良い解説があり、Kraus (1942/1986), 3–18 はエリクシル調整の諸段階を明解に説明している。

(31) Kraus (1942/1986), 6–7; Jābir (1983), 91–94.

ジャービルは縦に四列、横に七列、合計して二八マスある格子をつくり、四性質と七等級を配置する。そして各マスにアラビア語の二八のアルファベットを埋めていく。こうして四性質と七等級のそれぞれの組みあわせに、一文字が対応する。つぎに彼は物質の名称を選ぶ。たとえば「鉛」usrub はアラビア語で「アリフ」ʾalif,「スィーン」sīn,「ラー」rāʾ,「バー」bāʾ の四文字で表現される。これを表で分析すると、アリフは単語の第一字なので第一列の最強度の温に対応する。こうして鉛は第一列の第一段にある温ということになる。またスィーンは単語の第二字なので、鉛は第二列の第四段にある乾に対応する。他の文字についても同様に分析し、別表によって列と段が実際の「重量」へと変換される。これにより鉛やその他の物質に存在する各性質の相対的な重量が確定される。最後に金の比率にするために、どのくらいの重量の各性質を鉛にくわえるべきかが計算される。

現代の認識で「科学的」ではなく、恣意的にみえるものに幻滅すべきではない。この理論は、科学史の重要な点について考察する機会をあたえてくれるからだ。現代人と過去の人間は世界にたいする視点や期待を共有していないし、同じ手法で世界をあつかっていない。彼らの問題はわれわれの問題ではないし、彼らの解答は必ずしもわれわれの解答とは同じではない。一方にとって恣意的にみえる体系は、他方にとっては自然の深淵な法則を表現し、一方にとって宇宙の秘密への洞察をあたえるものが、他方にとっては些細なものにすぎない。これらの違いを認識することは、われわれの知識や期待を価値判断の基準として過去に投影してしまうという間違いを回避するのを助けるだろう。

ジャービルにとって、アルファベットの体系は恣意的なものではなかった。それは宇宙の構成についての永遠の真理を内包している。たとえばガレノスの四段階の強度に彼があたえた比率の一対三対五対八を考えてみよう。これはなにに由来するのか。四つの数字を加算すると一七となる。ジャービルにとって一七は世界の構成についての根源的な数字だった。それは現代人にとっての光の速度やプランク定数に相当するのかも知れない。彼はこの数字を根拠なく選んだのではない。これは紀元前六世紀に創始されたピュタゴラス派の数秘主義にはじまる、古代の地中海世界で頻繁に散見される数字なのだ。ピュタゴラス派にとって、数学は物質世界だけではなく哲学や宗教の鍵となるものだった。「世界は数字である」という彼らのモットーは、さまざまな姿で現在まで影響力をもっている。数字は存在の基礎をあたえ、それら自身のうちに意味をもち、計測される対象から独立している。したがってピュタゴラス派は、数字と数学的な関係のなかに物理的および形而上学的な意味を見出そうとした。[32]彼らの原理によれば、一七は神性を象徴する七と完全性を示す一〇という重要なふたつの数からできている。それは七番目の素数であり、音階における隣接音の関係をあらわす九対八という比率の合計でもある。また高さが一二である直角二等辺三角形の斜辺のながさにも近い。一七という数字は聖書にも見出せる。復活したキリストが使徒たちに海で網をはるようにいうと、一五三匹の魚が獲れる。[33]これは一七の「三角数」、つまり最初の一七個の整数の合計となる。古代人たちは、北アメリカのセミが一七年ごとに大量に出現するのを知っていたら良かったろう！　また一七はギリシア語の子音の数でもあり、幾つかの新プラトン主義の体系においては母音が非物質的なもの、子音が物質的なものを象徴している。こうした背景に留意すると、ジャービルが一七という数字をすべての物質的な存在の根源だと考えていたことが理解できる。

前近代の人々にとって、数字がたんなる数量を超越した意味と重要性をもっていたように、文字も人間の交流

---

(32)　ピュタゴラス主義については Jacques Brunschwig & Geoffrey E. R. Lloyd (eds.), *Greek Thought: A Guide to Classical Knowledge* (Cambridge, MA: Belknap, 2000), 918-936 を、数秘術は Hanegraaf et al. (2005), II: 874-883 を参照。

(33)　『ヨハネの福音書』第二一章第三節から第一四節。初期の教父たちは古代末期の知的文化で育ったことから、魚の逸話を問題なく理解できた。一五三匹の魚の捕獲は、地上のすべての民族と国家が教会によって救済されることを意味している。教会という網はどんな潮流によっても壊れない。聖アウグスティヌス『ヨハネの福音書について』第一二二章を参照。

のため以上のものを表現していた。ジャービルが物質について知るためにアラビア語の名称を分析したのは、恣意的でもナイーヴなことでもなかった。正統派のキリスト教徒たちは、聖書が神によって霊感としてあたえられ、聖なる記述者たちによって選ばれた言語で書きとめられたと考えている。それにたいしてイスラム教徒たちは、『コーラン』が預言者ムハンマドに「口述」されたと信じている。神がアラビア語を使用し、大天使ガブリエルによって伝達されたというのは、アラビア語が神聖な言語であることを意味する。だからアラビア語の単語は事物を恣意的にさし示すものではなく、神が創造した事物のための神聖な名称なのであり、深奥なる意味をおびている。事物の名前を分析すれば、事物についての知識をえられるのだ。同様な考え方が「ゲマトリア」gematriaと呼ばれるユダヤ教カバラにおける数秘術の基礎をなしており、そのキリスト教化されたものが中世とルネサンス期のヨーロッパでも探究された。

こうした世界観の相違を考慮すれば、ジャービルの意図は現代人のものと非常に似ていると主張できるかも知れない。彼の目標は、実践家たちが正確に定量的な方法で作業できるように、数学的に自然の事物を分類して定量することだった。こうした視座や文脈からみると、彼の体系は物質の内的な性質を数学的に定量化する高度な試みとわかる。ジャービルは、自然界における可視的なものの背後に隠されている根本的な規則を理解し総合しようとしていた。これは現代科学の全領域を基礎づける特徴と似ている。彼の手法が継続的に発展したのは、先行する理論を実践へと落しこむ過程でくり返された失敗に由来するのだろう。

ジャービルの最終的な体系は、後代の錬金術師たちには継承されなかった。おそらく過度に複雑であり、アラビア語圏の外側には適用できなかったからだろう。しかしより単純な水銀・硫黄の理論は幅ひろく受容され、ヨーロッパ世界はそれをジャービルやその他のアラビア語圏の著作家たち、あるいは直接に『創造の秘密の書』から学んだ。水銀・硫黄の理論と四元素の理論は不安定で曖昧な関係にあるが、それはジャービル文書の内部での展開に起因している。水銀は冷と湿の性質を、硫黄は温と乾の性質をおびているとされたり、四元素が結合して水銀と硫黄を生成し、それらが金属を生成するとされたりするからだ。

7　錬金術の秘匿性と秘伝伝授

ジャービル文書の幾つかの特徴は、後代の錬金術書に大きな影響をあたえた。第一に、「真理の分散」tabdīd al-ʿilm と呼ばれる秘密を保護するための手法がある。「私の手法は知識を分割し、各所にばら撒いて提示すること」だとジャービルはいう。[34] 彼の教えの本質は一箇所にまとめて見出されるのではなく、ひとつの書物や幾つかの書物に断片的に分散されている。またこの手法は、師ジャアファルから課せられた義務をもみたす――「おお、ジャービルよ、望むように知識を開示するのだ。しかし誰にでもではなく、真にそれに値する人々だけに」。[35]「真理の分散」は著者の複数性を隠し、後続する著者たちに初期のテクストが「不完全」だと主張させ、テクストの追加を許すのだという。そうすることで、多様な層を結びつけてテクスト同士にある矛盾さえも消すことができる。[36] もとの目的がなんであれ、この手法は多くの錬金術書に採用される。ヨーロッパの錬金術師たちは、「ひとつの書物は別の書物をひらく」Liber librum aperit という金言をしばしば引用している。

ジャービル文書では秘密主義が初期のテクストから徐々に強化されていくが、[37] アラビア語圏の錬金術書にしばしば見出される暗号名や、ゾシモスのような不可解な寓意は採用されていない。しかし文書の著者たちはこれら

（34） Kraus（1943/1989）, xxvii.
（35） Kraus（1943/1989）, xxvii.
（36） Kraus（1943/1989）, xxviii–xxxiv.

の技術を知っていた。ジャービルは独特の謙虚さとともに以下のように叫んでいる――

私は謎めいた言葉をほとんど使わずに［錬金術の］すべてを開示した。唯一の謎かけは真理の分散だけだ。神のおかげで、私よりも寛容で寛大な人間は地上やその住人のなかにいない[38]！

後代に大きな影響をあたえる第二の特徴に、「秘伝伝授」の様式がある[39]。自意識過剰ぎみに偉大な達人として著述し、秘密の集団の師という立場から弟子である読者に語りかけるという様式が、ジャービル文書のあちこちに見出せる。これは師ジャアファルの教えとして書物が提示されているからだけではなく、同時代のイスマーイール派の誇張された秘密主義にも由来している。「急進的なシーア派」は大多数のイスラム教徒から異端だと考えられていたので、この集団は新プラトン主義から奥義的な次元を継承し、目的達成のための方針としていた。ジャービル文書が成立した宗教的・政治的な文脈に特有なもののはずだが、その影響力は大きく広範に受容される。一七世紀の英国で活躍したボイルは、後代の錬金術書を解読しようとして苛立ち、嘆いている――

こうした著者たちは、頻繁に読者たちを自分の子供と呼んで、その子供たちに秘密を開示する［…］と宣言しておきながら、教えではなく謎かけで困惑させるのだ[40]。

8　『賢者たちの討論会』とアル・ラージーの『秘密の書』

もうひとつの古典的な錬金術書が九〇〇年ごろに出現する。それは後代にラテン語の題名『賢者たちの討論会』*Turba philosophorum* で知られるようになる。ピュタゴラスが座長をつとめる賢者会議に、エンペドクレスやアナクサゴラス、レウキッポスといった九人のソクラテス以前のギリシア人の哲学者たちと同名の人物が登場する。各人が宇宙や物質の構成について考えを表明するが、本物の哲学者に帰されるものに近い場合もあれば、まったく異なるものもある。著者は匿名のアラビア人で、教父ヒッポリトス（Hippolytus, 170–235 AD）の異端論駁書、そして古代ギリシアの哲学者とギリシア・エジプト世界の錬金術師たちを比較するオリュンピオドロスの著作に依拠したようだ。『討論会』は、これらすべてのギリシア由来の素材をイスラム世界の文脈においている。議論は大筋で、イスラム教の神が世界の創造主であること、世界が一元論的に唯一の本質を共有すること、すべての被造物が四元素からなることを示そうとする。[41] この書物には実践的な記述はないし、クリソペアについて明示的な言及もなく、ジャービル文書とは異なる性格をもっている。それにもかかわらず、後代の錬金術師たちは

（37）Julius Ruska & E. Wiedemann, "Beiträge zur Geschichte der Naturwissenschaften LXVII: Alchemistische Decknamen," *Sitzungsberichte der Physikalisch-medizinalischen Societät zu Erlangen* 56（1924）, 17–36 は一二世紀のアル・トゥグラーイーの著作にある暗号名を列挙し、Alfred Siggel, *Decknamen in der arabischen alchemistischen Literatur*（Berlin: Akademie, 1951）は多くの典拠からさらに充実した一覧を提出した。

（38）Kraus（1943/1989）, xxviii.『特性の書』*Kitāb al-khawāṣṣ* から。

（39）William R. Newman, *The* Summa Perfectionis *of the Pseudo-Geber*（Leiden: Brill, 1990）, 90.

（40）Robert Boyle, *Dialogue on Transmutation*, in Lawrence M. Principe, *The Aspiring Adept: Robert Boyle and His Alchemical Quest*（Princeton: Princeton University Press, 1998）, 223–295: 273–274.

（41）Martin Plessner, "The Place of the *Turba Philosophorum* in the Development of Alchemy," *Isis* 45（1954）, 331–338; idem, *Vorsokratische Philosophie und griechische Alchemie*（Wiesbaden: Steiner, 1975）は、いまだに有益な Julius Ruska, *Turba philosophorum: Ein Beitrag zur Geschichte der Alchemie*（Berlin: Springer, 1931）を補完している。

この著作の物質についての議論を高く評価した。錬金術にとって中心となる主題だからだ。『討論会』は、この時代にも古代ギリシアの哲学的な考えが重要な役割をはたし、それらがイスラム世界で継続して発展していた様子をみせてくれる。

アル・ラージー（Abū Bakr Muḥammad ibn Zakarīyyā' al-Rāzī, 865-925）は、中世ヨーロッパで「ラーゼス」（Rhazes）というラテン語化した名前で知られたが、非常に異なった種類のアラビア錬金術師の例といえる。ペルシアのライという町に生まれ、イスラム世界でもっとも有名な医学者かつ錬金術師となる彼の著作は、ヨーロッパで一六〇〇年代まで権威として君臨する。彼は少なくとも二一冊の錬金術書を執筆したと記録されている。(42)

アル・ラージーはジャービル文書にみる均衡の理論を退けたが、水銀・硫黄の理論は受容し、金属がときに塩類も含有しているという考えをくわえる。もっとも有名な著作は『秘中の秘の書』*Kitāb sirr al-asrār* とも呼ばれる『秘密の書』*Kitāb al-asrār* で、弟子のために執筆された。(43) しばしば実験の手引書のようだと形容されるが、「精気」あるいは揮発性の物質、金属、石類、礬類、ホウ砂、塩類といった多様な自然物の体系的な分類から議論をはじめる。つぎに各事物をどのように識別して純化・精製するかを注意ぶかく記述し、さまざまな操作で必要な器具と炉を説明する。つづいて蒸留や昇華といった操作が議論され、最後にさまざまな物質をもちいた処方があたえられる。詳細な記述は、実践的な経験の産物であることを示している。アル・ラージーによる物質と器具についての豊富な目録は、ギリシア・エジプト世界の錬金術師たちが知っていたものを大きく超えており、アラビア語圏の実践家たちが物質的・技術的な知見を大幅に拡大させていた様子を示してくれる。

アル・ラージーは金属変成に関心をもっていた。『秘密の書』の多くの処方が、なんらかの変成へと導くとされる物質に言及している。さらに彼は、錬金術の目標に新たな次元をくわえる。つまり石類や水晶、あるいはガラスまでを宝石に変化させるというものだ。金属の変成と同様に、これらは特別に調整されたエリクシルによって達成されるという。『秘密の書』は巻末に、鉱物および卵や毛髪といった有機物から調整される多様なエリクシルの処方を収録している。しかし書物の大部分は、直接に金属変成には触れていない。錬金術あるいはアル・ラージーにとっての「アル・キミア」は、クリソペアよりも広範な領域をあつかっている。錬金術を造金だけに狭めてしまうのは、ずっと後代になってからの展開なのだ。実際、現代では当然だと思われるような狭い意味での定義は一七世紀末まで出現せず、それ以前の時代では「錬金術」は現代人が「化学」と考えるすべての操作と概念をさし示す言葉だった。換言すれば、アル・ラージーの物質分類の試みは造金に関係していないが、錬金術の中心的な部分を占めているといえる。

9　イブン・シーナーと金属変成の批判

アラビア世界において錬金術が拡大すると同時に、それにたいする批判や懐疑、否定といった反応も生まれる。こうした反応は、ギリシア・エジプト世界にも存在したかも知れないが、ほとんど記録されていない。[44] しかしア

(42)　Julius Ruska, "Al-Biruni als Quelle für das Leben und die Schriften al-Rāzi's," *Isis* 5 (1923), 26-50; idem, "Die Alchemie ar-Razi's," *Der Islam* 22 (1935), 281-319.

(43)　Julius Ruska, *Al-Rāzi's Buch der Geheimnis der Geheimnisse* (Berlin: Springer, 1937; repr. Graz: Geheimes Wissen, 2007); H. E. Stapleton et al., "Chemistry in Iraq and Persia in the Tenth Century AD," *Memoirs of the Asiatic Society of Bengal* 8 (1927), 317-418. 前者はドイツ語の全訳を、後者は英語の抄訳を所収。

(44)　新プラトン主義者プロクロス（Proclos, 412-485）は『プラトン「国家」注解』第二巻（234.17）で、自然のように錬金術師たちが金をつくれることを否定している。

ラビア世界では意義申したてが日常的になる。哲学者のアル・キンディー（Al-Kindī, c. 801-c. 873）は多作で、古代ギリシアの哲学と科学に強い関心をもっていた。彼はクリソペアを論駁する小著を執筆したが、いまでは失われてしまった[45]。その一方でアル・ラージーは金属変成を擁護し、これまた現在では消失してしまったが、アル・キンディーの見解を批判する書物を執筆している[46]。

もっとも影響力あるクリソペアへの攻撃は、ヨーロッパ世界ではラテン語化された「アヴィセンナ」（Avicenna）の名前で知られるイブン・シーナー（Ibn-Sīnā, c. 980-1037）の筆から生まれる。彼はアル・ラージーと同様にペルシア人であり、医学書を執筆する。とくに彼の『医学典範』*al-Qānūn* は、一七世紀までヨーロッパの医学における基本的な権威となる。彼は錬金術についても執筆している。

イブン・シーナーに帰される『エリクシルについての書』*Risālat al-iksīr* は、錬金術の支持派と否定派の書物にかんして広範な知識を示している。著者は支持と否定のどちらの立場も表明せず、クリソペアについては用心ぶかく語っている。しかしこの著作はその真正性が論争されており、彼によるものだとしても初期の考えを示しているのかも知れない[47]。

確実なのは、より有名な『治癒の書』*Kitāb al-shifā'* が明確な態度を示している点だ。この真正性の疑いない著作は、鉱物についても議論している。そのなかでイブン・シーナーは鉱物と金属の形成を説明しつつ、当時では標準的となっていた水銀・硫黄の理論を採用している。しかし彼はアル・ラージーやその他の著作家たちとは異なり、金属変成を否定する――「錬金術師たちの主張については、事物の種類を本当に変化させることは彼らの能力では不可能だということを理解すべきだ[48]」。この否定の核心には、人間の限界と無知という密接に関係する二点があった。

イブン・シーナーにとって、人間の能力は自然の力よりも弱いものだった。「錬金術は自然には敵わないし、それを凌駕することはできない」と彼は主張する。[49] また他の箇所では「神が自然の力で創造したいかなるものも、人為的に真似ることはできない」と述べている。[50] イブン・シーナーによれば、人為的に制作された事物は、それが金や宝石、他のいかなるものであっても自然の事物と同一ではないのだ。彼が現代に生きていたなら、天然のオレンジがもつヴィタミンCは化学的に生産されるヴィタミンCとは異なると勘違いしている人々に同意しただろう。

---

(45) アル・キンディーについては Felix Klein-Francke, "Al-Kindi," in *The History of Islamic Philosophy*, ed. Seyyed Hossein Nasr & Oliver Leaman (New York: Routledge, 1996), 165-177 を参照。彼の失われた論駁書に、アル・マスウーディ (Al-Masʻūdi. c. 896-956) が『黄金の牧場』*Murūj al-dhahab* = *Les prairies d'Or*, tr. B. de Maynard & P. de Courteille (Paris, 1861-1917), V: 159 で言及している。

(46) この著作はアラビア語とラテン語によるアル・ラージーの著作一覧に見出せる。G. S. A. Ranking, "The Life and Works of Rhazes (Abu Bakr Muhammad bin *Zakariya ar-Razi*)," in *Proceedings of the XVII International Congress of Medicine* (London, 1913), sec. 23: 237-268: 249, no 40.

(47) Julius Ruska, "Die Alchemie des Avicenna," *Isis* 21 (1934), 14-51 はヨーロッパ人による偽作としたが、アラビア語のテクストが発見された。Cf. Henry E. Stapleton et al., "Two Alchemical Treatises Attributed to Avicenna," *Ambix* 10 (1962), 41-82. Georges C. Anawati, "Avicenna et l'alchimie," in *Oriente e occidente nel medioevo: filosofia e scienze* (Roma: Accademia Nazionale dei Lincei, 1971), 285-345 はアラビア語のテクストとその仏訳、そして中世ラテン語訳を収録している。

(48) Ibn-Sīnā. *Avicennae de congelatione et conglutinatione lapidum, Being Sections of the Kitāb al-Shifā'*, ed. Eric J. Holmyard & D. C. Mandeville (Paris: Geuthener, 1927), 40. これはアラビア語のテクストと中世ラテン語訳、そして前者の英訳を収録している。

(49) Ibn-Sīnā (1927), 41.

(50) A. F. Mehrens, "Vues d'Avicenne sur l'astrologie et sur le rapport de la responsabilité humaine avec le destin," *Muséon* 3 (1884), 383-403: 387.

人間の無知について、イブン・シーナーはつぎのように主張する――人間が金属のあいだに認識する相違、つまり錬金術師たちが変化させようとするものは、本質的な相違ではなく表面的なものだ。真の相違は事物の本質のなかに隠されており、人間には知ることができない。この相違を把握できないなら、それを変化させることは不可能だ。イブン・シーナーによれば、金属を変成させようとする錬金術師たちは――

優れた模造品を製造することはできる［…］。しかし、これらの模造品がもつ本質は、付加された特性によって外見上は支配されており、それらについて［の認識において］勘違いを生じさせる。(51)

換言すれば、錬金術によって生成された金は金のようにみえ、一見して金の特質をもち、幾人かの人々に金だと信じさせるが、それは実際には「本物」の金ではないのだ。

イブン・シーナーによる金属変成の否定は、非常に影響力があった。第三章でみるように、『治癒の書』のこの箇所はラテン語に翻訳され、しばしばアリストテレスという権威ある名前のもと、ヨーロッパ中に流布する。イブン・シーナーの批判は錬金術の評判を傷つけようとする人々に武器をあたえたが、実践家たちの関心をくじくことはなかった。一二世紀初頭のアル・トゥグラーイー（Al-Tughrāʾī, c. 1061–c. 1121）のような錬金術師たちは、イブン・シーナーを論駁する書物を執筆している。(52) ここでふたつの点が強調されなければならない。第一に、錬金術への批判がアラビア世界に出現したあと、それらは消滅することがなかった。錬金術はずっと論争の的となり、何世紀にもわたって支持派と否定派が熱心に論陣をはる。第二に、イブン・シーナーの批判はアリストテレスの教えに影響された哲学的な原理にもとづいていたが、錬金術師たちが金に非常に似たものを生成して人々を騙すという彼の見解は、意図的な詐欺と金属変成を結びつける別の種類の批判を生む。

詐欺的な錬金術師たちの逸話は、先行するギリシア・エジプト世界ではほとんど痕跡を見出せないが、アラビア世界では一般的なものとなる。[53] アル・キンディーの失われたクリソペア論駁書には、そうした詐欺師たちが不用心な人々を騙すために使用した小細工が列挙されていたという。アル・ジャウバリー（'Abd al-Rahmān al-Jawbarī, fl. 1220）は、いかがわしい行為についての長大な目録を提出している。一二二〇年ごろに彼は『秘密の開示』という書物を執筆し、さまざまな詐欺や不正を記述する。そして不用心な人々を騙すために偽錬金術師たちが利用した詐欺の手法を説明する——金属変成で生じたかのごとく適切なタイミングで出現するように、金が木炭の内部や坩堝の偽底、金属性の道具に仕込まれているといった具合だ。興味ぶかいことに、一八世紀にいたるまで錬金術師たちは同様な小細工によって告発されている。多くの逸話のなかで、つぎの話を追ってみよう——ある人物が金細工師と友人となる。この人物が財産を失った原因を金細工師が尋ねると、彼は自分が錬金術師であり、変成剤のエリクシルを使いはたし、不運によってそれを再生できないからだという。当然のように、金細工師は錬金術師を家に招きいれ、必要な器具と原料、かなりの分量の金と銀を提供する。錬金術師は、生成するエリクシルを山分けする約束をして作業にとりかかる。作業を完遂するために特定の鉱物が必要となり、金細工師がそれを買いだしにいく。金細工師が家に帰ると、錬金術師は金や銀とともに姿を消していたという。[54]

（51） Ibn-Sīnā（1927）, 41.

（52） Ullmann（1972）, 249–255.

（53） 例外はヨアネス・イストメオス（Joannes Isthmeos, fl. 504）だろう。彼はシリアのアンティオキアで多くの人々を騙したあと、コンスタンティノープルに移動する。そこでも詐欺をつづけて、最後には追放される。Mertens（2006）, 226–227 を参照。

（54） テクストには仏訳があり、クリソペアに関係する部分は Al-Jawbari, *La voile arraché*, tr. René R. Khawan, 2 vols.（Paris: Phèbus, 1979）, I: 183–229 だ。Harold J. Abrahams, "Al-Jawbari on False Alchemists," *Ambix* 31（1984）, 84–87 にも英語の

アル・ジャウバリーの目的は、詐欺師たちの利口さと彼らの犠牲者たちの騙されやすさについて面白い逸話を提供して読者を楽しませることだった。これらの逸話のどこまでが真実で、どこからが架空なのかを見極めるのは難しい。こうした旅するペテン師たちが実在したのか、あるいはこれは完全な創作なのかは判別できない。しかしこうした逸話は、イスラム世界の民衆文化において錬金術師が演じた役割にたいする興味ぶかい視点をあたえてくれる。不幸にも、現存している貴重な記録は少なく、さらにあったとしても非常にわずかだろう。これらの逸話は錬金術の歴史について重要なことを教えてくれるが、それ以上についてはより多くの記録が現存する初期近代のヨーロッパに議論が到達するのを待つしかない。

イスラム世界における錬金術師たちの姿についての別の証言は、もっと後代の一六世紀のレオ・アフリカヌス（Leo Africanus, c. 1494–c. 1554）による著作に見出せる。彼はキリスト教徒に改宗した元奴隷で、教皇レオ十世（Leo X, 1475–1521）によって北アフリカにかんする記述を集成するために派遣される。そしてモロッコの町フェスに住んでいた錬金術師たちについて辛辣な記述をした。それによると、硫黄の匂いの染みついた彼らは、毎夜のように主要なモスクに集合して各自の操作について議論する。幾人かはジャービル文書を使ってエリクシルを探究し、他の人々は貴金属の領域を拡張しようとする。レオはつづける——

しかし彼らの主眼は贋金を鋳造することであり、それが原因でフェスに住む彼らの大多数は手が切りおとされている。(55)

レオは、手を切りおとされた人々がどのように錬金術を実践できたのか説明しない。贋金づくりと詐欺の嫌疑は、イスラム教徒の世界でもキリスト教徒の世界でも錬金術師たちを揺さぶりつづける。

アル・ラージーやイブン・シーナーのあとも、錬金術はアラビア世界で繁栄する。[56] 歴史家E・J・ホームヤード（Eric J. Holmyard, 1891–1959）は、フェスの郊外にある地下工房が一九五〇年代にも操業しているのを目撃した。[57] こういった場所はヨーロッパや北アフリカに存在しつづけている。さらに私は、現在も金属変成にとりくむイスラム教徒の錬金術師にエジプトやイランで出会ったと同僚から聞かされたこともある。

これでイスラム世界において錬金術が獲得した理論的・実践的な洗練を概観できた。つぎに錬金術の第三の文化圏へと移動することにしよう。偉大なるイスラム世界は、一二世紀までにパレスティナとシチリア島、そしてスペインという三つの地域でもうひとつの文化圏と境界線を共有することになる。この文化圏とはヨーロッパのキリスト教世界であり、活気あふれる成長と刷新の時代をむかえていた。ラテン語を共有することから「ラテン世界」と呼ばれるこの文化圏は、イスラム世界の膨大な知的遺産のなかに「アル・キミア」という黄金の果実を発見する準備を整えていた。

抄訳がある。

（55）Leo Africanus, *A Geographicall Historie of Africa* (London, 1600), 155–156. テクストは最初イタリア語で一五二六年に出版された。錬金術の中心地としてのフェスについては José Rodríguez Guerrero, "Some Forgotten Fez Alchemists and the Loss of the Peñon de Vélez de la Gomera in the Sixteenth Century," in *Chymia: Science and Nature in Medieval and Early Modern Europe*, ed. Miguel López-Pérez, Didier Kahn & Mar Rey-Bueno (Newcastle-upon-Tyne: Cambridge Scholars Publishing, 2010), 291–309 を参照。

（56）それ以降の錬金術師たちについては Ullmann (1972), 224–248 を参照。

（57）ホームヤード（一九九六年）、八一頁。

第三章　成熟——中世ヨーロッパの「アルケミア」

1　はじめに

ギリシア・エジプト世界でのケメイアの起源とアラビア世界でのアル・キミアの黎明期は不明瞭だが、ヨーロッパへの「アルケミア」の導入は比較的に明確だ。英国人修道士チェスターのロバート（Robert of Chester, fl. 1141-1157）はスペインで活動し、一一四四年二月一一日の金曜日に『錬金術の構成について』*De compositione alchemiae* をアラビア語から翻訳しおえる。彼は序文で翻訳の理由を説明する――「われわれのラテン世界では、錬金術とはなにか、その構成はどうなっているのか、いまだ知らされていない(1)」。こうした状況は急速に変化するだろう。なぜなら中世ヨーロッパはすぐに錬金術を熟知するようになるからだ。こうして第三の文化圏に移植され、約六〇〇年にわたって錬金術は花開く。それはヨーロッパの文化と思想を深奥まで「染色」し、現代科学の基礎づくりに重要な貢献をする。

（1） Morienus（1702）, I: 509-519: 509. この版はかなり問題があり、完全な校訂版が望まれる。Morienus, *A Testament of Alchemy*, ed. & tr. Lee Stavenhagen（Hanover, NH: Brandeis University Press, 1974）は英訳とラテン語版を収録しているが、英訳は正確ではない。Ruska（1924/1977）, 33-35 はヨーロッパ起源を示唆したが、アラビア語の原典が発見された。Cf. Ullmann（1972）, 192-193; Al-Hassan（2004）.

ロバートの翻訳は無から達成されたわけではない。彼はヨーロッパの歴史のなかで、もっとも知的に活発で刺激にみちた時代のひとつに生きていた。「一二世紀ルネサンス」と呼ばれる時代だ。(2) ヨーロッパのあちこちで新しい気運が高まり、後代に「ゴシック」と呼ばれる建築様式で、素晴らしい大聖堂群の建設がはじまる。法律の改革と農業の改良が、文学や音楽の新しい形式の誕生と共鳴する。キリスト教会の保護下に学校群が繁栄し、「大学」と呼ばれる組織が誕生して知の歴史のすべてを変えることになる。

中世ヨーロッパは知的文化だけではなく、地理的にも拡大する。三〇〇年以上も前のイスラム教徒による浸食を、キリスト教徒のヨーロッパは東に西に南におし返す。イスラム文明と密接な交流をもつ地域、とくにキリスト教徒とイスラム教徒に分割支配されるスペインで、ヨーロッパ人たちはイスラム文明の豊かさに驚愕したはずだ。膨大な蔵書をほこる図書館群は、アリストテレスやガレノス、プトレマイオス (Ptolemaios, c. 100–c. 170) といった古代人の著作を所蔵していた。ヨーロッパ人たちは以前から古代人を崇敬していたが、その作品となると断片や要約でしか知らなかった。しかしイスラム教徒の知識人たちは、古代の遺産を基礎にしてさらに歩を進める。彼らは天文学や医学、数学、自然学、機械学、植物学、工学において知識や考えを大幅に付加して、ヨーロッパ人たちに伝えるだろう。そのなかに新奇なアル・キミアもあった。一二世紀のヨーロッパはこれらの新しい文物を渇望する。知識人たちは、西はピレネー山脈をこえてスペインへ、南はシチリア島へ、少数ではあるが東は十字軍によってエルサレムに建設されたラテン王国に旅をする。アラビア世界の知識を吸収し、古代ギリシアの学問を復元するため、彼らはアラビア語を学んでテクストを翻訳しようとする。ロバートとその友人の「ダルマチア人」と呼ばれるカリンティアのヘルマン (Hermannus de Carinthia, c. 1100–c. 1160) は、スペインへと旅をした翻訳家だった。

興味ぶかいことに、ヨーロッパへの錬金術の伝搬には、修道士モリエヌスがくり返し登場する。『錬金術の構成について』は賢者の石を調整するための秘伝を翻訳したもので、それは「マリアノス」とも呼ばれるモリエヌスから王子ハーリドに伝授される。ここで翻訳家のロバートは、新たに「アルケミア」alchemia という語を考案して「未知の」「驚くべき」ものだとする。しかし彼の場合、この語は錬金術ではなく、賢者の石だけをさしている――「それはひとつのものから調整される物質で［…］、自然にある実体をより良いものに変える」[3]。ジャービルやバリーヌース、アル・ラージーやイブン・シーナーに帰されるアラビア錬金術書の翻訳が、すぐにモリエヌスに追随する。そしてギリシア語やアラビア語でそうだったように、アルケミアという語は錬金術をさすことになる[4]。

（2） C・H・ハスキンズ『十二世紀のルネサンス』別宮貞徳・朝倉文市訳（講談社学術文庫、二〇一七年）が古典的な研究だが、Marie-Thérèse d'Alverny, "Translations and Translators," in *Renaissance and Renewal in the Twelfth Century*, ed. Robert L. Benson & Giles Constable（Cambridge, MA: Harvard University Press, 1982; repr. Toronto: Medieval Academy of America, 1991）とその他の収録論文：E・グラント『中世における科学の基礎づけ』小林剛訳（知泉書館、二〇〇七年）、第二章も参照。

（3） Morienus（1702）, I: 509. なおロバートの序文も一二世紀のものか疑われた。Stavenhagen（1974）, 52-60. しかし Richard Lemay, "L'authenticité de la Préface de Robert de Chester à sa traduction du *Morienus*," *Chrysopoeia* 4（1990-1991）, 3-32 が説得力ある論証を提出している。Cf. Didier Kahn, "Note sur deux manuscrits du Prologue attribué à Robert de Chester," *Chrysopoeia* 4（1990-1991）, 33-34. ロバート以前の導入や複数の接触点も存在したはずだ。

（4） バリーヌースの著作のラテン語訳は Balīnūs（1997-1999）を参照。

2　ヨーロッパにおける処方集

発達した「科学」としての錬金術は目新しかったが、ヨーロッパでも冶金や工芸の技術はすでに確立されていた。職人たちは合金や顔料、染料といった多様な製品を加工する実践的な知識をもち、古代の処方集に見出せるような伝統を継承していた。それはストックホルムやライデンのパピルスや偽デモクリトスの著作が属していた伝統だ。

『さまざまな処方』*Compositiones variae* と呼ばれるイタリアの書物は八〇〇年ごろに成立したが、そのなかにライデン・パピルスの処方のひとつを一語一句ラテン語訳したものが収録されている。この文献や少しだけ後代の『世界への小さな鍵』*Mappae clavicula* は、多様な実践が何世紀にもわたって継承されていた様子を教えてくれる。こうした処方集はビザンツ世界を経由して伝達した古代の知識をふくんでいるが、職人たちのための案内書ではなかった。彼らは書物を便覧として工房に常備することはなかったからだ。むしろこれらのテクストは、知識人たちによって多くの書物から編纂されて成立している。彼らが職人工房を訪れるのは稀で、職人たちの器具や材料をインクの染みついた手で触れることは皆無だったろう。(5) これらの書物にはさまざまな時代や起源の処方が収録されており、それらの多くが技術や用語に不慣れな筆記者たちによって誤記されている。

こうした一般化にたいする例外は、『さまざまな技術について』*De diversis artibus* に見出せる。これは「テオフィルス」を自称する修道士が一一二五年ごろに執筆したもので、修道院の職人たちが顔料やガラス、金属製品や合金をつくるさいに有用な材料や技術を説明している。(6) 記述が明確なので、今日でも再現できる処方もある。これはテオフィルス自身が操作や工程についての実践的な知識をもっていたことを意味するだろう。しかし不思議な処方がひとつ存在しており、ロバート以前にアラビア錬金術が伝搬していた証拠となるかも知れない。それは金の種類についての記述で、テオフィルスはスペインの金が「銅、バシリスクの粉末、人間の血液、酢の混合からなる」と書いている。[7] 銅や酢、そして痛みをともなうだろうが人間の血液は容易に入手できる。しかしバシリスクの粉末は、普通の修道院の工房でみつかるものではない。動物誌の伝統や『ハリー・ポッター』を知っている読者は、バシリスクが視線だけで敵を殺すという恐ろしい爬虫類だと理解するだろう。テオフィルスは、バシリスクを育成するための驚くべき技術をイスラム教徒がもっていると主張する。それによると、老いたニワトリ二匹を狭い場所に閉じこめ、交尾して卵を産むまで大量にエサをやる。その卵をヒキガエルに温めさせると、孵化したヒナはヘビのような尻尾が生えたバシリスクになる。さらにそれを地中においた容器で飼育したのちに焼却し、その灰に酢と血液を混ぜてペースト状にする。それを銅片にぬり、火にあてると上質の金になるという。

この記述は、寓意化された操作を字義どおりに解釈してしまったものだ。テオフィルスは処方の珍妙さから収録したのだろうが、彼自身や読者たちが実際に試したとは考えにくい。近年、バシリスクの灰をクリソペアに利用する類似の処方がシチリア島の手稿のなかに発見されている。ジャービル文書のどこかから翻訳されたものだろう。いまでは、この手稿とテオフィルスを結びつける伝搬経路が跡づけられている。[8]

（5） Rozelle Parker Johnson, *Compositiones variae: An Introductory Study* (Urbana: University of Illinois Press, 1939); Heinz Roosen-Runge, *Farbgebung und Technik frümittelalterlicher Buchmalerei: Studien zu den Traktaten* Mappae Clavicula und Heraclius, 2 vol. (München: Deutscher Kunstverlag, 1967); Cyril Stanley Smith & John G. Hawthorne, *Mappae Clavicula: A Little Key to the World of Medieval Techniques* (Philadelphia: American Philosophical Society, 1974).

（6） Theophilus, *On Divers Arts*, tr. John G. Hawthorne & Cyril Stanley Smith (New York: Dover, 1979). 彼は、ベネディクト会修道士ヘルマーシャウゼンのロジャー（Roger von Helmershausen, fl. 1125）だろう。

（7） Theophilus (1979), 119-120.

3　ヨーロッパにおける錬金術の興隆と「ゲベル」

それから一〇〇年ほど経過した一三世紀半ばには、アラビア錬金術の翻訳は勢いを失い、ヨーロッパの著作家たちが独自の書物を執筆するようになる。[9] 錬金術がアラビア人たちによってギリシア・エジプト世界から吸収されたとき、初期の独自作はギリシア語の偽名を採用した。ヨーロッパでも同様の現象が生まれ、初期の著作家たちはアラビア語の偽名を利用する。より古く、称賛に値し、先進の文化圏に由来するという権威づけを狙ったのだ。そして一三世紀にもっとも影響力をもつ作品が、既視感をあたえる著者名のもとに出現する。ジャービルをラテン語化した「ゲベル」(Geber) だ。こうして「ジャービル問題」に新たな次元がくわえられる。ゲベルに帰されるラテン語の著作群はジャービル文書からの翻訳なのか、ヨーロッパ人による独自の作品なのか。二人の関係について騒々しい論争が生まれたが、近年の研究が問題を解決した。それによるとゲベルはジャービルではなく、一三世紀のヨーロッパ人だった。

しかし現在でも多くの人々が二人を混同し、なかでも頑固な少数派がアラビア人説を支持して奮闘している。たしかにゲベル自身が、この問題の解決を難しくした。彼は時代や地域から彼を同定できる要素に言及せず、作品の冒頭と末尾だけにジャービル文書に典型的な「秘伝伝授」の様式を採用し、『七〇の書』の一部を改変して作品に挿入した。さらにアラビア語に典型的な文法構造や表現を真似してまで偽装する。

ゲベルという偽名の背後に隠れた著者は、タラントのパオロ (Paolo di Taranto, 13c AD) というイタリア人のフランシスコ会士だと思われる。[10] 彼はゲベルの著作と同時代に錬金術書を執筆したが、文体や内容に驚くべき共通点を見出せる。彼の著作はジャービルやアル・ラージーに依拠するが、同時に実践的な操作を熟知しており、驚くべき独創性を示している。彼の『理論と実践』*Theorica et practica* はアル・ラージーのように自然物を分類するが、実際に観察される物性にもとづいている。彼の著作は幅ひろい実践や実験から生みだされたものであり、アラビア錬金術にはない理論的な厳密さと高度な体系性を見出すことができる。この違いは、イスラム世界よりもヨーロッパがアリストテレスの自然哲学を重要視したことに由来するのかも知れない。パオロの著作に典型的なのは、観察される諸現象を矛盾なく説明する厳密な基盤を発展させ、理論と実践を深いレベルで調和させる欲求だ。

こうした特徴は『完成大全』*Summa perfectionis* で徹底して表明される。トマス・アクィナス（Thomas Aquinas, 1225-1274）の『神学大全』*Summa theologica* のように、中世では「大全」summa という語が網羅的な「教科書」をさすために使用された。『完成大全』はクリソペアの包括的な教科書なのだ。まずクリソペアへの賛成論と反対論が検討され、賛成論が支持される。ついで金属と鉱物の物性や、それらの純化法が詳述される。さらに実践的な操作と器具の記述がつづく。後半では、金属の本性と特性についての興味ぶかい分析のあとに変成剤の種別が解説される。最後に、貴金属の純度を決定する試金法の説明で議論は閉じられる。試金法は生成される金や銀

（8）Carmélia Opsomer & Robert Halleux, "L'alchimie de Théophile et l'abbaye de Stavelot," in *Comprendre et maîtriser la nature au Moyen Âge*, ed. Guy Beaujouan（Genève: Droz, 1994）, 437-459; Halleux（1997）, III: 143-151: 143-145.

（9）最初期のものに一三世紀初頭の『錬金術の技』*Ars alchemie* がある。Anthony Vinciguerra, "The *Ars alchemie*: The First Latin Text on Practical Alchemy," *Ambix* 56（2009）, 57-67 を参照。

（10）ジャービル問題の解決とゲベルの同定は William R. Newman, "New Light on the Identity of Geber," *Sudhoffs Archiv* 69（1985）, 79-90; idem, "Genesis of the *Summa perfectionis*," *Archives internationales d'histoire des sciences* 35（1985）, 240-302; idem, *The* Summa Perfectionis *of the Pseudo-Geber*（Leiden: Brill, 1990）という労作のおかげだ。Newman（1990）はテクスト校訂と英訳、史的背景の研究をふくむ。

の品質を吟味するのに必要な技術だ。『完成大全』は中世でもっとも影響力のある錬金術書となり、一七世紀までその権威を保持する。

ゲベルにとって、金属を変成する「医薬」は化学的な物質であり、強度によって三区分される。最低位にある第一段階の医薬は卑金属の表面だけを金や銀のように変化させるが、これは真の変成ではない。それを示すために、火や腐食剤による試験法が解説される。第三段階にある最強の医薬だけが真の変成を達成するが、銀のものと金のものの二種類がある。ゲベルは変成剤の三区分という考えをジャービルから継承している。[11] しかし彼は、エリクシルを調整するために動植物に由来する物質を利用しない。賢者の石は鉱物性の物質だけから獲得されるのであり、大多数のヨーロッパの錬金術師たちがこれに同意することになる。[12]

驚くべきことに『完成大全』は、実験室での観察を説明して金属変成の手法を基礎づける首尾一貫した物質論を内包している。この理論は、ふたつの先行する考えに依拠している。アラビア起源の水銀・硫黄の理論、そしてアリストテレスに由来する考えだ。

アリストテレスは分割不可能な原子の存在を明確に否定したが、ある種の微小な粒子にもとづいた物質論を提案している部分が彼の著作群に二箇所ある。最初の一節は、ひとつの実体の本質を保持できる最小限の大きさが存在すると主張する。一塊の金はくり返し分割されると、その先はふたつの金の粒子にはなれない限界がある。それ以下になると金の性質を保持できない。こうした最小限の部分は、ラテン語で自然の最小限を意味する「ミニマ・ナトゥラリア」minima naturalia と呼ばれる。ゲベルやその他の錬金術師たちにとって、さらに重要なのは『気象論』の第四巻だった。そのなかでアリストテレスあるいは彼の弟子は、固体のなかに存在する「部位」onkoi と「小孔」poroi に言及している。これらの部位と小孔は多様な現象や物性の説明に利用される。[13]

ゲベルは、これらの考えを水銀・硫黄の理論と結びつける。彼によれば、硫黄と水銀という二原質の微小部分が結びついて金属が生成されるが、各金属の微小部分は大きさが異なり、卑金属の場合はさらに土性の粒子が混入している。ゲベルの説明は古代の原子論に似ているが、じつはそうではない。彼の描く「微小部分」minimae partes は、分解不可能ではないし不変でもないからだ。

ゲベルは、この考えを多様な物性と化学的な反応を説明するために利用する。金の塊は同じ大きさのスズの塊よりも非常に重いという現象を例にとろう。現代科学の言葉でいえば、金はスズよりもはるかに高い密度をもつ。ゲベルはこの現象を、それぞれの金属を構成する硫黄と水銀の粒子が充填（じゅうてん）する具合で説明する。金の粒子は非常に小さく、緻密に充填される。彼はこれを「最強の結びつき」fortissima compositio と呼ぶ。反対にスズの粒子は大きいので充填度は低い。したがって金はより多くの粒子をふくみ、同じ体積のスズよりも構成する粒子同士の空間が狭くなり重くなる[14]。

ゲベルは、金の安定性も同様に説明する。金の粒子は非常に緻密に充填されるので隙間がなく、火や腐食剤が侵入して粒子の結びつきを破壊しにくいが、鉛のような卑金属は粒子の結びつきが粗雑で、火が粒子の隙間に侵入して結びつきを粉砕しやすい。ここで彼が描写しているのは、鉛の焙焼（ばいしょう）が粉末の酸化鉛を生みだす様子だろう。

---

(11) Newman (1990), 86–99.

(12) 例外はロジャー・ベイコンで、彼はジャービルに強く影響される。William R. Newman, "The Philosophers' Egg: Theory and Practice in the Alchemy of Roger Bacon," *Micrologus* 3 (1995), 75–101; Pereira (1995) を参照。

(13) アリストテレス『自然学』第一巻第四章（187b14–22）と『気象論』第四巻第九章（385b12–26; 386b1–10; 387a17–22）を参照。Newman (1990), 167–190.『気象論』第四巻と錬金術の関係は Viano (2002); Craig Martin, "Alchemy and the Renaissance Commentary Tradition on *Meteorologica* IV," *Ambix* 51 (2004), 245–262 も参照。

(14) Newman (1990), 156–162, 471–475, 725–726.

この理論は化学的な操作も説明する。昇華は揮発しやすい固体を気体にし、再凝縮させて不純物をとり除く。ゲベルによると、昇華は物質を構成する粒子の結びつきが弱く、火の熱が粒子同士をひき離すことから生じる。彼はより微小な粒子がより純粋だと考えていたが、それらが大きな重い粒子から離れて上昇し、重い粒子だけが容器の底に不純物の残滓として堆積するのだと説明する。[15] 当初ゲベルの理論を支持する人々は少数派だったが、次第にヨーロッパの錬金術における重要な流れとなっていく。

4　論争を巻きおこす錬金術

現代の読者は、『完成大全』が錬金術の目的と成果についての激しい論争のなかで執筆された書物とは気づかないかも知れない。論争の発端は、約二〇〇年前の遠い異国でイブン・シーナーが執筆したクリソペアの論駁だった。一二〇〇年ごろに英国の翻訳家サレシェルのアルフレッド（Alfred of Sareshel, c. 1154-1220?）が、このテクストを『石類の凝固と粘結について』*De congelatione et conglutinatione lapidum* としてラテン語訳する。やがてこの『凝固について』はアリストテレスの『気象論』の補遺とされるが、どちらも鉱物の生成を議論しているので自然な流れだろう。しかしおそらく軽率な写字生が二作品の区切りを明確にしなかったことで、補遺はアリストテレスの作品だと多くの人々が勘違いしてしまう。一三世紀までに彼がヨーロッパで獲得した権威のおかげで、この間違いはイブン・シーナーの主張を後押しする。テクストの冒頭は水銀・硫黄の理論をヨーロッパに根づかせるのに貢献するが、後半は錬金術を支持する人々に強烈な冷水を浴びせかける。こうしてヨーロッパは、アリストテレスの権威ある声として「技術は自然よりも弱く、どんなに努力しようとも自然には敵わない。金属の種類は変えられないと錬金術師たちに知らしめよう」という宣言を聞くことになる。[16]

これにたいする反応は素早かった。一三世紀初頭に成立した『ヘルメスの書』*Liber Hermetis* は論理的な分析と実践的な経験にもとづいて『凝固について』を逐一反論し、錬金術師たちが天然の塩類と同一の物質を製造できると指摘する。[17] アルベルトゥス・マグヌス（Albertus Magnus, c. 1200-1280）は博識さと影響力から「普遍博士」と呼ばれるが、彼も『鉱物について』*De mineralibus* で錬金術を擁護する。[18] その一方で彼のもっとも有名な弟子トマス・アクィナスは、『凝固について』の主張を真摯にうけとめる。錬金術師たちができるのは自然物の外見を真似することだけであり、彼らの金は真の金ではなく、同じ物性を示したとしても自然物とは異なるというのが、トマスの考えだ。しかし彼は別の箇所でつぎのようにも語る――錬金術師たちが自然の諸力を自然と同じ方法で利用できるなら、錬金術による金は真の金であり、正当に売ったり使用したりできる。[19]

錬金術師たちは本当に自然と同じ方法を見出して、それを利用できるのか。トマスの弟子ローマのアエギディ

（15）Newman（1990）, 143-192; William R. Newman, *Atoms and Alchemy*（Chicago: University of Chicago Press, 2006）, 23-44; Antoine Calvet, "La théorie *per minima* dans les textes alchimiques des XIVe et XVe siècles," in López-Pérez et al.（2010）, 41-69.

（16）ラテン語訳には異読がある。Newman（1990）, 48-51; Ibn-Sīnā（1702）, 638; Ibn-Sīnā（1927）, 53-54. 実際のところ、アリストテレスはイブン・シーナーよりも人間の能力を評価している。

（17）Newman（1990）, 7-15 はこのテクストに注目して分析している。

（18）Pearl Kibre, "Alchemical Writings Attributed to Albertus Magnus," *Speculum* 17（1942）, 511-515; eadem, "Albertus Magnus on Alchemy," in *Albertus Magnus and the Sciences*, ed. James A. Weisheipl（Toronto: Pontifical Institute of Mediaeval Studies, 1980）, 187-202; Robert Halleux, "Albert le Grand et l'alchimie," *Revue des sciences philosophiques et théologiques* 66（1982）, 57-80 を参照。アルベルトゥス・マグヌス『鉱物論』沓掛俊夫訳（朝倉書店、二〇〇四年）; Albertus Magnus, "*Libellus de alchimia*" *Ascribed to Albertus Magnus*（Berkeley: University of California Press, 1958）も参照。

（19）トマス・アクィナス『神学大全』第二部の二第七七問第二項目。

ウス（Aegidius Romanus, c. 1243-1316）はさらに歩を進める。彼はアルベルトゥスと同様に、『凝固について』がアリストテレスではなくイブン・シーナーのものだと見抜いたが、その主張にならう――錬金術による金がどんなに多くの試験に通過しようとも、天然の金との知覚できる相違が皆無でも、それは地中に見出される金とは異なる。そして彼は結論する――錬金術が金をつくれるとしても、「貨幣として使用されるべきではない。ときに金やその他の金属は医薬品として服用されることから、錬金術による金は健康を著しく脅かすかも知れない[20]」。

幾人かの錬金術師たちも、人工的につくられた金属が天然のものとは微妙に異なることを認める。興味ぶかいことに、アルベルトゥスに帰されている『錬金術についての小論』*Libellus de alchimia* は、錬金術による金属が「すべての特性において自然の金属と同等」とするが、つぎのような例外を指摘する。磁石は錬金術でつくられた鉄をひきつけず、錬金術による金は医薬としての効能を欠く。また錬金術でつくられた金がつけた傷はただれるが、天然の金でつけられた傷はただれない。そしてアルベルトゥスは『鉱物について』でいう――「私が入手した錬金術でつくられた金や銀を試してみた。それらは最初の六・七回ほど火による焼成に耐えたが、さらなる焼成で突然に灰となり一種の残滓になった[21]」。普遍博士が入手したものは、一体どのような物質であり、どこから入手したのだろうか！

アエギディウスの主張は、現代人がもつような懸念を表明していた。彼は物質の隠れた特性とその未知の効果を心配している。錬金術による金が、天然の金と完全に同じ色や密度、延展性や耐腐食性をもつとしても、探知や予見ができない未知の特性が潜んでいるかも知れない。彼は、イブン・シーナーが提起した「技術は自然よりも弱い」という枠組みで思考している。つまり、人間の能力では自然物を再現できず、自然が生みだすものに敵わないのだ。こうした発想は現代でも根強く存在し、人工のダイアモンドは「正真」のダイアモンドとは異なる、あるいは生物工学的に手をくわえた農作物は隠れた毒性をもつと信じられている。中世の錬金術は自然物と人工物の関係について一連の問題を提起したが、それらの幾つかは今日でも解決されていない[22]。

錬金術の支持者たちは、こうした批判に抵抗した。「高貴なる技」とその自然を模倣する能力にたいする彼らの擁護は、人間の創意工夫と技術の可能性にたいする最初の重要なオマージュだと指摘されている。フランシスコ会士ロジャー・ベイコン（Roger Bacon, c. 1214-1294）は、錬金術を擁護するために強力な声をあげる。一二六六年から翌年にかけて、彼は友人の要請で三冊の大著を執筆する。この友人は、のちに教皇クレメンス四世（Clemens IV, 1190-1268）となる人物だ。これらの書物は、学問を改革してキリスト教世界を強化するための手段として、言語や数学、自然哲学、そして錬金術の研究を鼓舞している。ロジャーは「技術は自然よりも弱い」という考えに反発するだけでなく、それを逆転させる。つまり人間の技術は自然よりも強く、錬金術による金は天然の金よりも良質なのだ。彼は、この考えが実験室で正しく製造されたすべての事物に当てはまると主張する。自然に生成される事物を人間が模倣すれば、自然の作用よりも優れたものにできるのだ[23]。こうした考え方は現代にも生きのこり、化学を支えている。有機化学者たちは、自然界で生成される多様な物質を早くて効果的な方法

(20) ローマのアエギディウス『任意討論集』第三問第八討論 : Sylvain Matton, *Scolastique et alchimie* (Paris: SEHA, 2009), 77-80; William R. Newman, "Technology and Alchemical Debate in the Late Middle Ages," *Isis* 80 (1989), 423-445: 437-439を参照。

(21) アルベルトゥス（一二〇〇年）、一〇八頁。トマスは、錬金術による金が天然の金とは異なる特性をもつという考えを師アルベルトゥスから学んだのかも知れない。

(22) William R. Newman, *Promethean Ambitions: Alchemy and the Quest to Perfect Nature* (Chicago: University of Chicago Press, 2004) は魅力的かつ挑発的な研究書であり、技術と錬金術、芸術、自然の関係をより広範にあつかっている。

(23) この立場を擁護するために、アリストテレスに依拠することも可能だった。彼は『自然学』第二巻第八章（199a15-16）で「技術は自然が完成できなかったものを完成させる」と述べている。

で人工的に生成しようと地道な努力をし、効力を高めたり毒性を弱めたりして、より良い医薬品とする研究をつづけている。

金であろうと、その他の物質であろうと、自然の事物を再現できるという錬金術の主張は、権力の最高位まで届くこともあった。教皇ヨハネス二二世（Johannes XXII, 1244-1334）は、ふたつの陣営による討論会を開催したという。(24) そこで実際になにが起きたのかを伝える証人はいない。しかし一三一七年に発布された教皇令によると、錬金術の支持派は討論会で有効な論陣をはるのに失敗したようだ。教皇令は冒頭でつぎのように述べる――

［実践による経費で］貧しくなった錬金術師たちは、もたらすことのできない富を約束する。自分たちを賢者とみなす彼らは、彼ら自身で掘った下水溝に落ちるのだ。錬金術を唱導する人々は、たがいを馬鹿にしあっているだけである。(25)

教皇令はつづけていう――錬金術師たちがくり返し造金に失敗すると「最後に彼らは偽の金属変成で真の金や銀を偽装する」。金や銀への変成の可能性は「事物の本質には存在しない」からだ。(26) そして彼らは贋金を偽造して正直者を騙す。真の金や銀であると偽って錬金術による金属を売買した人間は、その罰として貧困救済のための基金に同じ重量の真の金や銀を供出しなければならないと教皇令は定めている。

あきらかに教皇は真の金を人工的に生成できるとは信じていないが、彼の勅令は錬金術そのものを断罪しているわけではない。クリソペアにたいする理論的・実践的な反駁はなく、贋金と詐欺についての言及があるのみだ。不幸だったのは、錬金術師たちの「高貴なる技」がこうした犯罪と大差ないものと理解された点だろう。フランス王や英国王、そしてヴェネツィア共和国の評議会も、金属変成の実践にたいして同様の禁令を発布する。(27) これらすべての場合で、基本的な関心は経済が立脚する貴金属の純度と価値を保持することにあった。これとまったく同じ動機で、千年前にローマ皇帝ディオクレティアヌスはエジプト人たちの書物を焼かせる勅令を発布したのだろう。生みだすものが真の金であろうが、良く似た模造品であろうが、クリソペアは政治・経済の安定にとって危険な実践とみなされる。金が偽物であれば、金の流通を乱して貨幣価値の下落をまねく。本物であっても、金の全体量を増やすので同じ結果となる。同様な考えから、一三七六年にアラビア語圏の歴史家イブン・ハルドゥーン（Ibn-Khaldūn, 1332-1406）が錬金術を批判する。[28] もしクリソペアが本物なら、世界の経済的な安定を維持するための神の計画、つまりきまった分量の金と銀を創造した神の偉大なる選択を台無しにするだろう。こうして中世から一八世紀まで、法律家たちは錬金術とその生産物の合法性について論争をつづける。[29]

（24）一三九六年にエイメリク（Nicolau Eimeric, c. 1316-1399）が報告している。Cf. Halleux（1979）, 126.

（25）『彼らはできないことを約束する』*Spondent quas non exhibent* はラテン語の全文と仏訳が Halleux（1979）, 124-126 に収録されている。

（26）Halleux（1979）, 124.

（27）一四〇四年のヘンリー四世の禁令は A. Luder et al.（eds.）, *The Statutes of the Realm*（London, 1816）, II: 144 を、一四八八年のヴェネツィア評議会の禁令は Pantheus, *Voarchadumia*, in Lazarus Zetzner（ed.）, *Theatrum chemicum*（Strasbourg, 1659）, II: 495-549: 498-499 を参照。

（28）Ibn-Khaldūn, *The Muqaddimah: An Introduction to History*, 3 vols.（New York: Pantheon, 1958）, III: 277.

（29）Johannes Chrysippus Fanianus, *De jure artis alchimiae*, in Zetzner（1659）, I: 48-63; Johann Franz Buddeus, *Quaestionem politicam an alchimistae sint in republica tolerandi*（Magdeburg, 1702）= *Untersuchung von der Alchemie*, in *Deutsches Theatrum Chemicum*, ed. Friedrich Roth-Scholtz（Nürnberg, 1728）, I: 1-146 は後代の例。Ku-Ming（Kevin）Chang, "Toleration of Alchemists as Political Question: Transmutation, Disputation, and Early Modern Scholarship on Alchemy," *Ambix* 54（2007）, 245-273; Jean-Pierre Baud, *Le procès d'alchimie*（Strasbourg: CERDIC, 1983）も参照。

大多数の教皇令がそうであるように、ヨハネス二二世の禁令もほぼ無視された。多くの錬金術師たちが各種の修道会におり、実践と著作活動をつづける。英国では国王ヘンリー四世（Henry IV, 1367-1413）による一四〇四年の禁令が、すぐに英国的なやり方で修正される。製造された貴金属は王立造幣局に直接に売られることを条件に、王権から錬金術を実践する資格が付与されるようになる。(30)

錬金術師たち自身も、一四世紀に頂点をむかえる不和と危惧の空気に対応した。その影響関係の系譜をたどるのは難しく、現在でも研究者たちはその解明に努力を重ねている。だが幾つかの変化は明白であり、とくに以下に議論する二点については、厳密でないにしてもこうした批判のムードと合理的に関連づけられる。

5　中世ヨーロッパの錬金術における秘密主義と神学

ゾシモスの時代から錬金術のテクストは秘匿性をめざし、秘密を保持するために暗号名や寓意化を発展させる。この傾向は知識や技術を保護する必要から生まれ、シーア派イスラム教徒の秘伝主義と結びつくジャービル文書で強調される。著者の複数性を隠すことに貢献する「真理の分散」も、それを後押しする。アル・ラージーの少し年下のファーラービー（Al-Fārābī, c. 872-950）は、クリソペアの無制限な拡散が経済を破壊すると恐れ、こうした秘密主義を正当化する。この恐れは錬金術の歴史をとおして共有されるものだ。(31)

それとは対照的に『完成大全』のようなヨーロッパの独自作には、秘伝伝授というジャービルの様式を真似る部分もあるものの、歴然とした秘密主義は見出せない。この開かれた傾向は、大学教程に錬金術が採用されだしたことにも呼応している。(32)しかし論争と批判が生まれ、公的な機関による吟味が進んで法的な制裁がはじまると、ヨーロッパの錬金術は自らの殻に閉じこもり、秘匿性や暗号性を増して難解なものとなる。

秘匿性の強化は、匿名作品の波として顕現する。トマス・アクィナスは錬金術に懐疑心を示すが、彼の没後しばらくした一四世紀になると、『立ちのぼる曙』*Aurora consurgens* と呼ばれる寓意的な著作が彼の名前のもとに流布する。同様に、新しい著作群がアルベルトゥスやロジャー、カタルーニャ地方の哲学者ライムンドゥス・ルルス（Raymundus Lullus, c. 1232–c. 1315）といった人物の名前のもとに執筆される。彼らはみな、すでに故人となり崇敬されていた人物だ。偽名の使用は、有名な人物の名前で著作を正当化し、真の著者の正体を隠す効果がある。興味ぶかいことに、この流れはクリソペアを否定して論争を巻きおこしたイブン・シーナーにもおよぶ。もっとも批判的な彼の文言は改変され、賢者の石を獲得するための助言として利用されることになるのだ！

この時期には錬金術とキリスト教の新しい関係が模索されはじめる。ルペシッサのヨハネス（Johannes de Rupescissa, c. 1310–1366/70）の著作やヴィラノヴァのアルナウ（Arnau de Villanova, c. 1240–1311）に帰される作品群は、この点についての最良の見本だろう。

ルペシッサのヨハネス、あるいはロケタイアードのジャンは、一三一〇年ごろにフランスのオーヴェルニュ地方に生まれ、トゥールーズ大学で学んだあとにフランシスコ会の修道士となる[33]。彼は「聖霊派」と呼ばれる人々

---

(30) Denis Geoghegan, "A Licence of Henry VI to Practise Alchemy," *Ambix* 6 (1957), 10–17.

(31) Eilhard Wiedemann, "Zur Alchemie bei der Arabern," *Journal für praktische Chemie* 184 (1907), 115–123 はファーラービーの著作の独訳を収録している。

(32) 錬金術の知識を大学で講義した証拠となる一二五七年のテクストがある。Constantine of Pisa, *The Book of the Secrets of Alchemy*, ed. & tr. Barbara Obrist (Leiden: Brill, 1990). タラントのパオロもフランシスコ会が運営する学校の講師だった。

(33) Leah DeVun, *Prophecy, Alchemy, and the End of Time: John of Rupescissa in the Late Middle Ages* (New York: Columbia University Press, 2009) は最新の研究だ。Jeanne Bignami-Odier, "Jean de Roquetaillade," *Histoire litteraire de la France* 41 (1981), 75–240; Robert Halleux, "Les ouvrages alchimiques de Jean de Rupescissa," *Histoire litteraire de la France* 41

の影響をうける。聖霊派は修道会が過度に組織化したことに反発し、創設者のアッシジの聖フランチェスコ（Francesco d'Assisi, 1182-1226）の理想と規範を守ろうとする。自分たちこそ、この聖人の正統な後継者だと考えて清貧を標榜し、修道会の主流派とローマ教会における序列主義を批判する。さらに彼らは黙示論を信奉して予言をこのみ、「反キリスト」が出現する時期は近いと信じた。

聖霊派に嫌疑と不快感をもったローマ教会は、彼らを粛清する。[34] ヨハネス自身も一三四四年に捕えられ、監獄で余生をおくることになる。彼は獄中で錬金術と予言についての著作を書きあげ、高位の聖職者をふくむ多くの来訪者にも会う。ヨハネスは監獄での苦難を記述しているが、拘留は彼を黙らせるためではなく、厄介な「自称予言者」を監視するためだった。そうでなければ、彼は羊皮紙やインク、書物に触れられなかっただろう。ヨハネスの錬金術書は幅ひろく流布し、頻繁に書写された。残存している一四・一五世紀における錬金術の手稿群でも、膨大な点数を誇っている。

清貧の理想を追いもとめる人物がクリソペアの秘密にも熱心だったのは、矛盾だと思われるかも知れない。一三五〇年ごろの『光の書』*Liber lucis* の冒頭で、彼は「高貴なる技」を学んで執筆する理由を述べている――

私は福音書でキリストが預言した到来すべき時代について考えた。とくにローマ教会が困難に直面し、この世におけるその財産が暴君たちに略奪される反キリストの時代における苦難についてだ［…］。神の御業と真実の権能を知ることを約束され神に選ばれた人々を解放するために、私は尊大な言説を排除して、偉大なる賢者の石について語ろうと思う。その狙いは聖なるローマ教会のために貢献し、賢者の石についての真実を手短に説明することだ。[35]

聖霊派の見解に忠実なヨハネスは、反キリストの出現による苦難に対抗するために、あらゆるかたちの助けがローマ教会には必要だと主張する。そこに錬金術もふくまれる。こう考えたのはヨハネスだけではない。同じくフランシスコ会士のロジャーが約六〇年前に教皇のために執筆した書物にも、反キリストの出現にたいする危惧が背景にあった。ローマ教会は、反キリストの攻撃から生きのびるために、数学や科学、技術、医学、その他の知識を必要とする。現代人は国家のために科学技術が利用されるのを知っているが、ヨハネスやロジャーの中世ではローマ教会のために錬金術の利用が主張されるのだ。

ヨハネスは賢者の石の調整法を詳述している。それによれば、賢者の石は極度に純化された水銀と「賢者の硫黄」からえられる。金属のように水銀と硫黄の結びつきから賢者の石が生じるという考えは、ヨーロッパで標準的なものとなるだろう。唯一の問題は、水銀と硫黄をめぐる意図的な不明瞭さにある。これらは暗号名として、なんでも意味することが可能だ。しかしヨハネスは、自身の水銀が通常の水銀を極度に純化させたものだと明確に述べている。一方、彼の硫黄は「ローマの明礬（みょうばん）」と呼ばれる硫酸鉄に見出される。

水銀を明礬や硝石と一緒に昇華させる作業につづいて、ヨハネスは蒸解や蒸留について記述する。明解な指示にもかかわらず、現代の実験室では彼の処方はうまく再現できない。言及される「雪よりも白色の」昇華物は間

(1981b), 241-277 も参照。

（34） David Burr, *The Spiritual Franciscans: From Protest to Persecution in the Century after St. Francis* (University Park, PA: Penn State University Press, 2001).

（35） Johannes de Rupescissa, *Liber lucis*, in Manget（1702a）, II: 84-87: 84.『光の書』と『調整について』*De confectione*, in Manget（1702b）, II: 80-83 は言葉づかいの細部や冒頭と末尾が異なるが、構成や配列、アイデア、実践操作の詳細はほとんど同じである。二書の関係はまだ精査されていない。

違いなく塩化水銀なので、原料には食塩がふくまれるはずだが、それは言及されていない。ここではふたつの可能性が考えられる。第一に、ヨハネスの硝石は純度が非常に低く、かなり食塩をふくんでいたかも知れない。たしかに彼の『真の賢者の石の調整について』*De confectione veri lapidis philosophorum* の末尾には、食塩をふくむ生硝石の精製法が説明されている。第二に、秘密保持のために重要な原料が意図的に記述されていない可能性もある。その場合この『調整について』は、無意味な記述を末尾にもつことになる。そこでは「食塩」sal cibiの重要性や遍在性、金属の精製における利用法が説明され、「すべての秘密は食塩にある」とされるからだ。これは「真理の分散」の例なのだろうか(36)。ふたつの可能性のどちらが正しいとしても、歴史学的な教訓は同じものとなる――錬金術の処方は注意ぶかく読む必要があるのだ。うまく再現できない処方は、必ずしも著者の力量や真実性を疑わせるものではなく、「隠された原料」を意味するのかも知れない。それは予期されなかった不純物の場合や処方から巧みに省略された場合がある(37)。

食塩の存在を考慮すると、現代の化学者たちもヨハネスの記述をかなりの段階まで実験室で再現できる。そしてこの人物がもっていた技術と実践的な知識に感心するに違いない。たとえばヨハネスは、ローマの明礬から抽出される不可視な「賢者の硫黄」が水銀と結合しているのを示すために「質量保存」の概念を利用している。化学的な反応では、反応物の全質量と生成物の全質量は等しいというものだ。ヨハネスはいう――

明礬の精気が水銀と結合していることを示す証拠はつぎのものだ。一ポンドの水銀を投入すると、同量の昇華物をえる。水銀は昇華のさいに土性の残滓をのこすので、雪よりも白色の昇華した水銀が、明礬のもっとも純粋な精気である不可視な硫黄と結合していなければ、この結果をえられないだろう(38)。

換言すれば、水銀は残滓の重量を失うので、昇華物としては一ポンド以下となるはずだが、実際は一ポンドの重さがある。つまり「不可視な硫黄」をとりこんで重量の減少が補われている。この硫黄こそがヨハネスの探している物質だが、それは単体として抽出されず、ひとつの物質から他の物質へと移動するので「不可視」だと表現される。不可視な物質を追跡するために、彼は重さの比較という手法を採用したのだ。物質の重量を細かく測定することは錬金術師たちには珍しく、ヨハネスの頭脳の明晰さと実験室での注意ぶかさを示している。現代の化学が卑金属を金へ変成することを不可能だとしたために、錬金術師たちの探究はすべて安易に退けられてきた。しかしテクストを注意ぶかく文脈にそって精査すれば、彼らの実践が科学的および実験的な見地からも驚嘆に値することが理解されるだろう。

しかしヨハネスの記述はある時点から、現代の化学が見出せるものと対応しなくなる。錬金術書の読解では、同様な状況にしばしば遭遇する。ここでは、著者が実際に操作したものから、そうなるだろうと仮想したものへと移行した可能性がある。必要な原料や操作が意図的に省略されている場合や、寓意や暗号名が正しく解釈されていない場合もある。さらに著者の使用する原料が現在その名前で呼ばれるものとは異なる場合もある。錬金術の処方に隠されている「化学」を探索することで、本書の第六章ではこの問題をさらに考察する。

(36) Johannes de Rupescissa (1702b), 83. テクストの校訂版がないので、食塩についての記述が彼の手によるのか、追従者による加筆なのか確定できない。この部分は『光の書』には存在しない。

(37) この点については第六章と Lawrence M. Principe, "Chemical Translation and the Role of Impurities in Alchemy: Examples from Basil Valentine's *Triumph-Wagen*," *Ambix* 34 (1987), 21-30 を参照。

(38) Johannes de Rupescissa (1702b), 81.『光の書』の対応部(84)は不明瞭であり、写字生が一行分を抜かしているかも知れない。食塩の塩素と結びついた水銀は昇華の過程で塩化水銀となり、全体の重量が増すから、ヨハネスが重量の増加に気づいたのは正しい。

各操作においてヨハネスは、錬金術師ヴィラノヴァのアルナウに言及している。真のアルナウはカタルーニャ地方の医学者であり、修道会士ではなかったが、ヨハネスやロジャーと同様にフランシスコ会の聖霊派と関係をもっていた。彼は一二九〇年ごろに反キリストの出現についての書物を執筆し、これがパリ大学の神学部との衝突を生む。パリの神学者たちは予言をめぐる言説が合理的なスコラ神学に反すると考え、懐疑的な態度をとっていた。多くの錬金術書がアルナウに帰されているが、彼自身が執筆したとは考えにくい。しかし幾つかのテクストは聖霊派に特徴的なものを示し、アルナウ自身の神学的・医学的な著作にある聖書への態度と使用法を共有している。そのため、これらのテクストを彼に帰すことは合理的な選択だったのだろう。(39) 偽アルナウによる錬金術文書は一四世紀をとおして出現したが、『比喩的論考』*Tractatus parabolicus* だけがヨハネスの著作群よりも早い時代に成立しており、ヨハネス自身が『光の書』で明確に言及している。『比喩的論考』は錬金術とキリスト教神学のあいだに特別な結びつきを構築しようとする。(40)

ヨハネスと同様に偽アルナウは、賢者の石が水銀を原料とする操作で調整されると主張する。しかしヨハネスのように明確な処方を提示するのではなく、錬金術的な操作とキリストの生涯の類比に傾注する——

キリストは万物の規範であり、われわれのエリクシルはキリストの受胎や発生、誕生や受難にもとづいて理解でき、預言者たちの言葉をとおしてキリストと比較できる。(41)

偽アルナウにとって旧約聖書の預言者たちからの引用は、救世主(メシア)としてのイエス・キリストだけではなく、賢者の石の正しい原料としての水銀を示すためのものだった。キリストがムチ打ちやイバラの戴冠、磔刑、十字架上の渇きという四段階の苦難をうけたように、賢者の石の原料としての水銀も四段階の「苦難」をうけなければならない。辛苦のあとにキリストが賛美されたように、水銀も賢者の石となって「賛美」されるのだ。キリストの苦難と輝かしい復活が堕した世界に救済と癒しをもたらすように、水銀が賢者の石になる最後の変化は卑金属を「癒し」て金へと変成する。反キリストのもたらす苦難が新しい平和への道筋を準備するという聖霊派の見解が、暗喩として示されているのだろう。キリストと水銀の類比は、暗号になじむ寓意的な言説を提供し、キリスト教神学の神秘と比喩的に連結させて錬金術の地位を向上させる狙いをもつ[42]。聖書の預言者たちが救世主だけではなく賢者の石も語っていることで、錬金術はキリスト教神学と結びつき、神聖なものとなる。

もう一人の一四世紀の著者フェラーラのペトルス・ボヌス（Petrus Bonus, fl. 1330）は、類比が反対方向にも機能するという。錬金術はキリスト教神学についての知識や観察できる証拠を提供するのだ。一三三〇年の『高価な新しい真珠』*Margarita pretiosa novella* で、彼は「古代の賢者たち」が賢者の石との類比によってキリストの

（39） アルナウの真正作における医学とキリスト教の結びつきは Joseph Ziegler, *Medicine and Religion c. 1300: The Case of Arnau de Vilanova*（Oxford: Clarendon Press, 1998）を参照。伝記的な記述(21-34)も有益だ。Chiara Crisciani, "Exemplum Christi e sapere: sull'epistemologia di Arnoldo da Villanova," *Archives internationales d'histoire des sciences* 28（1978）, 245-287; Antoine Calvet, "Alchimie et Joachimisme dans les alchimica pseudo-Arnaldiens," in *Alchimie et philosophie à la Renaissance*, ed. Jean-Claude Margolin & Sylvain Matton（Paris: Vrin, 1993）, 93-107 も参照。

（40） (Ps.-) Arnau de Villanova, *Tractatus parabolicus*, ed. & tr. Antoine Calvet, in *Chrysopoeia* 5（1992-1996）, 145-171; Antoine Calvet, "Un commentaire alchimique du XIVᵉ siècle: le *Tractatus parabolicus* du ps.-Arnaud de Villaneuve," in *Le commentaire entre tradition et innovation*, ed. Marie-Odile Goulet-Cazé（Paris: Vrin, 2000）, 465-474; idem, *Les œuvres alchimiques attribuées à Arnaud de Villeneuve: grand œuvre, médecine et prophétie au Moyen-Âge*（Paris: SEHA, 2011）.

（41） (Ps.-) Arnau de Villanova（1992-1996）, 160.

（42） Calvet（2000）, 471:「著者が追及するのは錬金術を堅固に基礎づけ、批判者を撃退することだ」。

処女懐胎を予見したと主張する。そして彼はいう――

いかなる異教徒もこの神的な技を本当に知れば、必然的に神の三位一体を信じるようになる。そしてわれらが御主であり神の子であるイエス・キリストを信じるようになると私は確信する。(43)

ボヌスの著作の題名は、まさに新約聖書の『マタイ福音書』第一三章第四五・四六節におけるキリストと真珠商人の寓話を錬金術に結びつけるものだ。彼は「高貴なる技」を「聖なる知」に変身させ、その地位を向上させようとする。

こうした関連づけは、近代以前の思考様式について決定的なことを教えてくれる。近代以前の人々は、多様な意味をもつ言葉で世界を理解し視覚化していた。そのなかでは、各個体が類似や比喩のネットワークをとおして他の個体群と結びついている。異なる諸分野に事物や考えを分類して整理する近代的な指向とは対照をなしている。この決定的な特徴は、ヨーロッパの錬金術をさらに理解する鍵をにぎっており、本書の第七章の焦点となるだろう。

偽アルナウの『比喩的論考』は、錬金術とキリスト教神学を結びつける最初期の例であり、これ以降ふたつの伝統は多くの錬金術書で密接な関係を示しつづける。重要なことに、ヨハネスは『比喩的論考』のような寓意的なテクストを実践的な知識をえるために解読しなければならないと指摘している――

アルナウ師は、十字架によって人間の子が空中に上昇するという。これは文字どおり、第三の操作で蒸解された物質が粉砕されたあとに容器の底で溶解し、もっとも純粋で精気的な部位が空気中に放たれ、蒸留器の頭部にある十字までキリストのように上昇することをさす。それがアルナウ師のいう、十字架まで上昇するという意味だ(44)。

したがって、十字架上のキリストの上昇についての言及は化学的な揮発を意味し、水銀は加熱によって容器の底から、もっとも高い位置にある「蒸留器の頭部」へと「上昇」し、そこで結晶性の昇華物として凝固する――「人間の子は大地から空中へと上昇し、蒸留器の十字のところで結晶になる」(45)。

中世ヨーロッパの語呂あわせは、これらの神学的な結びつきを補強する。金属を高い温度と腐食剤にさらすために使用される容器は、今日でも「坩堝」crucible と呼ばれる。もとになるのはラテン語の「苦難の小さな場所」crucibulum で、語幹はラテン語の「十字架にかける」cruciare だ。数世紀前にゾシモスが自身の操作を金属の「拷問」と表現したことも想起される。中世における化学的な操作には溶融や腐食、粉砕、気化、そして焼成などがあるが、痛みをともなう物質の苦難と解釈するのは難しいことではないだろう。ルペシッサのヨハネスは、偽アルナウによる新約聖書の『ヨハネ福音書』第一二章第二四節からの引用をつぎのように説明する――「聖書からの一節『小麦の粒は地中で死ななければならない』から、水銀が硝石とローマの明礬がつくる地中で死ななければならないと理解するのだ(46)」。ここで動詞「死ぬ」morior は、水銀の別名である「生きている銀」argentum vivum に呼応している。この別名は水銀という銀色の流体が生物のように、つねに動いているところに由来する。

(43) Petrus Bonus, *Margarita pretiosa novella*, in Manget (1702), II: 1-80: 30, 50.
(44) Johannes de Repescissa (1702b), 81-82.
(45) Johannes de Rupescissa (1702a), 85.
(46) Johannes de Repescissa (1702b), 81.

水銀の死は動きのない固体に変化するときに起こり、それは水銀が硝石や明礬と結びついて粉末状になり、流動性をなくすことを意味する。[47]

6 錬金術と医学

ルペシッサのヨハネスは、獄中でもうひとつの著作『すべての事物の第五精髄についての考察』*De consideratione quintae essentiae omnium rerum* を執筆し、錬金術を医学へと近づける。[48] 反キリストの支配下で、キリスト教徒たちは黄金だけではなく完全な健康も必要とする。腐敗と破壊から身体を守り、病気と老化を防ぐ医薬が求められ、それはワインの蒸留から入手されるという。この医薬をヨハネスは「燃える水」あるいは「生命の水」と呼び、われわれ現代人は「アルコール」と呼ぶ。この素晴らしい「生命の水」aqua vitae の名残りは、イタリアの「アクアヴィテ」acquavite やフランスの「オー・ド・ヴィ」eau-de-vie, スカンジナヴィアの「アクアヴィット」akvavit といった蒸留酒の名前に生きている。

ヨハネスは、生命の水がワインの「第五精髄」quinta essentia だと考える。第五精髄という語は現在でも事物のもっとも精妙で純粋な本質が凝縮したものを表現するが、彼はそれをアリストテレスの自然哲学から借用した。第五精髄は火・空気・水・土という四元素とは異なる優れたものであり、恒星や惑星など天界の事物はこれに由来するので不滅なのだ。同様に、ワインから抽出される地上の第五精髄も腐敗しないという。突飛に聞えるかも知れないが、ヨハネスの発想は間違いなく経験上の証拠に依拠していた。彼は空気にさらされた肉がすぐに腐敗するのにたいして、アルコールに浸したものは長期にわたって保存されると記述する。またワインが酢に変化する一方で、蒸留されたアルコールは不変なことにも気づいていただろう。まさに彼は、この不変性と保存力を医学のために利用しようとする。

ワインからアルコールを蒸留したのは、もちろんヨハネスが最初ではない。真のヴィラノヴァのアルナウも、蒸留アルコール類を医薬として推奨している。興味ぶかいことに、ヨハネスは自身の拘留から七年後にアルコールこそが自身の探しもとめていた医薬だと認識したという。彼は一三五一年までにアヴィニョンの教皇庁にある監獄に移送されており、そこでは一三二〇年代から医薬用のアルコールの蒸留がおこなわれていた(49)。つまり彼は、アヴィニョンでアルコールの効能をじかに観察したと考えられる。

しかしヨハネスは、彼以前のどんな人物よりも生命の水の利用について踏みこんでいる。彼はアルコールだけではなく、「染色薬」をつくる方法も記述する。その幾つかは、薬草をアルコールに漬けるだけで調整される。たしかに有効な成分を植物から抽出するには、水よりもアルコールの方が効果的だ。さらに彼は金属や鉱物の使

---

(47) 食塩が存在する状態でこの混合物を加熱すると、水銀は固体の塩化水銀となる。「生きている水銀」から水銀の英語の別名 quicksilver が生まれる。語頭の quick は「生きている」の古い形態だ。

(48) 『第五精髄についての考察』には利用しやすい版はないが、一五六一年と九七年バーゼル版のほかに、最初期の『化学劇場』*Theatrum chemicum*, ed. Lazarus Zetzner（Ursel, 1602）, III: 359–485 に収録されている。のちの『化学劇場』には再録されていない。*The Book of the Quinte Essence*, ed. F. J. Furnivall（London, 1866; repr. Oxford: Oxford University Press, 1965）は一五世紀の英訳を収録。著作の内容は Halleux（1981b）, 245–262; Udo Benzenhöfer, *Johannes' de Rupescissa Liber de consideratione quintae essentiae omnium rerum deutsch*（Stuttgart: Steiner, 1989）, 15–21 を参照。後者は一五世紀のドイツ語訳を収録。Giancarlo Zanier, "Procedimenti farmacologici e pratiche chemioterapeutiche nel *De consideratione quintae essentiae*," in *Alchimia e medicina nel Medioevo*, ed. Chiara Crisciani & Agostino Paravicini Bagliani（Firenze: Sismel, 2003）, 161–176 も参照。

(49) Halleux（1981b）, 246–250.

用も推奨し、伝統的な薬学で採用されている植物療法の枠組みから逸脱していく。黄金は心臓を強化する効能があると信じられていたが、ヨハネスはアルコールを基礎にした黄金薬の処方を記載する。現代でも英語で「コーディアル」cordial と呼ばれる蒸留酒は強壮薬として飲まれるが、金を基礎にした心臓薬に由来する。また心臓に関係するラテン語の形容詞は「心臓の」cordialis だ。現在と同様に当時でも金属性の物質は有毒だと考えられていたが、ヨハネスはそうした物質からも強力な医薬としての第五精髄を調整することを提案する。

こうしてヨハネスは医薬の調整を錬金術の重要な目的に転換し、これ以降ふたつの伝統は密接に結びつくだろう。(50) 彼の著作は、金属の変成と医薬の調整という中世後期のヨーロッパの錬金術を代表する二大目標をかかげているのだ。反キリストの支配下で虐げられるキリスト教徒たちが必要とする健康と富を、錬金術がもたらすと彼は確信していた。反キリストの出現にたいする心配が消えさった後代でも、健康と富の誘惑はながく存続する。寓意や比喩とともに、正当化の源泉としてキリスト教神学を利用することは一四世紀の錬金術とともに開始されたが、この流れは数世紀にわたって展開する。(51)

7　偽ルルスと幻の十字軍

金属の変成と医薬の調整という二大目標はつぎの世代により密接に連結されるが、それは地上の第五精髄というヨハネスの考えが別人の名前で伝搬してからだった。『第五精髄についての考察』が流布しだすと、別の人物がこのテクストの大部分をとりこみ加筆して『自然の秘密あるいは第五精髄についての書』*Liber de secretis naturae seu de quinta essentia* を書きあげる。著者は医学よりもクリソペアに関心があり、第五精髄の抽出を賢者の石への一段階とみなす。ヨハネスは健康を付与する不滅の第五精髄を探究したが、ここではその不滅性こそが金属に付与されるべき不滅性の出発点とされる。つまり、高い腐食性をもつ卑金属を不滅の金に変換するということだ。

この『自然の秘密』はルルスの名前のもとに流布する。ルルスは前世期のカタルーニャ地方の神学者・哲学者で、錬金術に否定的な見解をもっていたが、これ以降に彼の名前を冠した錬金術書が増大していく。ルルスの真正作と似ている特徴をもつことから、これらの書物を彼に帰すのは当然だと考えられ、何世紀にもわたって疑問視されなかった(52)。

中世の錬金術文書で、ルルスに帰されるテクスト群は膨大であり影響力があった。もっとも長尺なのは一三三二年に出現した最初期の『遺言』*Testamentum* であり、『自然の秘密』よりも一世代前の作品となる(53)。重要なことに、『遺言』はルルスが著者であるとは一度も明言しない。彼の死後の日付に言及しているので、彼を著者に

(50) 錬金術は医学に有益だという考えは、ゴルドンのベルナール（Bernard de Gordon, fl. 1270–1330）などが早い時期から提起している。Luke M. Demaitre, *Doctor Bernard de Gordon: Professor and Practitioner*（Toronto: Pontifical Institute of Medieval Studies, 1980）, 19–20 を参照。ロジャー・ベイコンも、賢者の石に医薬的な効能があるとする。Michela Pereira, "Un tesoro inestimabile: elixir e *prolongatio vitae* nell'alchimiae del '300," *Micrologus* 1（1992）, 161–187; Perera（1995）を参照。

(51) 中世における錬金術と医学の結びつきについては、さらに Crisciani & Bagliani（2003）も参照。

(52) Michela Pereira, "Sulla tradizione testuale del *Liber de secretis naturae seu de quinta essentia* attribuito a Raimondo Lullo," *Archives internationales d'histoire des sciences* 36（1986）, 1–16; eadem, *The Alchemical Corpus Attributed to Raymond Lull*（London: Warburg Institute, 1989）; eadem, "*Medicina* in the Alchemical Writings attributed to Raimond Lull," in *Alchemy and Chemistry in the 16th and 17th Centuries*, ed. Piyo Rattansi & Antonio Clericuzio（Dordrecht: Kluwer, 1994）, 1–15.

(53) Ps.-Raymundus Lullus, *Il* Testamentum *alchemico attribuito a Raimondo Lullo*, ed. Michela Pereira & Barbara Spaggiari（Firenze: Sismel, 1999）は、もとのカタルーニャ語のテクストと一五世紀のラテン語訳、有益な序論を収録している。

するのは不可能だったのだろう。しかし『自然の秘密』の著者は、自らが創作を開始した偽ルルス文書の一部として『遺言』をくわえる。そもそも『遺言』はルルスの哲学に特徴的な要素を多くふくんでおり、カタルーニャ地方の知識人によって執筆されていた。こうして、もとは匿名であった書物がルルスに帰されることになる。

『遺言』は、錬金術を三つの主題を教える自然哲学の隠された一部だと定義する――金属の変成、健康の増進、そして宝石の品質向上だ。三番目の主題は、当時の錬金術書としては珍しい。たとえば『遺言』は小さな真珠をペースト状にして、そこから大粒の人工真珠にする処方を記述している。[54] またさまざまな医薬水の調整法もふくんでいる。しかしこの浩瀚な著作の大部分は賢者の石をあつかっており、賢者の石が貴金属や健康、良質な宝石をもたらすと主張する。また賢者の石が普遍的な医薬だとする。卑金属を金に変成させることで「治療」し、宝石の不完全さを消しさり、人間と動物のすべての病気を癒すのだ。さらに植物の成長まで促すという。[55] 偽ルルス文書の人気によって、賢者の石が「人間と金属の医薬」だという考えが流布するようになる。ロジャーや偽ルルスは賢者の石が健康を保護して寿命をのばすと考えたが、現代の一般書が無責任に吹聴する「不老不死のエリクシル」と同一視したわけではない。[56] 興味ぶかいことに、『遺言』は賢者の石がガラスを常温下でも可塑化させるという。[57] 可塑的なガラスの製造は古代ローマ時代から夢の技術とされ、もし可能だったら最高度の達成とみなされただろう。

一五世紀の初頭から、錬金術師ルルスの生涯と業績についての伝説が生まれる。一七世紀に流布した一説によれば、彼は同じカタルーニャ地方の医師ヴィラノヴァのアルナウの導きで錬金術への懐疑的な態度をあらため、「高貴なる技」の秘密を学んだという。幾つかの異説では、彼はウェストミンスターの大修道院長クリーマー師に招待されて英国に旅行する。錬金術を実践していたクリーマー師はかねてから良い助言者を探しており、イタリアにいたルルスを見出す。ルルスは英国王エドワードに自身の技を披露し、聖地エルサレムを奪還するために十字軍をおこすのに十分な金をつくることを約束する。王はルルスの提案を聞きいれ、彼のためにロンドン塔に実験室を設置する。そこでルルスは二二トンの鉛とスズを純粋な金へと変成させ、その金から「高貴なバラ」と呼ばれる金貨が鋳造される。しかし英国王はルルスを裏切り、フランスを攻撃するために金を使ってしまう。話の結末として、ルルスは投獄される説や、落胆して英国を離れる説がある。(58)

多くの錬金術の逸話と同じように、この伝説は真実の断片を幾つも融合してできている。『遺言』はアルナウに言及するし、奥付には著者がロンドン塔の近くでそれを執筆したとある。偽ルルス文書の執筆者のひとりは、

(54) Ps.-Lullus (1999), 2.1, 306-307; 3.7-10, 390-397. 宝石については、同じ匿名家による『宝石の書』*Liber lapidarius* で議論される。『自然の秘密』には、同様な三つの主題が示されるが、この人物は『遺言』も自身が執筆したと主張しているので当然だろう。

(55) Ps.-Lullus (1999), 2.30, 376-379.

(56) この誤解はヨーロッパと中国の伝統を無理に結びつけたところに由来する。しかし錬金術師が非常に長生きしたという逸話は、ヨーロッパでも記録されている。ニコラ・フラメルとその妻が四〇〇年以上も生きた話は『ハリー・ポッター』でも採用されたが、一八世紀末に生まれたものだ。ロジャーは、アラビアの著作家アルテフィウスが一〇二五年も生きたとする。Gerald J. Gruman, *A History of Ideas about the Prolongation of Life* (Philadelphia: American Philosophical Society, 1966; repr. New York: Arno Press, 1977), 28-68; Agostino Paravicini Bagliani, "Ruggero Bacone e l'alchimia di lunga vita: riflessioni sui testi," *Micrologus* 9 (2003), 33-54; Pereira (1992).

(57) プリニウス『自然誌』第三六巻第六六章。ガラスと錬金術の関係は Beretta (2009) を参照。

(58) クリーマーは架空の人物で、ルルス伝説を語る『クリーマーの遺言』*Testamentum Cremeri* は一七世紀の偽作だ。Cf. Michael Maier, *Tripus aureus* (Frankfurt, 1618), repr. in *Musaeum Hermeticum* (Frankfurt, 1678), 531-544. 長編の伝説は Nicolas Lenglet du Fresnoy, *Histoire de la philosophie hermetique*, 3 vols. (Paris, 1742-1744), I: 144-184; II: 6-10; III: 210-225 を、フィレンツェの手稿にある初期の伝説は Michela Pereira, "La leggenda di Lullo alchimista," *Estudios lulianos* 27 (1987), 145-163: 155-163 を、諸伝説の批判的な検討は Pereira (1989), 38-49 を参照。

英国に滞在していたのだ。彼は、錬金術を保護したことで知られる国王エドワード三世（Edward III, 1312-1377）治世下の英国にいたのだろう。王は一三四四年に「高貴」と呼ばれる新金貨を発行し、直後にフランスを攻撃する。しかしこれらの史実は真のルルスとはまったく関係ない。彼が没したのはエドワードが三歳のときだった。そのため幾人かの人々は、物語の国王がエドワード一世か二世だと考えた。さらにバラと船が刻印されている本物の金貨「高貴なバラ」は、一五世紀半ばにならないと登場しない(59)。伝説をめぐる幾つもの疑問点にもかかわらず、錬金術師たちは仲間の注意を喚起するために、ルルスの英国王との不幸な契約の物語をくり返す——自身の知識については沈黙を守り、嘘つきの権力者たちを避けるのだ。

8　さらなる新しい展開——精華集とエンブレム的な図像

一四・一五世紀には、新しい錬金術書が生みだされ多様化していく。ゲベルの『完成大全』のような初期の著作ではスコラ学的な体裁が支配的であり、教科書のように体系的で論理的かつ明瞭な論述からなっている。このジャンルはもちろん一七世紀まで存続するが、もっと人気のある様式が生まれる。

新しい様式のひとつは「精華集」florilegium だ。文字どおりには花々の集合を意味し、さまざまな書物から選びぬかれた抜粋を収集して、主題ごとに配列した「書物群から生まれた書物」である。精華集は多くの著作から抽出された簡潔で優れた情報をふくむ引用を編纂した選集で、抜粋には錬金術理論の説明、注釈を要する謎めいた文章、そして賢者の石をふくむ多様な生成物の処方がある。この様式は錬金術だけではなく、広範な主題についての文章や権威を整理・体系化するために、中世の著作家たちによって利用される。現代人の眼には退屈でくり返しが多いと映るが、精華集は書物が高価で希少な時代に幅ひろい源泉から情報を集約して流布させる重要な役割をはたす。

中世後期には、もうひとつの様式が生みだされる。エンブレム的な図像だ。錬金術の理論と操作を高度に寓意化した記述は、ゾシモスの「夢」にみられるようにギリシア・エジプト世界で誕生した。すでに伝統として一四世紀には確立していた寓意化は、たんなる比喩的な言語だけではなく、象徴的な図像として開花する。(60) こうした図像群は、単純な木版画から出発して芸術的にも技術的にも複雑化して洗練されていく。

錬金術を解説する現代の一般書で、こうした図像を収録していないものは存在しない。しかし図像の美しさと魅力はもろ刃の剣でもある。現代の解説の多くが図像を本来の文脈からひき離し、関連するテクストや作者の意図から独立しているかのようにあつかう。それらが制作された時代や場所、文化的な背景から独立しているかのように。結果として、図像は作者の意図や読者の実践に関係なく、現代の観察者の思いのままに解釈されてしまう。エンブレム的な図像は錬金術について多くのことを伝えてくれるが、それは歴史学的にみて正しい文脈におかれたときにだけ可能となる。

寓意的な図像を収録した最初期のテクストは、『賢者たちのバラ園』*Rosarium philosophorum* だろう。同じ

（59） この逸話は、ルルスの伝説を英国に流布させた一五世紀のリプリー卿についての伝説と重なりあう。彼は一四六四年に「高貴なバラ」を鋳造させた国王エドワード四世の治世下に生き、ロンドン塔で錬金術によって生成した一〇万ポンドの金を毎年ロードス島の騎士団に送ったという。Elias Ashmole（ed.）, *Theatrum chemicum britannicum*（London, 1652）, 458.

（60） これらの図像の起源は Barbara Obrist, *Les débuts de l'imagerie alchimique*（Paris: Le Sycomore, 1982）を参照。誤ってゾシモスに帰された、寓意画のあるアラビア語の手稿が近年発見されたが、この種類では最初のものだ。Theodore Abt（ed.）, *The Book of Pictures: Muṣḥaf aṣ-ṣuwar by Zosimos of Panopolis*（Zürich: Living Human Heritage Publications, 2007）の解説は悲しいほど問題が多い。Benjamin C. Hallum, "The *Tome of Images*: An Arabic Compilation of Texts by Zosimos of Panopolis and a Source of the *Turba Philosophorum*," *Ambix* 56（2009）, 76-88 の学術的な批判を参照。

題名をもつ幾種類かの書物が一五・一六世紀につくられ、最初のものは誤ってヴィラノヴァのアルナウに帰されている(61)。題名からわかるように、それらすべてが精華集だが、ひとつの作品だけが図像で装飾されている。奇妙なことに、これらの図像はまったく別のドイツ語の韻文作『太陽と月』*Sol und Luna* の構成要素として出現するが、のちにラテン語の散文作『賢者たちのバラ園』に接木される。そもそも『賢者たちのバラ園』のテクスト自体は一四世紀に執筆されているが、『太陽と月』は少し遅い一四〇〇年までには成立していた。二作品が同一の著者によるのか、別人のものなのかは確定されていない。確実なのは、詩と図像がもとの精華集を装飾するために利用されている点だ。それぞれの詩と図像は、テクストの対応部の主題を要約している。記憶を助ける機能をはたしたのだろう。ラテン語の本文とドイツ語の詩、そして木版による図像の三要素を総合した版は一五五〇年になってはじめて出版される(62)。

書物の扉が主張するように、『賢者たちのバラ園』は「賢者の石を調整するための真の方法」を議論している。錬金術の主題と理論、金属の構成、そして「太陽」と「月」と呼ばれる原料の結合からエリクシルを調整する方法が、一連の引用とともに説明される。原料の結合については、第二章で議論した『賢者たちの討論会』が引用されている――

お前の息子たちのなかでも最愛の息子ガブリティウスを、輝き滑らかで柔らかい娘である妹ベヤと結婚させるのだ(63)。

ふたつの原料は、アラビア語に依拠して擬人化されている。ガブリティウスという名前はアラビア語で硫黄を意味する kibrīt に、ベヤという名前は水銀の「白色の」や「輝き」を意味する bayāḍ に由来しているのは疑う余地がない。したがってヨハネスが主張したように、『賢者たちのバラ園』はエリクシルが水銀と硫黄からなることを説いている。しかし実際には、どのような水銀や硫黄をさしているのかを同定するのは難しい。添えられた詩行は、オンドリがメンドリを必要とするように太陽は月を必要とするという。ここで太陽と月のペアは硫黄と水銀、あるいはガブリティウスとベヤに対応している。また図像は太陽と月の「結合」（図3―1）を描きだし、ラテン語のテクストがそれにつづく――「ふたつのものが、ひとつの身体であるかのようになる」。そして太陽と月の結合から生まれるひとつの身体とふたつの頭をもつ怪物を描いている[64]（図3―2）。そのあとの一連の図像では、この結合から霊魂が旅立つ様子（図3―3）や死せる身体の浄化、さらに賢者の石を調整する第一段階での霊魂の帰還などが描かれている。

『賢者たちのバラ園』に収録された図像は単純明快で、すでに成立していたテクストの視覚的な要約として機能する。後代の錬金術的なエンブレムははるかに複雑で、しばしば暗号化された、つまり意図的に秘密主義なやりとりを読者とのあいだに想定している。第六章でみるように、こうした図像はその意味を把握するために高度な解釈技術を必要とする。

（61） Ps.-Arnau de Villanova, *Thesaurus thesaurorum et rosarium philosophorum*, in Manget（1702）, I, 662–676. その他の三篇が Manget（1702）, II: 87–134 に収録されている。Antoine Calvet, "Étude d'un texte alchimique latin du XIVe siècle: le *Rosarius philosophorum* attribué au médecin Arnaud de Villeneuve," *Early Science and Medicine* 11（2006）, 162–206 を参照。

（62） *Rosarium philosophorum: Ein alchemisches Florilegium des Spätmittelalters*, ed. Joachim Telle, 2 vols.（Weinheim: VCH, 1992）はテクストのファクシミリ復刻と独訳、素晴らしい論考と有益な文献表を収録。Joachim Telle, "Remarques sur le *Rosarium philosophorum*（1550）," *Chrysopoeia* 5（1992–1996）, 265–320 はこの論考の仏訳だ。

（63） *Rosarium*（1992）, II: 46–47.

（64） *Rosarium*（1992）, II: 46, 55.

CONIVNCTIO SIVE
Coitus.

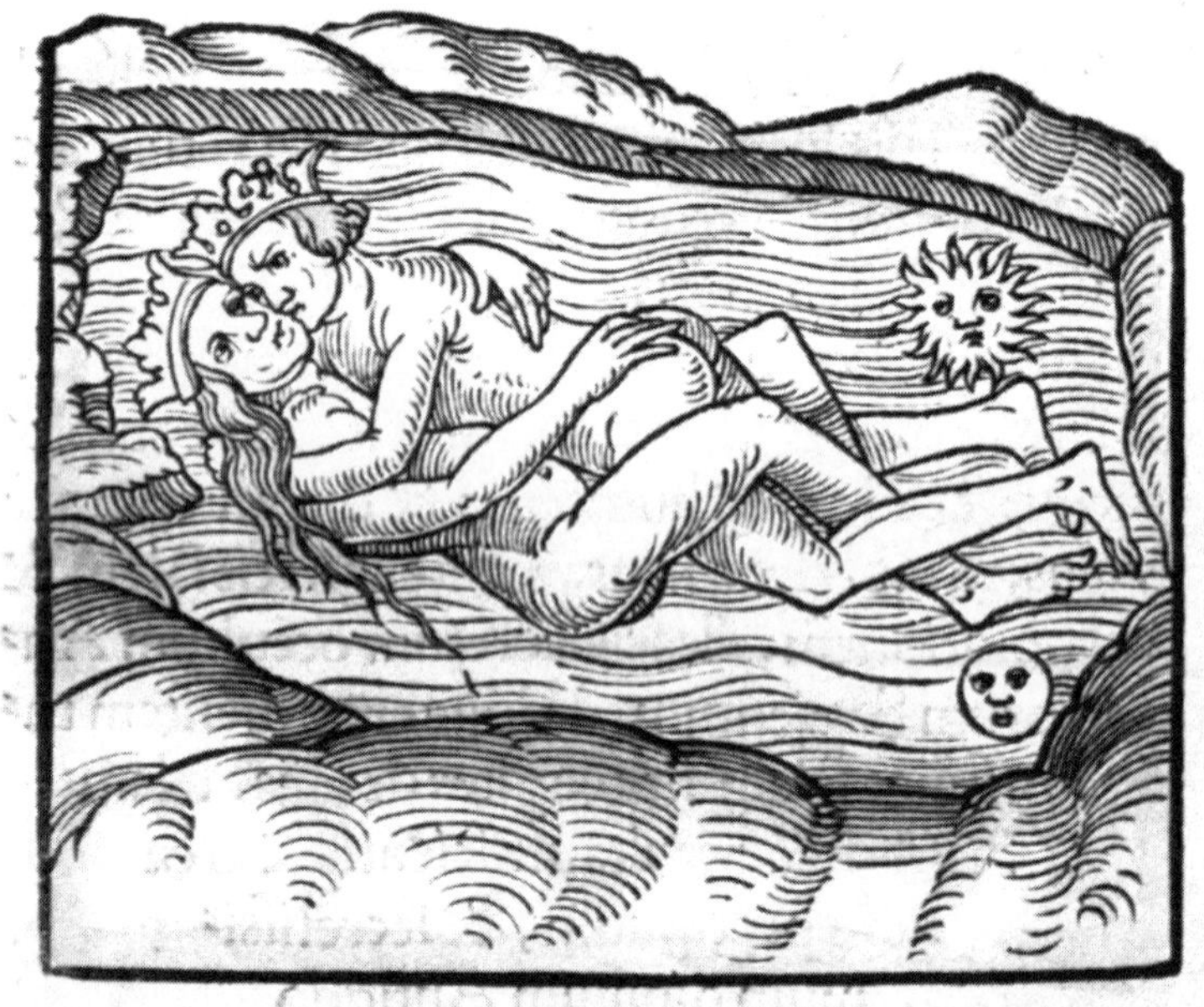

O Luna durch meyn vmbgeben/vnd ſuſſe mynne/
Wirſtu ſchön/ ſtarck/vnd gewaltig als ich byn.
O Sol/ du biſt vber alle liecht zu erkennen/
So bedarffſtu doch mein als der han der hennen.

図 3-1. 賢者の石への段階——結合
『賢者たちのバラ園』（1550 年）から

CONCEPTIO SEV PVTRE
factio

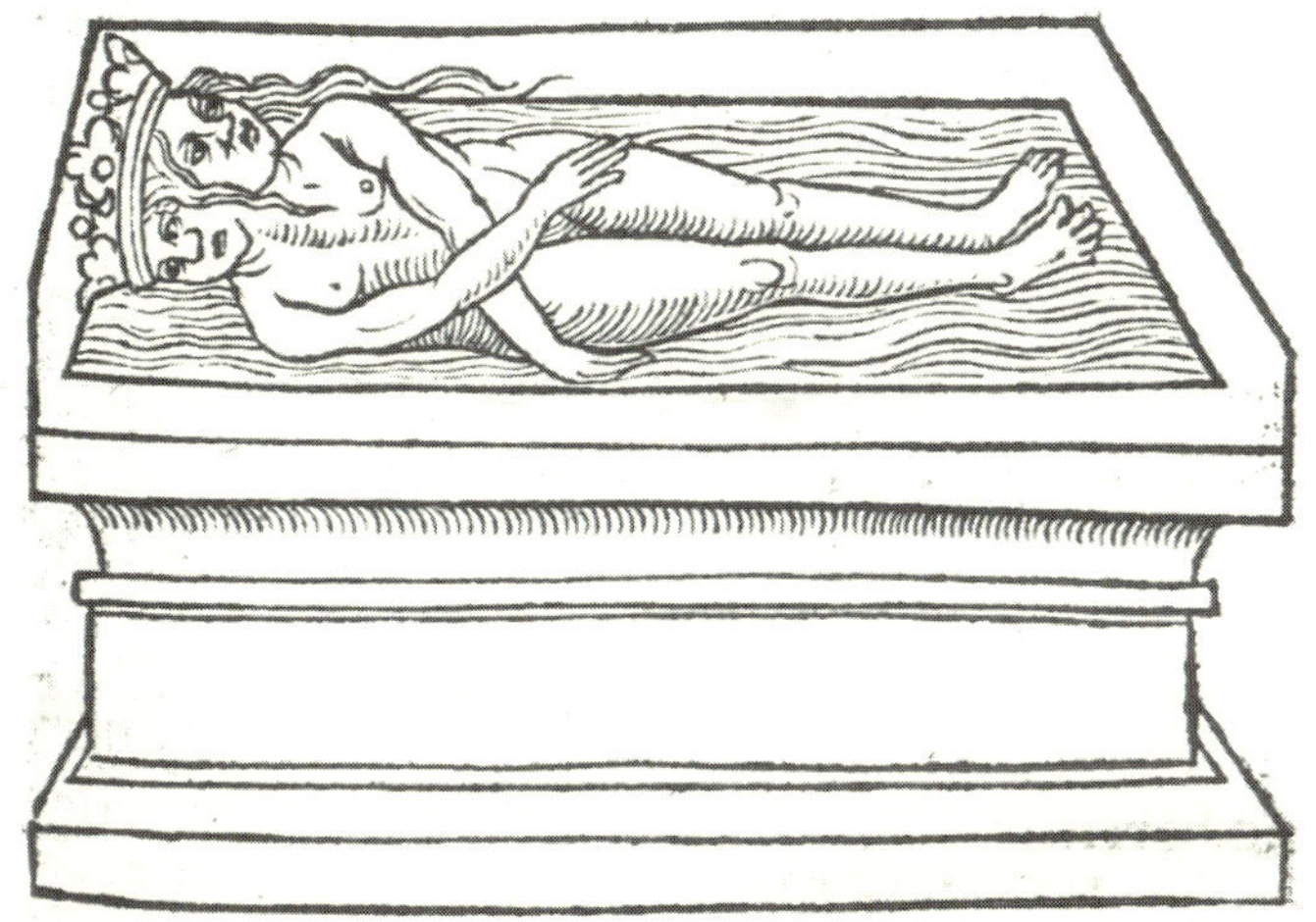

Hye ligen könig vnd königin dot/
Die ſele ſcheydt ſich mit groſſer not.

図 3-2. 賢者の石への段階――受胎

『賢者たちのバラ園』(1550 年) から

ANIMÆ EXTRACTIO VEL
imprægnatio.

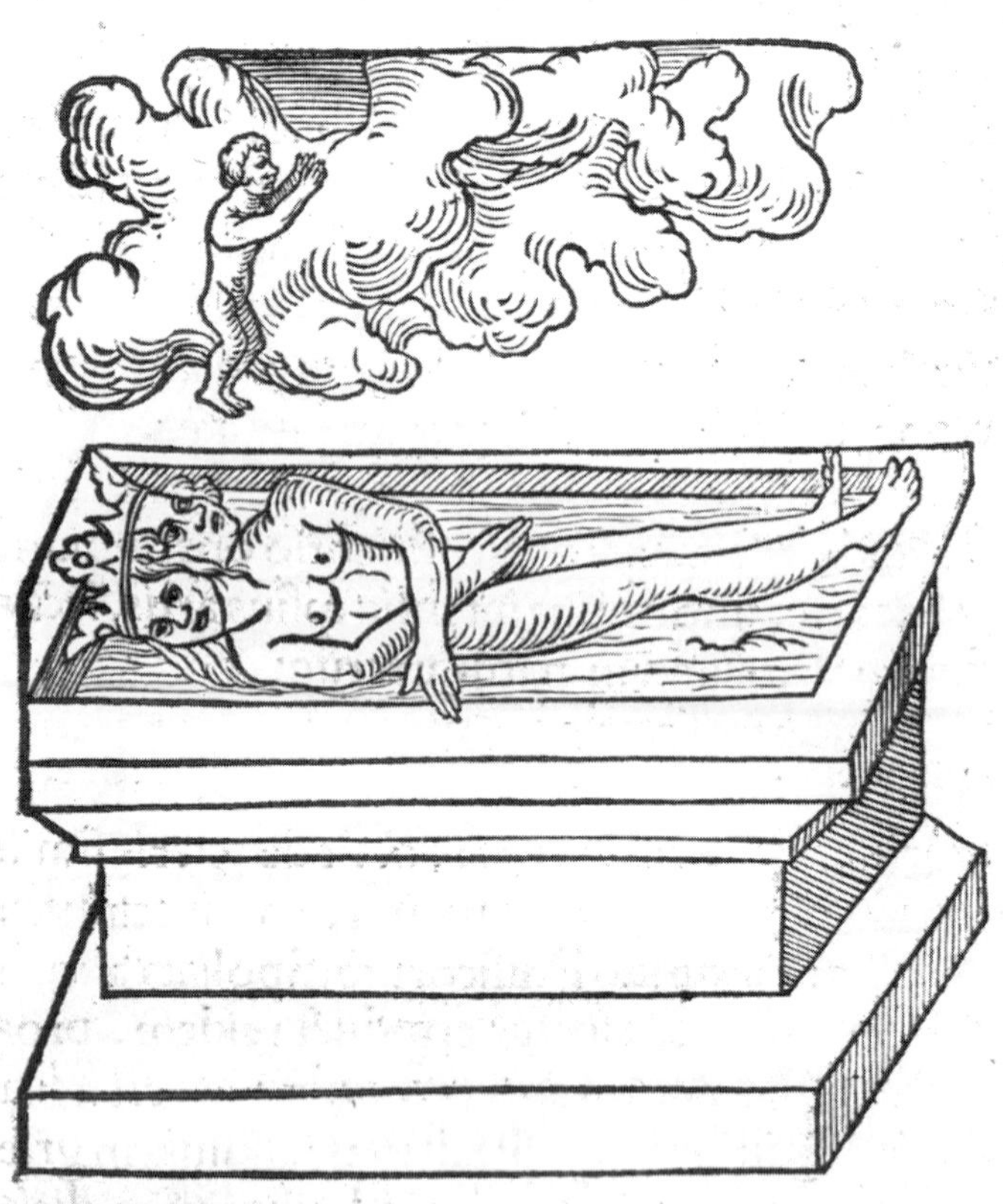

Hye teylen ſich die vier element/
Aus dem leyb ſcheydt ſich die ſele behendt.

図 3-3. 賢者の石への段階――霊魂の旅立ち
『賢者たちのバラ園』（1550 年）から

『賢者たちのバラ園』の図像は簡素だが、それでも奇異なものと読者の眼には映るだろう。性交と生殖は、錬金術の修辞表現にとってテクストと図像の双方に遍在する要素だ。錬金術は根本的に生成と発生にまつわる実践、つまりなにかを生みだす技であり、生殖との比較は適切なのだ。錬金術の目的は既存の物質をさまざまに結合して新しい物質や特性を生みだす点にあるが、それは両親の結合から子孫が生みだされるのと似ている。性行動とは人類が共有する普遍的な体験であり、誰にでも理解できる比喩の豊かな源泉となる。[65] ふたつの物質が反応して第三のものを生じるという考えや光景は、比喩をつむぐことに慣れた想像力ある人間に男女のペアを想起させる。現代の化学者たちも頻繁に、たがいに反応する物質を作用しあうペアとして描きだす。それはもはや水銀と硫黄ではなく、酸とアルカリや酸化剤と還元剤などだ。これらの現代的なペアの幾つかは、語源に性的なものを内包している。たとえば「求電子剤」electrophile や「求核剤」nucleophile という用語は、「愛する」「キスする」「交合する」を意味するギリシア語の動詞 philein を基礎にしている。

性よりもさらに避けがたいものとして、死もまた人類に共通する体験だろう。安全で衛生的な現代社会とは異なり、前近代の社会において死は日常的なものだった。したがって錬金術の図像には、霊魂の旅立ちや最終的な復活といったキリスト教神学の教義とともに、死が性と同じくらい重要なテーマとして登場する。

一方で、錬金術の図像には頻繁に登場するが、現代の日常生活ではほとんど目撃されない風変わりなものに両性具有者がある。なぜ錬金術師たちは、これほどまでにオスとメスの双方の特徴を同時にもつ存在に関心をもったのだろうか。『賢者たちのバラ園』では、ふたつの頭をもつ両性具有者が太陽と月の結合から生まれる(図

(65) この点については Lawrence M. Principe, "Revealing Analogies: The Descriptive and Deceptive Roles of Sexuality and Gender in Latin Alchemy," in *Hidden Intercourse: Eros and Sexuality in the History of Western Esotericism*, ed. Wouter J. Hanegraaff & Jeffrey J. Kripal (Leiden: Brill, 2008), 208-229 も参照。

3―2）。ある意味でこれはとても理に適っている。多くの生物は生殖によって両親には変化をあたえずに子孫を生みだすが、ふたつの物質は結合によって、各自に固有の特性を失いつつ、新しい特性をそなえた第三の物質を生成する。したがって両性具有者は、化学変化の結果に近いなにかを表現している。

アルベルトゥスは一三世紀に特徴的な明晰さでもって、錬金術師たちの奇妙なイメージの利用を解説している。この普遍博士は『鉱物について』で、金属を形成する水銀・硫黄の理論を説明しつつ、これらの物質についていう――

錬金術師たちが比喩的な口調で主張するように、［これらの物質は］父親と母親のようなものだ。硫黄は父親、水銀は母親に相当する。だがより適切に表現するならば、金属の生成において硫黄は父親があたえる精液のような物質であり、水銀は胎児の身体へと凝固する月経血のような物質である。(66)

比喩の根底にあるのは、古代ギリシアの医学に起源をさかのぼれる伝統的な概念だ。それによると、オスは温と乾という性質によって特徴づけられ、メスは質的に冷かつ湿とみなされる。アルベルトゥスによれば、幾つかの物質ではこれらの性質のペアが明確に分離されず、その場合には「同一の混合のなかに温・乾と冷・湿が混ざることになり、両性具有者となる」(67)。したがって錬金術における両性具有者は、オス（温・乾）である物質とメス（冷・湿）である物質の結合から生まれる第三の物質を示している。ここでアルベルトゥスが、父親と母親としての硫黄と水銀という比喩よりも、精液と月経血との比較をより適切だと考えている点は注目に値する。伝統的な発生論では、精液と月経血の文字どおりの結合から胎児が生まれるとされていた。アルベルトゥスは、鉱物をふくむ諸物質の生成を語るさいに「適切な用語」が存在しない点を嘆き、このために他の著作家たちは比喩を使うしかないと考えたと説明する。[68] 後代の人々は、アルベルトゥスが錬金術的な両性具有者を解説したことを忘れなかった。約二五〇年後のエンブレムにも、彼は両性具有者を説明するために登場する[69]（図3―4）。

一四・一五世紀には、エンブレム的な図像を収録する錬金術書は数えるほどしかなく、『賢者たちのバラ園』の性的な図像の幾つかはくり返し利用される。しかし多くの図像が神学的なテーマにも依拠している。一五五〇年に出版された『賢者たちのバラ園』の初版には、一五世紀初頭に成立したドイツ語による最初の錬金術書『聖なる三位一体の書』*Buch der Heiligen Dreifaltigkeit* から拝借された聖母の戴冠とキリストの復活のイメージが登場する。[70] 復活の場面には、偽アルナウの表現を喚起させる「多大なる苦難と苦悩のあとに私は復活した。浄化され一点の曇りもない」という一節が書かれている（図3―5）。

---

(66) アルベルトゥス（二〇〇四年）、一一五頁。

(67) アルベルトゥス（二〇〇四年）、一一六頁。

(68) Albertus, *Physica*, 1.3.12, in *Opera*, III: 72. アルベルトゥス（二〇〇四年）、一一頁；Obrist（1982）, 31-33 も参照。

(69) ゾシモスも両性具有者（arsenothēlu）という語を使っている。Mertens（2002）, 21. 水銀の暗号名だろう。太陽や火星、木星、土星をオス、月と金星をメスとし、「乾いたものと湿ったものをつくりだす」水星は双方に共通するという考えが古代の占星術にあり、これに依拠したのだろう。プトレマイオス『テトラビブロス』第一巻第六章。Achim Aurnhammer, "Zum Hermaphroditen in der Sinnbildkunst der Alchemisten," in *Die Alchemie in der europäischer Kultur- und Wissenschafts-geschichte*, ed. Christoph Meinel（Wiesbaden: Harrassowitz, 1986）, 179-200; Leah DeVun, "The Jesus Hermaphrodite: Science and Sex Difference in Premodern Europe," *Journal for the History of Ideas* 69（2008）, 193-218 を参照。

(70) Wilhelm Ganzenmüller, "Das Buch der heiligen Dreifaltigkeit," *Archiv der Kulturgeschichte* 29（1939）, 93-141; Herwig Buntz, "Das *Buch der heiligen Dreifaltigkeit*, sein Autor und seine Überlieferung," *Zeitschrift für deutsches Altertums und deutsche Literatur* 101（1972）, 150-160; Marielene Putscher, "Das *Buch der heiligen Dreifaltigkeit* und seine Bilder in Handschriften des 15. Jahrhunderts," in Meinel（1986）, 151-178; Obrist（1982）, 117-182.

OMNES CONCORDANT IN VNO, QVI est bifidus.

図 3-4. 聖アルベルトゥスが両性具有者をさし示す

マイアー『象徴』(1671 年) から

図 3-5. 賢者の石への段階――キリストの復活
『賢者たちのバラ園』(1550 年) から

一六世紀初頭までに、ヨーロッパの錬金術は二〇〇年以上前にアラビア世界から学んだアル・キミアを多くの点で凌駕した。「高貴なる技」にたいする古代からの関心は衰えず、金属変成についての探究は新しい概念や原料、豊富な観察によって強化され、幾つもの「学派」が興隆する。各学派は独自の原料や工程を強調し、金属の本性や変成を説明する。アルケミアに属する大多数のテクストは金属変成をあつかうが、それだけがすべてではない。化学的に調整される医薬の種類が増大すると、錬金術は一五〇〇年ごろまでに薬学も包含するようになる。英語で「イアトロ・ケミストリー」iatrochemistry あるいはラテン語で「ケミアトリア」chemiatria と呼ばれる医化学は、一六世紀に著しく発展する。それはパラケルススの名前で知られるスイスの医学者ホーエンハイムのテオフラストゥス（Theophrastus von Hohenheim, 1493/94-1541）の影響力ある著作群のおかげだった。

目立たない分野への応用も盛んになる。工芸や手工業に有用なさまざまな顔料や染料、塩類、鉱酸、合金、香料、蒸留物を生産するために、多くの工房が化学的な手法に注目し、処方集が流行する。これらの生産活動とともに、物質の隠れた本質と変化についての新しい考え方が花開く。それらの幾つかはゲベルの提唱した微粒子にもとづく物質論に由来し、他のものはアリストテレスの自然哲学に忠実であり、さらに別のものはまったく新しいものだった。人間技術の可能性と自然の隠された働きについての研究は、新しい発想の沃土でありつづける。錬金術は、初期近代のヨーロッパ文化において飛びぬけた存在感を示すことに成功し、称賛と批判の両方を呼びおこす。その考えや比喩、理論や実践、生産物や実践家たちは芸術家や劇作家、説教師、詩人、哲学者の関心を集め、一五世紀末には黄金期の幕をあける。一六・一七世紀は、コペルニクス（Nicolaus Copernicus, 1473-1543）やガリレオ（Galileo Galilei, 1564-1642）、デカルト（René Descartes, 1596-1650）、ボイル、ニュートンが活躍した「科学革命期」と呼ばれる時代だ。同時にそれは錬金術の黄金時代でもあった。

第四章　再定義、再生、そして再解釈——一八世紀から現代まで

1　はじめに

時代の順番どおりに話を進めるなら、本章は一六・一七世紀という錬金術のもっとも偉大な時期をあつかうはずだ。しかしこの黄金時代を飛びこえて、一八世紀初頭における急激な減衰と、それにつづく驚くべき復活・再生を語ることにしよう。こうして時代を入れかえるのは混乱を招くかも知れないが、この選択には適切な理由がある。

ほとんどの読者は、頻繁になされる以下の主張を知っているだろう——錬金術は根本的に化学とは異なり、心霊的な営みで行為者の自己変容をもたらす。錬金術は妖術に似ている、あるいは詐欺でしかない、云々。こうした解釈はじつは一八世紀またはそれ以降に発展したもので、いずれも限定された文脈では正しいのかも知れないが、全体像を正確には描写していない。それでもこれらの主張は錬金術の通俗的な定義として、その歴史全体に適用されてきた。二〇世紀をとおして、多くの科学史家たちもこの流れに加担する。これらの錬金術像は現在では広範囲に流布し、われわれの認識を歪曲してしまっている。したがって、この問題を先に精査して客観的な視座をもつ方が良いだろう。そのあとで錬金術の黄金時代に存在していた、歴史学的により正確なイメージを獲得する努力をしよう。

2　クリソペアの消失

クリソペアは一七世紀をとおして繁栄し、ヨーロッパ中で関連書が印刷・出版される。優れた科学者たちが、金属の変成について議論し実践しようとする。簡素な工房から宮廷づきの実験室まで、錬金操作の秘密が熱心に探究される。そして「高貴なる技」についての支持と不支持の学術的な論争が衰えることなくつづく。

しかし一七二〇年代までにクリソペアは驚くべき急速な減衰をむかえ、四〇年代までにはほとんどの場面において過去の遺物とみなされる。そしてごく稀に歴史や古物趣味からの関心を呼ぶこともあるが、人類のおかした愚行の一例と考えられるようになる。なぜ一五〇〇年にもわたって繁栄した由緒ある伝統が一瞬にして信用をなくしたのだろうか。

この急激な減衰の正確な原因は、これからも科学史家たちによって精査されなければならない。合理的にみえる単純な説明は、金属の変成が不可能だと理解されたことだ。しかしこの解答を支持する歴史上の記録は存在しない。クリソペアが不可能であると誰かに結論させる、いかなる新しい理論や実験・証拠も一八世紀初頭には提出されていない。かわりに記録が示すのは、クリソペアをたんなる詐欺だとみなす、悪意ある攻撃的な言説の増加だ。こうした攻撃は新しいものではなく、中世のアラビア世界でもヨーロッパでも錬金術の伴侶でさえあった。しかし一八世紀初頭には変化がおこる。批判はより声高になり強化され、持続するものとなる。理論的な次元ではなく、詐欺としての倫理的・社会的な側面に注目があつまる。レトリックにみちた中傷が投げつけられ、実践家たちは突然に作業の手をとめる。

重要なことに、一八世紀初頭には「錬金術」alchemiaと「化学」chemiaという用語がより狭い新しい意味をもつようになる。それ以前には、これらふたつは共存し、ほとんどの場合は置換可能だった。なんらかの相違が認められたとしても一貫したものではなく、現代のように自動的に区分されるのは珍しかった。たとえばドイツのリバヴィウス（Andreas Libavius, c. 1555-1616）の『アルケミア』*Alchemia* と題された一五九七年の有名な書物は、一連の化学的な操作や実験器具の使用法、処方を記述している。[1] クリソペアや賢者の石についての言及はほとんどなく、現代人が躊躇なく「化学」と呼ぶものに対応する。その一方で『化学劇場』*Theatrum chemicum* と題された大集成の第一巻が、リバヴィウスの著作とほぼ同時期に出版されるが、クリソペアについての多くの著作を収録している。内容は現代でいう「錬金術」に対応する。つまり物質とその特性を操作する理論と実践の総体は、それが造金や造銀であれ、医薬や顔料、染料、酸、ガラス、塩類などの製造であれ、同義的に「アルケミア」や「ケミア」と呼ばれていたのだ。「アル」がアラビア語の定冠詞と認識され、次第に省略されるようになり、「ケミア」という語が頻繁に使用されただけだ。[2]

現代ではふたつの語は多くの場面で、ケミアが近代的・科学的であり、アルケミアが時代遅れで非科学的だという意味を包含してしまっている。そこで近年の科学史家たちは、錬金術と化学に分類されている領域の双方を区別なく表現するために、「キミア」chymia（英語では chymistry）という初期近代の綴りを採用している。[3] この用語は、錬金術と化学の領域を恣意的に区別せず、双方につきまとう時代錯誤な意味づけから解放してくれる。

（1） Bruce T. Moran, *Andreas Libavius and the Transformation of Alchemy: Separating Chemical Cultures with Polemical Fire* (Sagamore Beach, MA: Science History Publications, 2007).

（2） William R. Newman & Lawrence M. Principe, "Alchemy vs. Chemistry: The Etymological Origins of a Historiographic Mistake," *Early Science and Medicine* 3 (1998), 32-65; Halleux (1979), 43-49.

（3） Newman & Principe (1998), 43-44. 非歴史的な前提から歴史上の人物や書物、主題が区分され、誤った考えが過去に投

ここで、それぞれの語を聞いたときに想起されることを考慮してみよう。たとえば本書の題名が『化学の秘密』だったら、読者は本書を手にとっただろうか。つぎに、錬金術と化学という二語から想起される「同一」の事柄を想像してみよう。それは非常に難しいが、もし可能なら、大多数の初期近代人たちと同じように理解できるようになるだろう。しかし実際には奇妙な綴りの「キミア」で、ふたつの語の意味が変化したことを思いだすように頭の体操をする方が簡単だ。だから以降の議論では、キミアという語をできるだけ使用する。

アルケミアとケミアの再定義は、結果として金属変成にたいする道徳的な嫌悪感を生みだす。この流れの背後には、キミアとその実践家であるキミストたちの地位を向上させるという動機があった。一八世紀まで一般的にキミアは悪い印象をもたれ、実践家たちは不穏当なイメージに苦しんでいた。まず物理学や数学、天文学と違って、キミアは大学制度のなかに確固たる地位を獲得できなかった。中世の大学で、そうした地位をえることに失敗したからだ。またキミアについて古代の権威者たちがなにも書いていないので、由緒の正しさを保証する古代性を欠いている。さらにキミアの実践は汚く危険で悪臭にみちており、職人がもつ労苦に近い。第七章でみるように、キミストたちは一七世紀の演劇や文学でほぼ例外なく間抜けな道化や詐欺師といった役割を課せられる。クリソペアの側面は数世紀にわたって偽造や変造、詐欺や強欲と結びつけられ、医学・薬学の側面は学識がある資格をもった医師ではなく、教育・訓練をうけていない「偽医者」の行為とみなされる。キミアの価値を擁護して「化学の父」と呼ばれるボイル（Robert Boyle, 1627–1691）でさえ、この領域における最初の著書で「詐欺的ではないにしても、無価値で有用ではない研究」に身を捧げることを弁明する必要を感じた(4)。現代の化学者たちは、自らの学問のイメージが毒物や発がん性物質と結びつけられるのを嘆くが、一七世紀のキミストたちはより劣悪な印象と地位に苦しんでいた。

一七世紀末にキミアは科学や医学、経済、そして知的な活動全般への応用度と重要性を増大させ、制度化された学問としての体裁を整備して専門職化しはじめる。この過程はさまざまな場面で起こるが、パリの科学アカデミーでもっとも明瞭に具現化する。この組織は一六六六年に設立されるが、九九年に三〇名の全会員のうち五名がキミアにあてられる。こうして科学アカデミーは、キミアが独立した学問として国家的な支援をうける公式な地位を獲得した最初の機関となる。地位の向上にともなって、大きな改革が必要とされる。他の学問分野が享受していた威厳を獲得するため、キミアの実践家たちは埃まみれのイメージを一掃するよう求められる。劣悪な印象を科学アカデミーに持ちこむのは許されないからだ。この組織の顔となる書記官フォントネル（Bernard Bovier de Fontenelle, 1657–1757）は、もともとキミアを見下していた。真の科学の特徴だと彼が考える「幾何学的な精神」、つまり物理や数学がもつ演繹的な公理群による体系が欠けていたからだろう。社会に蔓延する疑わしい評判は事態を悪くする。科学アカデミーを監督し、資金をあたえる政府の担当者たちも、アカデミーでクリソペアが議論されないことを希望した。こうしてキミアの大改革は悪評の源泉である金属変成を別分野として隔離し、すべての関係を断絶する方向にむかう。(5)

影されて歴史が歪曲されてしまった。キミアという語は多くの問題を消しさり、歴史的な文脈でより正確な理解に到達するのを可能にする。Lawrence M. Principe, "Reflections on Newton's Alchemy in Light of the New Historiography of Alchemy," in *Newton and Newtonianism: New Studies*, ed. James E. Force & Sarah Hutton (Dordrecht: Kluwer, 2004), 205–219 を参照。

（4） Robert Boyle, *Certain Physiological Essays* (1661), repr. in *The Works of Robert Boyle*, ed. Michael Hunter & Edward B. Davis (London: Pickering & Chatto, 1999–2000), II: 85.

（5） 錬金術の道徳的な批判と化学の専門職化については Lawrence M. Principe, "A Revolution Nobody Noticed? Changes in Early Eighteenth Century Chymistry," in *New Narratives in Eighteenth-Century Chemistry*, ed. Lawrence M. Principe (Dordrecht: Springer, 2007), 1–22 と近刊予定の *Wilhelm Homberg and the Transmutations of Chymistry* を参照。John C.

科学アカデミーは、金属変成を断罪する派手なレトリックを繰りだす。理論的に不可能とするのではなく、単純に詐欺だというのだ。賢者の石や金属変成といった批判がむけられやすい部分には、「錬金術」というレッテルが貼られる。皮肉なことに、賢者の石の探究で発展した多くの考えや操作は、有益とみなされて化学の一部とされる。錬金術師たちは嘲笑とともに断罪されるが、物質の本性と構成を分析し、変成を探究するという彼らの数世紀にわたる活動は化学に吸収されて存続する。驚くほど目立たないものだが、この戦略はうまく機能する。錬金術は化学の罪業の身代わりにされ、純化された尊敬に値する化学から駆逐される。化学と化学者は近代的で有益な「科学」をさす尊敬にみちた言葉となるが、錬金術と錬金術師は時代錯誤で無益、詐欺的で非合理なものをさす侮蔑的な言葉となる。

この表面的なスケッチの裏側には、はるかに複雑な様相があった。公権力による否定は錬金術を根絶するのではなく、地下に潜伏させることになる。科学アカデミーの構成員もふくめた化学者たちが、金属変成の問題をあつかいつづける。アカデミーの化学者ジョフロワ（Etienne-François Geoffroy, 1672-1731）は一七二二年に「賢者の石をめぐる不正」という論文を出版し、金属を変成したと主張する人々が使用したトリックや詐欺を記述する。この論文はアカデミーによる公的なクリソペア断罪への大事な一歩であり、錬金術の「終焉」を象徴すると考えられてきた。[6] しかし実際には一世紀前に出版された錬金術書から議論を盗用しており、この書物は金属変成の成功後に出会う多様な謀略について実践家たちに注意を喚起するものだった。ジョフロワの蔵書は錬金術書であふれており、近年発見された手稿によると、彼自身による公式な断罪のあとも金属変成の実験を継続している。[7] アカデミーの他の化学者たちも一七五〇年代までひっそりと錬金術を研究しつづけるが、彼らはそうしない「科学的」な理由をもたなかった。しかし金属変成への道徳的な攻撃と「正当」な化学からの分離は、尊敬すべき専門家の化学者たちが錬金術を実践する姿をみせられない空気を生む。錬金術は、権威ある公的な支持者をもたない状態にはじめて遭遇する。

金属変成と賢者の石の探究は小規模ながらひっそりと継続される。たいていは私的な領域で実践され、公表されないかぎり歴史家が実像に迫るのは難しい。一八世紀の珍しい事例のうちで有名なのは、ロンドンの王立協会員プライス（James Price, 1757/8-1783）の場合だろう。[8] 彼は一七八二年に水銀を白い粉末で銀に、赤い粉末で金に変成したと主張し、証人たちの面前で操作を再現する。この刺激的な報せは英国やヨーロッパ各国の大衆紙によってすぐに拡散する。しかし協会員たちは激怒し、詐欺だと即座に断罪する。パリの科学アカデミーの場合と同様に、金属変成と詐欺の関連づけは明白であり、当時の社会が経験した困惑を感じとれる。協会員たちはプライスを退会させることを望むが、会長のバンクス卿（Joseph Banks, 1743-1820）は協会の威信を守るために協会員たちの面前で変成を再現するよう要求する。当初プライスは問題の粉末を使いきってしまい、新たに生産する

Powers, "'Ars sine Arte': Nicholas Lemery and the End of Alchemy in Eighteenth-Century France," *Ambix* 45 (1998), 163-189 も参照。

（6）Étienne-François Geoffroy, "Des supercheries concernant la pierre philosophale," *Mémoires de l'Académie royale des sciences* 24 (1722), 61-70.

（7）Lawrence M. Principe, "Transmuting Chymistry into Chemistry: Eighteenth-Century Chrysopoeia and its Repudiation," in *Neighbours and Territories: The Evolving Identity of Chemistry*, ed. José Ramón Bertomeu-Sánchez et al. (Louvain-la-Neuve: Mémosciences, 2008), 21-34.

（8）James Price, *An Account of some Experiments on Mercury, Silver and Gold, made in Guildford in May, 1782* (Oxford, 1782); P. J. Hartog & E. L. Scott, "Price, James (1757/8-1783)," in *Oxford Dictionary of National Biography* (Oxford: Oxford University Press, 2004) は Denis Duveen, "James Price (1752-1783), Chemist and Alchemist," *Isis* 41 (1950), 281-283; H. Charles Cameron, "The Last of the Alchemists," *Notes and Records of the Royal Society* 9 (1951), 109-114 にある間違いを訂正している。

のに時間がかかると抗弁する。しかし一七八三年の七月、変成の再現のためにロンドン郊外の自宅に協会員たちを招待する。たった三人が訪問したか、誰も姿をあらわさなかったかは諸説あるが、確実なのはプライスが当日に服毒自殺してしまったという点だ。

3　錬金術と啓蒙主義

錬金術を否定しつつ化学を学問として専門化させることは、一八世紀の「啓蒙主義の時代」に一般的な傾向となる。「高貴なる技」は、当時の著作家たちが自らの時代の達成を強調し、それ以前のすべてから区別するために利用する悪役になる。啓蒙主義のレトリックは、闇を駆逐する光、迷信をうちやぶる理性、古い習慣を退ける新しい発想などの明確な対立にあふれ、同様に化学と錬金術という新しい対立を生みだす――近代的かつ合理的で有益な化学が、時代錯誤で無益な錬金術を駆逐する。

一八世紀の著作家たちの多くが錬金術を「理性の時代」に似合わない妖術や降霊術、占星術、予言、魔術、占術などと一緒にごみ箱に放りこみ、これら諸学は「オカルト科学」と総称されるようになる。(9) この混乱の好例は、一七八〇年代にドイツのアデルンク（Johann Christoph Adelung, 1732-1806）が出版した七巻組の集成の題名に見出せる――『人類の愚行史、あるいは著名な黒魔術師や錬金術師、悪魔の仲間、徴・図像の解釈者、狂信者、占い師、その他の哲学的な怪物』(10)だ。たしかに錬金術師の少数派はこれらの領域にも関与したが、大多数はそうではなかった。したがって彼らが歴史をとおしてオカルト科学と関連していたと考えるのは間違いだ。錬金術は魔術や「黒い技」などではなく、大多数の錬金術師たちは自らの実践的な作業が自然の働きに適合していると考えていた。

啓蒙主義の理想を喧伝する人々は、クリソペアの抹消を自分たちの成功の印だと考えた。月刊誌『ドイツのメルクール』の編者ヴィーラント（Christoph Martin Wieland, 1733-1813）は、プライスによる金属変成の報告に大げさに反応する――

私はヨーロッパの人々の眼前で悲嘆にくれ、啓蒙された全知性に呼びかける。喪服を着て、真の叡智と啓蒙の神々に祈るのだ。あなた方の眼前に出現した暗黒の不幸を誕生とともに絞め殺すために。私の言葉を聞け。真の叡智の仇敵である巨大で古いクリソペアの幽霊はとうの昔に絶滅したと考えられたが、最後の審判の恐るべき反キリストの「ダジャル」のように姿をあらわし、哲学と啓蒙を踏みつぶそうとしている。[11]

金属変成は人類にとってそれほどの脅威なのだろうか。ヴィーラントの感情的な反応は、錬金術が一七八〇年代までに「反啓蒙」の象徴となっていた様子を描いている。一八世紀初頭の化学者たちが「高貴なる技」を公的に断罪することで自らの立場を明確にしたように、啓蒙主義に感化された人々は錬金術の復活を自らの信念にたいする脅威とみなした。こうした対立はながく継続し、二〇世紀後半の歴史家や科学者たちがボイルやニュート

（9）オカルト科学と学術界の拒否については Wouter J. Hanegraaff, *Esotericism and the Academy: Rejected Knowledge in Western Culture*（Cambridge: Cambridge University Press, 2012）, 184-191 を参照。

（10）Johann Christoph Adelung, *Geschichte der menschlichen Narrheit; oder, Lebensbeschreibungen berühmter Schwarzkünstler, Goldmacher, Teufelsbanner, Zeichen- und Liniendeuter, Schwärmer, Wahrsager, und anderer philosophischer Unholden*, 7 vols.（Leipzig, 1785-1789）.

（11）Christoph Martin Wieland, "Der Goldmacher zu London," *Teutsche Merkur*（Februar 1783）, 163-191.

ンという科学革命を象徴する人物が錬金術に関与していた事実を拒絶した背景となる。[12] 啓蒙主義のレトリックは、科学的な能力と理性が錬金術と共存するのは不可能だと思わせた。

ヴィーラントは化学者ヴィーグレプ（Johann Christian Wiegleb, 1732-1800）に、プライスの報告で不正が可能な箇所の解説を依頼し、ヴィーグレプは『ドイツのメルクール』で二〇頁におよぶ論考でそれに応える。この人物は、錬金術師たちの主張を反駁する長大な議論をふくむ『錬金術の歴史的・批判的な考察』を出版していた。彼はアデルンクと同様に錬金術を妖術と比較しつつ、歴史学的・科学的な見地から批判している。[13]

啓蒙主義は、異なる文脈で相反する運動を生みだす複雑な現象でもある。ある集団がクリソペアを拒絶しても、別の集団は受容した。ヴィーラントやヴィーグレプが執拗に批判を展開した理由もそこにある。半世紀にわたる攻撃にもかかわらず、「高貴なる技」は死滅せず、一八世紀末には最初の「復活」をみる。ドイツでは一七七〇・八〇年代に錬金術書のブームがおき、クリソペアを復活・実践する集団と新聞がどれも短命だが設立される。

この復活の鍵となる母体そのものが啓蒙主義の産物だった――ドイツで設立されたフリーメイソンや薔薇十字会、短命の啓明結社といった秘密結社だ。フリーメイソンの幾つかのロッジは儀式に錬金術の象徴主義と用語を採用し、七〇・八〇年代に活動する「金と薔薇の十字会」は会員が共有する実験室まで設立する。これらの集団は金属変成についての書物をドイツで出版し、その大多数が一六・一七世紀の古典的な作品の再版だった。興味ぶかいのは、こうした集団の多くがキミアを特徴づける操作と実験を実践する点だ。[14] 一連の秘密結社と錬金術の結びつきは、現段階では不完全にしか研究されていないが、選ばれた人々だけが太古の秘密を獲得できるという錬金術の伝統的な主張は、隠された古代の叡智をもつという彼らの主張と重なりあうのだろう。[15]

ドイツの化学者ルフ（Andreas Ruff, fl. 1788）は、一八世紀末の状況について別の例を提供してくれる。彼はヴィーラントやヴィーグレプの啓蒙主義に満足せず、一七八八年に化学の教科書を出版してニュルンベルクにあるフリーメイソンのロッジに捧げる。その内容と体裁は当時の化学書と大差なく、化学者たちに有益だったろう。しかしその巻末には、クリソペアの実践における基本則および「自称達人」たちの真正性を調べるための質問一覧を提供する。それ以前の時代と同様に、ルフにとってクリソペアは化学の一部だった。彼はクリソペアの弱体化を嘆き、つぎのように主張する——

今日われわれは「啓蒙された」世界に生き、そこでは一六歳になるすべての少年が批判の王者かつ迷信と古

(12) Lawrence M. Principe, "Alchemy Restored," *Isis* 102 (2011), 305–312.

(13) Johann Christian Wiegleb, *Historisch-kritische Untersuchung der Alchimie* (Weimar, 1777). この著作についてはDietlinde Goltz, "Alchemie und Aufklärung: Ein Beitrag zur Naturwissenschafts-geschichts-schreibung der Aufklärung," *Medizinhistorische Journal* 7 (1972), 31–48; Achim Klosa, *Johann Christian Wiegleb (1732–1800): Ein Ergobiographie der Aufklärung* (Stuttgart: Wissenschaftlische Buchgesellshaft, 2009) を参照。

(14) *Das Geheimnis aller Geheimnisse... oder der güldene Begriff der geheimsten Geheimnisse der Rosen- und Gülden-Kreutzer* (Leipzig, 1788) は、クリソペアと秘薬のための処方と助言をまとめている。

(15) Renko Geffarth, *Religion und arkane Hierarchie: der Orden der Gold- und Rosenkreuzer als geheime Kirche im 18. Jahrhundert* (Leiden: Brill, 2007); Christopher McIntosh, *The Rose Cross and the Age of Reason: Eighteenth Century Rosicrucianism in Central Europe and Its Relationship to the Enlightenment* (Leiden: Brill, 1992); Antoine Faivre (ed.), *René Le Forestier: la Franc-Maçonnerie templière et occultiste aux XVIIIe et XIXe siècles* (Paris: Aubier-Montaigne, 1970); Alain Durocher & A. Faivre (eds.), *Die templerische und okkultistische Freimaurerei im 18. und 19. Jahrhundert* (Leimen: Kristkeitz, 1987–1992); Horst Möller, "Die Gold- und Rosenkreuzer, Struktur, Zielsetzung und Wirkung einer anti-aufklärerischen Geheimgesellschaft," in *Geheime Gesellschaften*, ed. Peter Christian Ludz (Heidelberg: Schneider, 1979), 153–202; Hanegraaff (2012), 211–212.

代の迫害者となって、祖先たちに悪態をつく。祖先たちが騙されやすく、理解もできない事柄を議論し、恥ずかしくも理由を知らない多くのことを断言したからだ。こうして墓のなかの祖父は孫に、父は子に名誉を汚される。まったく恥を感じずに、このように行動できる人々が「開かれた精神」をもつとされる。[16]

ルフによれば、容易に理解できない事物を馬鹿にする理性の時代の態度は、人々が錬金術をふくめた驚異的なものを探究するのを妨げるという。こうした偏見は、世界を啓蒙ではなく、「エジプト的な暗黒」に落しこむ危険がある。過度の啓蒙主義への危惧は、一八世紀末に錬金術を支持した人々に共通する特徴だった。その他の人々も理性の崇拝を批判しはじめ、ロマン主義の運動が生まれる。[17] 医学における既存の体制を攻撃するのはパラケルスス派に顕著だったが、こうした反体制の態度は錬金術の相棒となる。二〇世紀には過度の「近代性」に懐疑的な人々が、反体制の見地から「高貴なる技」へとむかうこともあった。

4　一九世紀における錬金術

一八世紀末の「復活」は長続きせず、一九世紀前半に錬金術は浅い眠りにつく。散発的に出版された金属変成についての書物は、ふたつの集団に大別できる。第一の集団は少数派で伝統的な概念や操作を踏襲する。[18] 一九世紀末には、パリの医学生ポワソン（Albert Poisson, 1864-1893）が錬金術に夢中になり、その主張を確信するにいたる。彼は熱心に実験室での操作をおこない、古典的な著作を復刻し、独自の作品も執筆する。何巻にもおよぶ壮大な出版物を計画するが、腸チフスによって二八歳で没したために計画は頓挫する。[19] 同様に、伝統を踏襲する実践家たちによる書物が二〇世紀をとおして散発的に出版されるが、大多数が賢者の石やその他の秘密を獲得したと主張している。[20]

第二の集団は金属変成もあつかうが、当時の科学的な発見を吸収しようとする。一八五〇年代に写真家ティフロー（Cyprien-Théodore Tiffereau, 1819-1898?）はパリの科学アカデミーに一連の論文を提出し、メキシコ滞在中

（16）Andreas Ruff, *Die neuen kürzeste und nützlichste Scheide-Kunst oder Chimie theoretisch und practisch erkläret*（Nürnberg, 1788）, 200.

（17）ゲーテ（Johann Wolfgang von Goethe, 1749-1832）の錬金術への関心は有名だ。『わが生涯より：詩学と真実』（一八一一年）、第一巻第八書と第二巻第一〇書; Rolf Christian Zimmermann, *Das Weltbild des jungen Goethe: Studien zur hermetischen Tradition des deutschen 18. Jahrhunderts*（München: Fink, 1969-1979）を参照。マリー・シェリー（Mary Shelley, 1797-1851）の小説『フランケンシュタイン』（一八一八年）では、有名な錬金術師たちの著作を読むことから物語がはじまる。

（18）L. P. François Cambriel, *Cours de philosophie hermétique ou d'alchimie*（Paris, 1843）; Cyliani, *Hermès dévoilé*（Paris, 1832）. 後者は非常に文学的で錬金術書から自由に考えを拝借しており、実体験と実践の記述よりも文学作品と考えられた。Louis Luca, *La chimie nouvelle*（Paris, 1854）, 402-404 は錬金術的だとされるが、当時の科学に立脚する自然哲学を模索した。諸元素は水素の結合からなると考え、金属変成にも言及しているが、この考えは当時の化学者たちが議論していたものだった。

（19）Albert Poisson, *Théories et symboles des alchimistes*（Paris, 1891）. 没年には諸説ある。Richard Caron, "Notes sur l'histoire de l'alchimie en France à la fin du XIXe et au début du XXe siècle," in *Ésotérisme, gnoses et imaginaire symbolique*, ed. Richard Caron et al.（Leuven: Peeters, 2001）, 17-26: 20. Georges Richet, "La science alchimique au XXe siècle," in *La voile d'Isis*（Décembre, 1922）は、彼が一八九四年に二九歳で没したとする。この時代の錬金術については Hanegraaff et al.（2005）, I: 50-58 も参照。

（20）Archibald Cockren, *Alchemy Rediscovered and Restored*（London: Rider, 1940）はクリソペアよりもケミアトリアに傾注しているが、初期近代の考えを踏襲する。Lapidus, *In Pursuit of Gold: Alchemy in Theory and Practice*（New York: Weiser, 1976）も参照。

に銀を金に変成したと主張する。彼は金属が水素や窒素、酸素の化合物であり、これらの比率を変えることで変成が可能だとする。[21]ティフローの発想の基礎にあるのは伝統的な水銀・硫黄の理論だが、当時の化学論争も反映している。一九世紀半ばに発見された事実から、化学者たちは金属が化合物である可能性の再考を迫られていた。有力な人々が化合物説を支持し、金属変成という錬金術の夢が近い将来に実現されると公言する。[22]一八世紀に一度は離別したが、錬金術と化学はこうして知的な接点を復元させる。ある新聞記者は一八五四年に、「あれほど錬金術を軽蔑したあと、化学は錬金術とふたたび結びつく方向にある」と驚くべき事態を表現した。[23]

こうした状況で、科学アカデミーは以前より金属変成にたいして開かれた態度をとる。操作を再現するためにティフローを招待するだけでなく、特別な調査委員会を組織するのだ。不幸なことに、彼は実験に失敗し、写真家としての静かな私生活に帰る。しかし八九年に暗闇から返咲き、メキシコで変成した金を展示しながら、自身の発見について公開講義をはじめる。大衆紙は「一九世紀の錬金術師」について興奮気味に書きちらした。彼は九一年に当時の生物学と顕微鏡学に依拠して、メキシコでの金属変成が微生物の働きによるのではないかと疑問を提起する。そして現地の空気中に存在する微生物がパリには存在しないことが、失敗の原因だと主張する。これらの微生物は貴金属の鉱脈の近くに存在するのだという。[24]

一八九〇年代のアメリカでは、化学企業家で鉱山技師のエメンス（Stephen Emmens, 1844/45-1900?）が銀を金に変成する手法を財務省に提案する。彼の手法について、独立した調査がアメリカと英国でおこなわれるが、結果は芳しいものではなかった。[25]

これらの例は氷山の一角にすぎない。歴史的な記録は多くの実践家たちに言及し、それよりずっと多くの人々が活動の痕跡を残さなかった。一八五四年に錬金術の歴史を書いたフランスのフィギエ（Louis Figuier, 1819-1894）は、希望にみちた一九世紀半ばの実践家たちの姿を描いている。彼はパリを中心とするフランスで活動する多数の人々の考えに言及し、各地の実験室を訪問している(26)。

ティフローとフィギエの出版物は、錬金術の「第二の復活」の夜明けにあらわれた。この復活は一八世紀末のものとは比較できないほど広範な影響力をもち、一九世紀後半から二〇世紀にいたるまで継続する。それは錬金術全体を極端に再解釈する試みであり、思考の方向性を大きく変化させることから、復活という名称は正しくないかも知れない。

5　自己変容の錬金術――アトウッド、ヒッチコック、ヴィクトリア朝のオカルト主義

錬金術の新時代は一八五〇年の『ヘルメス的な神秘への示唆的な考察』*A Suggestive Inquiry into the Hermetic*

(21) Cyprien-Théodore Tiffereau, *Les métaux sont des corps composés*（Vaugirard, 1855）は第二版が *L'or et la transmutation des métaux*（Paris, 1889）として出版され、科学アカデミーに提出した六論考を収録する。再版は補遺と同年の公開講演の原稿も所収。彼は一八五二年に最初の論考を『金属は単体ではない』という八頁のパンフレットとして出版している。

(22) Alexandre Baudrimont, *Traité de chimie générale et expérimentale*（Paris, 1844）, I: 68-69, 275.

(23) Victor Meunier, *La presse*（24 juin 1854）, repr. in Tiffereau（1855）, xix.

(24) Cyprien-Théodore Tiffereau, *L'art de faire l'or*（Paris, 1892）, 61, 89-120. 彼は Edouard Trouessart, *Les microbes, les ferments et les moisissures*（Paris, 1886）と生化学者パストゥール（Louis Pasteur, 1822-1895）の発見に感化されたと書いている。

(25) George B. Kaufman, "The Mystery of Stephen H. Emmens: Successful Alchemist or Ingenious Swindler?" *Ambix* 30（1983）, 65-88.

(26) Louis Figuier, *L'alchimie et les alchimistes*, 2. ed.（Paris, 1856）, 343-375.

Mystery の出版で幕をあける。著者アトウッド（Mary Anne Atwood, 1817-1910）は、英仏海峡をのぞむゴスポートに父親のトーマス・サウス（Thomas South, fl. 1846-1850）と住んでいた。彼女は父親と一緒に隠秘的な著作群の研究をし、錬金術の真の意味を発見したと主張するが、自著の出版後すぐに全部数を買いとって自宅の庭で焼却してしまう。同時に、父親の韻文作『錬金術の謎』*The Enigma of Alchemy* の手稿も燃やされる[27]。彼女自身のための数部と、すでに誰かに購入され、あるいは出版業者によって各地の図書館に送られた数部だけが生きのこった。アトウッドの追従者たちによれば、この焼却の原因は、「高貴なる技を理解」したことに由来する「道徳的な狼狽」と「聖なる秘密の裏切り者」とみなされる恐怖だったという。焼却をまぬがれた数部は熱心に読まれ、著作は何度も重版されたので、父と娘は損失を被らなかったかも知れない[28]。

アトウッドの『示唆的な考察』は、古代エジプトから一七世紀までの概略史とともに幕をあける。それによると、一七世紀に錬金術にたいする「落胆から生じた不信」によって実践家たちを踏みにじる「完全なる憎悪」が生まれる。「世界は錬金術の真の教義に完全に無知」であり、実験操作と思われる記述は、まったく異なるものを意味しているという。だから書物に記された文字列を追っても、「能力のない外界から普遍的な賢者の石を秘匿する叡智の皮」を舐めるにすぎないとされる[29]。

アトウッドの著作は、ヴィクトリア朝に特有な重苦しい文体で執筆されている。錬金術書や古典からの文脈を無視した支離滅裂な引用であふれ、不明瞭な考えや恍惚による感嘆、奇妙に歪曲された科学概念にみちている。そして彼女は、錬金術のふたつの秘密を披露するという——錬金作業の真の原料と賢者の石の調整法だ。この原料は世界に遍在する重さのない「エーテル」ether であり、賢者の石をつくりだす容器は錬金術師自身だという。術師はトランス状態になって、エーテルを「磁石のように」とりこみ、賢者の石へと凝縮する。賢者の石は「自然の純粋なエーテル」あるいは「濃縮された光」である「非物体的な物質」で、術師の体内で自身を導く普遍的な変化をあたえる。(30) アトウッドはつづける——

人間はヘルメスの技における真の実験室だ。人間の生命こそが主題であり、偉大なる蒸留器、蒸留されるものと蒸留されたものだ。つまり自己の知識は、錬金術のすべての伝統の根幹にある。(31)

要するにアトウッドは、術師が自己を変容させる心霊的な実践こそが錬金術だという考えを提唱したのだ。「高貴なる技」は自己の純化であり、「自己存在のより高次元」への高揚を可能にする。こうして心霊を強化した術師は自らのうちに賢者の石を生みだすために、エーテルだけでなく、その他の事物を支配し、物理的ではなく心霊的な操作で鉛を金に変成する。アトウッドは、自然物や霊的なものすべてが同様に各自の内部で高貴化されると述べる。さらに彼女は、「いかなる技術も化学も、その主張にかかわらず、錬金術にまさるものはない」と大胆にも断言する。(32) こうして錬金術の称揚と「純粋に即物的な」化学の拒絶は、一世紀以上前に喧伝された錬金

---

(27) 詩の断片は一九一八年にロンドンの古書店で発見され、オカルト主義者ウィルムスハート（Walter Leslie Wilmshurt, 1867–1939）が雑誌 *The Quest* 10（1919）, 213–225 に掲載し、*The Enigma of Alchemy: A Fragment from a Lost Hermetic Epic*（Edmonds, WA: Alchemical Press, 1984/2003）として再版される。

(28) Mary Anne Atwood, *A Suggestive Inquiry into the Hermetic Mystery*（London: Saunders, 1850; repr. Belfast: Tait, 1918）. 再版にはウィルムスハートによる序文と焼却の説明がある（6–9）。

(29) Atwood（1850/1918）, 26.

(30) Atwood（1850/1918）, 78–85, 96–98, 162, 454–455.

(31) Atwood（1850/1918）, 162.

(32) Atwood（1850/1918）, 143.

術と化学の分離を強化する。

アトウッドの発想の源泉は伝統的な錬金術ではなく、彼女の生きた時代と場所にあった。一八四〇年代に英国で流行したメスメル主義だ。それより半世紀前にパリで活動したスイスの医師メスメル（Franz Anton Mesmer, 1734-1815）は、宇宙に充満する非物体的な流体が人間を他の人間や世界と結びつけると主張した。この流体が人間の体内で不適切に循環をすると病気を生むが、ある人々は自身の身体や磁石をもちいて循環を制御する能力をもち、治癒者になれるという。「動物磁気」magnétisme animal と呼ばれるメスメルの理論は、当時の電磁気学から発想を拝借しており、「非物体的な流体」の考えを中心にして体系化される。

動物磁気はフランスでひろく探究されるが、不明瞭な結果しかもたらさない。しかし一七八四年にピュイセグュールの侯爵シャストゥネ（Armand Marie Jacques Chastenet, 1751-1825）が、ある若者で実験をする。トランス状態におちいった若者は、別人格を示して人々の心理を読めたという。侯爵はこの現象を「磁気夢遊」somnambulisme magnétique と呼び、七〇年間も科学界や医学界、そして民間で論争を生むことになる。一八三七年には「磁気治療師」がフランスから渡英して公開実演をはじめ、四〇年代をとおして動物磁気は英国で大きな関心を集めて論争となり、支持や批判の疾風を巻きおこす(33)。

アトウッドの『示唆的な考察』は、この歴史的な文脈においてはじめて正しく理解されるだろう。エーテルについての彼女の考えは、動物磁気をめぐる「非物体的な流体」を下敷きにしている。また術師の自己変容に必要とされるトランス状態は「磁気夢遊」と類似するが、彼女は典拠としては「エレウシスの秘儀」を信奉した古代ギリシア人たちに言及している(34)。じつは一八四六年に、アトウッドの父親も娘の協力のもとに『詩人と予言者に見出せる初期の磁気論と人類との高遠な関係』という小著を出版し、すでに古代ギリシアのホメロス賛歌が動物磁気の実践を暗示していたと主張する。この小著は父と娘の動物磁気にたいする関心を証明するだけではなく、動物磁気を過去のテクストにさかのぼって読みこむ先行例ともなっている。父と娘が錬金術書を読みはじめるのは、この作品の出版後だった。彼らは錬金術書にメスメルの諸原理を見出し、動物磁気を利用すれば驚くべき隠された知識と実践へと到達できると確信する。アトウッドによれば――

今日では無意識に実践される動物磁気がすべての第一歩であり、それだけが神的な叡智の栄光ある神殿の入口となる。古代人たちはそれを手探りで見出したが、この入口から光と真実の水晶質の神殿が構築される。(35)

アトウッドによる錬金術の解釈は、ホメロス賛歌が動物磁気を暗示していたという発想と同じくらいの歴史学的な正当性しかもたない。彼女の作品は一九世紀半ばの英国に流布した考えを分析するさいの魅力的な視点を提供し、再解釈された錬金術がとった方向性を示してくれるが、それ以前の伝統についての理解としては正しくない。どちらにしても、錬金術が特別な心理状態と非物体的な物質にもとづく自己変容の過程だという主張は、一九世紀後半に英国とヨーロッパ各国で興隆したオカルト主義の運動のもと、ヴィクトリア朝で「高貴なる技」への関心を復活させる。(36)アトウッドの追従者たちは、彼女の理論を修正して動物磁気から距離をおくが、今日の錬

(33) メスメル主義については Hanegraaff et al. (2005), I: 76–82; Alison Winter, *Mesmerized: Powers of Mind in Victorian Britain* (Chicago: University of Chicago Press, 1998) を参照。
(34) Atwood (1850/1918), 543. 過去の文献に動物磁気を読みこむ試みは「動物磁気歴史学」と呼ばれる。Hanegraaff (2012), 266–277 を参照。
(35) Atwood (1850/1918), 527–528.
(36) ヴィクトリア朝のオカルト主義の分析は Lawrence M. Principe & William R. Newman, "Some Problems in the Historio-

金術にたいする通俗的な見解の基礎をあたえる。秘密の心霊的な自己変容としての錬金術を公開の化学操作から分離するという発想は、二〇世紀の科学史家たちにも継承される。

秘密の心霊的な錬金術と公開されている物質的な化学という二分法は、アトウッドのすぐあとにアメリカ合衆国の将軍ヒッチコック（Ethan Allen Hitchcock, 1798-1870）によっても独自に提唱される。一八五五年に出版された小著『錬金術師たちについての所見』は、「賢者の石が異端宣告の危険をおかさずには公言できないものを意味する象徴」だということを示そうとする。小著の評判は良くなかったが、さらに彼は詳細な『錬金術と錬金術師たちについての所見』を出版する[37]。アトウッドの途方もない解釈とは異なり、ヒッチコックはキリスト教的な道徳観に依拠して、錬金術が徳ある人間生活を寓意的に記述していると主張する。しかしアトウッドと同様に、錬金術師たちの探究は化学的な事柄ではないとする——

> 人間そのものが錬金術の主題であり、この技の対象は人間性の完成、あるいは向上だ。人間の救済はその悪性から善性への変化、あるいは自然の状態から恩寵の状態への変遷であり、金属変成というイメージで象徴されている[38]。

ヒッチコックにとって、錬金術は完全に宗教的なものだった。「賢者の水銀」は罪悪から解放された清純な意識をあらわし、それを獲得すれば賢者の石へと導かれるので、賢者の石は完成された良心と神聖な生活を表現しているという。ヒッチコックは、人間性の向上が信仰と道徳観にもとづいた行為によって達成されると信じていた。彼によれば、錬金術の真の意味は「悪名高い中世の不寛容さ」のせいで秘密にされているという——「自らの見解を公言することは、錬金術師たちを当時の迷信との対立へと導き、彼らを危険にさらした」からだ。しか

し彼は、道徳と敬虔さへの高揚が異端的だとみなされる理由を説明しない。(39)

まるで聖書を説明する説教師や文学の修辞表現を解説する学者のように、ヒッチコックは物質や理論、操作を寓意的に解釈する。たしかに一七世紀の説教師たちは信仰や道徳について話すさいに、ときに比喩としてキミアの用語や操作、理論に依拠した。第七章で詳述するように、精製や蒸留といった主題は信仰や道徳の象徴として利用され、キミストたちもそうした結びつきを指摘している。錬金術が宗教や道徳についての寓意だというヒッチコックの解釈は正しくないが、一九世紀に頻繁に引用され現代まで生きのびる。

ヴィクトリア朝におけるオカルト主義は、ここで議論するにはあまりに複雑すぎる。しかしアトウッドとヒッチコックによる錬金術の新解釈は、流行していた魔術や降霊術、交霊会、その他の実践とともに重要な役割をはたす。(40)一八九三年に『錬金術の科学』を出版したウェストコット（William Wynn Westcott, 1848–1925）は、これらの要素を統合している。彼は「英国の薔薇十字会における最高位のマグスで、『四戴冠者』*Quatuor coronati* のロッジの主宰者」だという。(41)そして魔術や新プラトン主義、仏教、ヨーガをふくむ広範な源泉から抽出した考

---

graphy of Alchemy," in *Secrets of Nature: Astrology and Alchemy in Early Modern Europe*, ed. William Newman & Anthony Grafton（Cambridge, MA: MIT Press, 2001）, 385–434 を参照。

（37）Ethan Allen Hitchcock, *Remarks upon Alchymists*（Carlisle, 1855）; idem, *Remarks upon Alchemy and the Alchemists*（Boston, 1857）, 19. 書評が *Westminster Review* 66（October 1856）, 153–162 に出される。Cf. I. B. Cohen, "Ethan Allen Hitchcock: Soldier-Humanitarian-Scholar, Discoverer of the 'True Subject of the Hermetic Art,'" *Proceedings of the American Antiquarian Society* 61（1951）, 29–136.

（38）Hitchcock（1855）, iv–v.

（39）Hitchcock（1855）, viii, 30.

（40）ヴィクトリア朝のオカルト主義と錬金術については Principe & Newman（2001）, 388–401 を参照。

えと一緒に、自身によるカバラの「ヘルメス主義的」な解釈と錬金術を結びつける。仏教とヨーガの要素は、ブラヴァツキー夫人（Helena Petrovna Blavatsky, 1831-1891）が一八七五年に設立した神智学協会で称揚される「東方神秘学」にもとづいているのだろう。ウェストコットはその会員だった。さらに彼は八八年に、それ以降一五年間ほど繁栄する秘密結社「黄金の曙のヘルメス団」の設立にも協力する。この団体はアイルランドの詩人で劇作家のイェイツ（William Butler Yeats, 1865-1939）に影響をあたえたことで知られるが、ヴィクトリア朝文化との関係は近年になって本格的に認識されだしたにすぎない(42)。そして同様の秘密結社が、フランスやヨーロッパ各国で設立され、錬金術をとりこむ(43)。

一九世紀末までに、錬金術がオカルト諸学と秘密結社の歴史に飲みこまれるのは自然な流れだった。薔薇十字会についての通俗書は、錬金術師たちを年齢不詳で不老不死の神秘的な放浪者として描き、人間離れした広遠な知識をもつとする。同様なことは、フリーメイソンの文脈でもおこなわれる(44)。一九世紀におけるオカルト主義との結合は、それ以降の錬金術にたいするイメージに強烈な影響をあたえる。

もっとも多くの錬金術書を生んだヴィクトリア朝の著作家は、アメリカ出身のウェイト（Arthur Edward Waite, 1857-1942）だった(45)。フリーメイソンや薔薇十字会から悪魔信仰やタロットまでオカルト主義的な主題について、彼は二〇冊以上の著作を執筆する。ウェイトは、錬金術師たちが化学的な操作をしている事実を無視したアトウッドやヒッチコックを批判し、物質的な賢者の石は見出されていたと主張する(46)。そして自身の見解を「中道」だとする。それによると、錬金術師たちによる物質の操作は、人間と金属の双方に適用される「普遍的な理論」の物的な側面なのだ。この解釈も一九世紀後半の流れを特徴づける秘密性と公開性の分離を踏襲している。ウェイトは錬金術を「物的な神秘主義」あるいは「心霊化学」と呼び、「完全な再構築の遠大で高尚な構想、つまり天上からの流出によって三位一体的である人間の狭い意味での神格化」だと定義する。錬金術は「身体と精神の未発達な可能性」を目覚めさせ、「完璧な若さ」をもつ人間へと変容させる。[47] 彼にとって、それは人類全体が高位の存在へと「心霊的に発達する」手段となっている。

ヴィクトリア朝での出版物の洪水のあと、ウェイトは三〇年近く錬金術についてなにも出版しない。そして一九二六年に最後の著作『錬金術における隠された伝統』を出版する。そのなかで彼は驚くべき方向転換をみせ、「ビザンツ世界とルターの時代のあいだの記録には、錬金術が経験的な物質の学問であることを否定する証拠はない」と結論する。[48] 彼は自身の心変わりを理解する鍵をあたえないし、その事実さえ明言しない。だからこの劇

（41） William Wynn Westcott, *The Science of Alchymy*（London: Theosophical Publishing Society, 1893）は S. A. [Sapere Aude] の匿名で出版。彼は北西ロンドンの検死官で、*The Extra Pharmacopaeia of Unofficial Drugs*（London, 1883）を共編する。*The Chemist and Druggist*（2 September 1922）, 339 に言及される。

（42） Ellic Howe, *The Magicians of the Golden Dawn*（New York: Weiser, 1978）; idem, *The Alchemist of the Golden Dawn: The Letters of the Reverend W. A. Ayton to F. L. Gardner and Others, 1886–1905*（Wellingborough: Aquarian, 1985）; R. A. Gilbert, *The Golden Dawn: Twilight of the Magicians*（San Bernardino, CA: Borgo, 1988）. 雑誌 *Cauda Pavonis* の一九八九年と九〇年の特集号も参照。

（43） Christopher McIntosh, *Eliphas Lévi and the French Occult Revival*（London: Rider, 1975）; M. E. Warlick, *Max Ernst and Alchemy: A Magician in Search of a Myth*（Austin: University of Texas Press, 2001）, 21–33.

（44） Hargrave Jennings, *The Rosicrucians*（London, 1870）, 20–39; Albert Pike, *Morals and Dogma of the Ancient and Accepted Scottish Rite*（London, 1871）.

（45） R. A. Gilbert, *A. E. Waite: Magician of Many Parts*（Wellingborough: Crucible, 1987）.

（46） Arthur Edward Waite, *Lives of the Alchemystical Philosophers*（London, 1888）, 9–37, 273. これは *Alchemists Through the Ages*（New York: Rudolf Steiner Publications, 1970）として再版される。

（47） Waite（1888）, 30–37, 273–275; idem, *Azoth, or the Star in the East*（London, 1893）, 54, 58, 60.

（48） Arthur Edward Waite, *The Secret Tradition of Alchemy*（New York: Knopf, 1926）, 366.

かで突出した影響力をもった。

的な変化は錬金術史における謎のひとつだ[49]。しかし彼の前期の著作群は、一九世紀のオカルト主義の出版物のなかで突出した影響力をもった。

術師自身が操作の対象である、自己変容あるいは心霊的な過程としての錬金術という解釈は一九世紀に生まれ、世界中のオカルト主義者たちによって広範に流布される[50]。したがって、ヴィクトリア朝の心霊主義による解釈が今日の通俗的な見解に大きく影響している。それは歴史の一要素として重要だが、近代以前の「高貴なる技」の理解には有効ではなく、この目的のためには退けるしかないだろう。

心霊主義による解釈は、さらに新しい形態を生みだす。顕著なのは、実験室での実践的なクリソペアの伝統と交わるものだ。フランスのジョリヴェ＝カストゥロ（François Jollivet-Castelot, 1874–1937）は良い例となる。彼は先輩のポワソンが再生させた実践的なクリソペアの探究を継承し、オカルト主義に由来する諸テーマと結合させる。その一部は同僚のエンコース（Gérard Encausse, 1865–1916）から学んだのだろう。この人物は幾つかのオカルト主義協会をフランスで設立し、「パピュス」という名前で知られる。一八九六年にジョリヴェ＝カストゥロはティフローらと「フランス錬金術協会」を設立し、彼が編集主幹となって一八九七年から一九一四年、そして一九二〇年から三七年まで月刊誌を出版する[51]。

一八九七年に出版されたジョリヴェ＝カストゥロの第一作『錬金術師になる方法』は、パピュスによる序文を収録し、実践的な金属変成の議論をタロットなどのオカルト主義的な主題と結びつける。この書物はふたつの考えを基礎としている。第一に、すべての物質はひとつの根源的な素材に由来するという一元論の再解釈だ。だから彼の著作の多くには表紙にウロボロスが描かれている。第二に、すべての物質は生きており、動植物と同様に成長するという物活論だ。彼は、実験室での操作を数多くおこない、水銀や諸金属、ヒ素、アンチモン、発見されたばかりのラジウムさえも使用している。そして自身を「新化学」の先駆者だと考えていた。化学はラヴォワジエ（Antoine Lavoisier, 1743-1794）がもたらした「化学元素」という幻想によって道を誤ったが、それを正しく大転換させる「革命」の旗手という意味だ。ジョリヴェ＝カストゥロが唱える「超化学」hyperchimieとは、錬金術やオカルト主義が内包している太古の知識と現代化学の結合から生まれるものだった。彼の後期の著作群は既存の科学機関を批判し、「オカルト諸学の総合」を目指している。[52]

ジョリヴェ＝カストゥロによる実験室での実践とオカルト主義の結合は二〇世紀の重要な著作家たちに継承され、フランス錬金術協会にはイタリアやドイツ、英国の同様な組織が合流する。一九一二年から一五年までロンドンで活動した錬金術協会は公式にフランスの協会と提携し、会員として幅ひろい層の化学者や歴史家、オカルト主義者たちが参加する。この組織の機関誌は短期間しか刊行されなかったが、興味ぶかい記事を多数収録している。[53]

（49）「錬金術協会」で発表された論考についての彼の見解は、『錬金術協会誌』に記録されているが、以前の出版物に比べると批判的で歴史学的により洗練されている。

（50）こうした著作家たちについてはHalleux（1979）, 56-58を参照。

（51）『超化学』*L'Hyperchimie*,『科学と思想の新水平』*Les nouveaux horizons de la science et de la pensée*,『錬金術の薔薇』*Rosa alchemica*, 二〇年からは『薔薇＋十字』*La Rose+Crois*と名称を変える。

（52）François Jollivet-Castelot, *Comment on devient alchimiste*（Paris, 1897）; idem, *La synthèse de l'or*（Paris, 1909）; idem, *La révolution chimique et la transmutation des métaux*（Paris, 1925）. 最後のものは論考「錬金術の哲学」で見解を要約し、協会についても記述（175-178）する。Cf. Caron（2001）, 23-26.

（53）著名な錬金術史家ファーガソン（John Ferguson, 1837-1916）を会長に、アトウッドの協力者シュタイガー（Isabelle de Steiger, 1836-1927）やウェイトを名誉副会長に擁していた。『錬金術協会誌』は、一九一三年一月から一五年九月まで二一分冊が出版される。

一九〇〇年の直後には錬金術と化学にもうひとつの形態の結びつきが出現するが、ここでも新しい科学的な発見が伝統的な主張への共感を刺激する。それは一八九六年からつづく放射線や放射能、元素崩壊についての一連の発見に依拠している。放射性元素の自然崩壊と放射線の照射による元素の崩壊が事実と認定されると、オカルト主義者やクリソペアの実践家たちは錬金術の正統性を証明するとして、これらの発見に飛びついた。錬金術師たちが数世紀前に放射能を発見していたという主張まであらわれ、より厳格な化学者たちもひとつの元素を他の元素に変換させるラジウムを「現代の賢者の石」として歓迎する。(54)

6　幻覚と投影——心理生物学的な見解

心霊主義とオカルト主義による解釈は、もうひとつの影響力ある解釈を育成する。スイスのユング(Carl Gustav Jung, 1875-1961)による心理学の展開だ。彼は「高貴なる技」が化学的な操作ではなく、擬化学的な言語で表現された心理現象をあつかうと主張する。(55)そして錬金術師たちの意識と無意識をあわせた「心(プシケー)」の内容が、容器のなかの物質に「投影」されるとする——「実践的な作業で幻覚あるいは幻視のような知覚が生まれるが、それは無意識的な内容の投影にほかならない」。換言すれば、実験作業で錬金術師たちは意識の別次元へと陥り、彼らの無意識は夢で経験する心象と同じような精神の状態や活動を暗示させる幻覚を生みだす。こうしてユングは錬金術が無意識を記述し、錬金術師たちの「経験は物質とは関係ない」と断言する。(56)つまり、錬金術の「真の根源」は哲学的な考えや見解ではなく、むしろ「個々の探究者の心理投影の経験」にある。(57)

ユングは実験操作の役割を完全には否定しないが、錬金術の真の対象はプシケーの変容だとする。プシケーはその内容物をいかなる物質にも投影できるので、実験室で操作される物質は重要ではなく、賢者の石を調整する操作はいかなる化学的な意味ももたない。結果として、寓意的な言語は無意識そのものの投影であり、秘密を保持する手段ではないとされる。賢者の石の原料に帰された名称の多様性は、「投影が各個人に固有なものであり、それぞれ異なる」ことに由来する。[58] 反対にユングは、錬金術書に見出される象徴や図像の統一性を「共有の」無意識の表出だと解釈する。つまり、人類の心理に普遍的に存在する遺伝的な遺産であり、ある意味で遺伝的な本能の心理的な表出なのだ。だから彼は、ひとつの理論的な枠組みで手順の類似性と個々の多様性を説明できるとする。

ユングの考えは、一九世紀末のオカルト主義者たちの発想と類似している。両者とも錬金術が基本的に物質の変成ではなく、術師の自己変容をあつかう心理的な行為だとする。この類似性は驚くべきものではない。ユングは、もともとヴィクトリア朝のオカルト主義を研究していた。彼の博士論文「オカルト現象の心理学と病理学に

(54) 二〇世紀初頭の化学とヴィクトリア朝のオカルト主義についてはMark S. Morrison, *Modern Alchemy: Occultism and the Emergence of Atomic Theory* (Oxford: Oxford University Press, 2007) を参照。放射線と錬金術についての当時の証言はJollivet-Castelot (1925), 179-198 を参照。ラジウムと賢者の石の比較についてはFritz Paneth, "Ancient and Modern Alchemy," *Science* 64 (1926), 409-417: 415 を参照。

(55) Carl Gustav Jung, "Die Erlösungsvorstellungen in der Alchemie," *Eranos-Jahrbuch* 4 (1936), 13-111: 17 = "The Idea of Redemption in Alchemy," in *The Integration of the Personality*, ed. Stanley Dell (New York: Farrar & Rinehart, 1939), 205-280: 210. 後者の主張は、おそらくユングの指示で強調されている。ユングの見解の分析についてはPrincipe & Newman (2001), 401-408 を参照。

(56) Jung (1936), 19, 20, 23-24 = Jung (1939), 212, 213, 215.

(57) Jung (1936), 20 = Jung (1939), 212-213.

(58) Jung (1936), 60 = Jung (1939), 239.

ついて」は、彼の従姉妹プライスヴェルク（Helene Preiswerk, 19/20c AD）が主催し、彼自身も参加していた交霊会の経験にもとづいている。また彼の「チューリッヒ心理学クラブ」は、一九一〇年代にウェイトの著作群を回覧している。さらに彼は、フロイト派の心理学者ジルベラー（Herbert Silberer, 1882–1923）による錬金術の象徴についての研究からも影響をうけている。[59]

アトウッドの『示唆的な考察』が追従者たちを感化し、彼女の考えを発展させたように、ユングの発想も同様な現象を生む。もっとも著名なのは、比較宗教学者エリアーデ（Mircea Eliade, 1907–1986）の場合だろう。ユングと同様に、彼はさまざまなオカルト主義の運動から影響をうけていた。アトウッドやユングと同様に、錬金術を本質的に自己変容をあつかう行為とし、錬金術師たちが「常人には到達できない意識の状態」へと導かれる体験をしたと考える。彼らは化学的な物質や金属をあつかうが、真の目的は自身の霊魂にまつわるものなのだ。「錬金術師は金属の完成、つまり金への変成を探究しながら、じつは自己の完成を追求する」と彼は記している。[60]そして錬金術が世界とそのなかの全存在を生物とみなす宇宙的な視座によって定義されるとも考える。これはジョリヴェ＝カストゥロの一派と同種の生気論・物活論だろう。その一方で、錬金術と化学を極端に区別している。[61]

こうした多様な近現代の流れは、アメリカのリガルディー（Israel Regardie, 1907–1985）の影響力ある著作のなかで統合される。若いころ彼は「黄金の曙のヘルメス団」に関与した人物たちと交流していた。のちに心理療養を学び、それを職業とする。一九三八年に出版された『賢者の石』は、アジアの神秘主義やカバラ、催眠術、動物磁気といった多様な要素をとりこむ心霊主義とオカルト主義の発想を、ユング流の解釈と結びつけている。[62]そして「なんでもあり」とも揶揄される混淆主義のもとに、つぎのように主張する――錬金術のテクストはその歴史からして化学的かつ心霊主義的・心理学的だが、その主目的は「意識の諸要素」を統合して「開花した完全で自由な人間」となる点にある。[63]七〇年代にリガルディーは、錬金作業を実践することで自身の体系に物質論的な次元を追加しようと試みるが、発生した煙を十分に換気しなかったために肺を恒久的に痛めてしまう。[64]

ユングやエリアーデ、リガルディーの体系、そして彼らの追従者たちの著作は、今日でも支持され出版されつづけている。その影響は大量の通俗書だけではなく、科学史家やその他の研究者たちの著作にさえも見出せる。しかし歴史的な記録は錬金術についての彼らの主張を支持しないし、二〇世紀に大きな影響力をもったとしても、多くの科学史家たちによって現在その有効性は退けられている。さまざまな専門的な視点から錬金術にアプローチしている研究者たちの多くは、同様な結論に到達している。[65]

（59） Luther H. Martin, "A History of the Psychological Interpretation of Alchemy," *Ambix* 22（1975）, 10-20; Francis Xavier Charet, *Spiritualism and the Foundations of C. G. Jung's Psychology*（Albany: Suny, 1993）; Herbert Silberer, *Hidden Symbolism of Alchemy and the Occult Art*（New York: Dover, 1971）; Richard Noll, *The Jung Cult*（Princeton: Princeton University Press, 1994）, 144, 171; idem, *The Aryan Christ*（New York: Random House, 1997）, 25-30, 37-41, 229-230.

（60） Eliade Eliade, *Metallurgy, Magic and Alchemy*（Paris: Geuthner, 1939）, 40. 本作は *Forgerons et alchimistes*（Paris: Flammarion, 1956）＝M・エリアーデ『鍛冶師と錬金術師』大室幹夫訳（せりか書房、一九八六年）へ発展する。オカルト主義との関係は Mac Linscott Ricketts, *Mircea Eliade: The Romanian Roots, 1907-1945*（Boulder: East European Monographs, 1988）, 141-153, 313-325, 804-808, 835-842 を参照。ユングへの言及は、エリアーデ（一九八六年）、六〇、一七三、一八一、一九〇、xvi-xxx 頁を参照。

（61） Principe & Newman（2001）, 408-415; Obrist（1982）, 12-33.

（62） Israel Regardie, *The Philosopher's Stone: A Modern Comparative Approach to Alchemy from the Psychological and Magical Points of View*（London: Rider, 1938）.

（63） Regardie（1938）, 18-19.

（64） Morrison（2007）, 188-191.

7　一六・一七世紀への帰還

本章で分析した再定義と再解釈は特定の歴史的な文脈から生まれており、それぞれの文脈の産物として研究されなければならない。それらが主張する「歴史像」は間違っているが、錬金術の歴史の重要な一部であり、つづく世代の芸術家や著作家、その他の人々に多大な影響をあたえている。[66] これらの再定義と再解釈は史料の読解と分析に大きく作用してきたが、現在進行している錬金術の「第三の復活」はわれわれの理解を根底からひっくり返し、これまでの常識はもはや通用しない。

一八世紀末におきた錬金術の「第一の復活」は、黄金時代と同じ路線でクリソペアとケミアトリアの実践と探究を復活させようとし、世紀の前半に錬金術が経験した化学からの分離に対抗しようとした。一九世紀半ばからの「第二の復活」は、極端な新解釈を提出して能動的で自己変容的、宇宙的な構想を錬金術師たちに帰したが、これは「高貴なる技」の悪評にたいする応答ともみなせる。

二〇世紀末からはじまる「第三の復活」は、上記のふたつとは非常に異なる現象で、科学史家やその他の学者たちのあいだで現在進行している。[67] その目標は、ギリシア・エジプト世界から現代までの諸段階で、錬金術師たちの実際の行為や思考、その理由をより注意ぶかく批判的かつ歴史学的な手法で理解することにある。この現在進行形の第三の復活とともに、一六・一七世紀に帰還することにしよう。錬金術師たちの思考や行動、当時の社会と文化にあたえた影響を新鮮で先入観のない眼差しで理解するために。

(65) たとえば Obrist (1982), 11-21, 33-36; Principe & Newman (2001), 401-408; Dan Merkur, "Methodology and the Study of Western Spiritual Alchemy," *Theosophical History* 8 (2000), 53-70; Halleux (1979), 55-58; Harold Jantz, "Goethe, Faust, Alchemy, and Jung," *German Quarterly* 35 (1962), 129-141 を参照。

(66) ジョリヴェ＝カストゥロは、スウェーデンの劇作家ストリンドベリ (August Strindberg, 1849-1912) を魅了する。彼らの往復書簡 August Strindberg, *Bréviaire alchimique*, ed. François Jollivet-Castelot (Paris: Durville, 1912) を参照。Alain Mercier, "August Strindberg et les alchimistes français: Hemel, Vial, Tiffereau, Jollivet-Castelot," *Revue de littérature comparée* 43 (1969), 23-46 も参照。オカルト主義の錬金術は、ドイツの画家エルンスト (Max Ernst, 1891-1976) の作品の背景ともなる。 Cf. Warlick (2001).

(67) 第三の復活については Bruce T. Moran, "Alchemy and the History of Science: Introduction," *Isis* 102 (2011), 300-304; Marcos Martinón-Torres, "Some Recent Developments in the Historiography of Alchemy," *Ambix* 58 (2011), 215-237 を参照。

第五章　黄金期——初期近代における「キミア」の実践

1　はじめに

錬金術は中世末までに成熟し、ヨーロッパ各地で確立する。そして「科学革命」や「初期近代」と呼ばれる一六・一七世紀には、さらなる拡大をみせる。[1]金属変成や医薬の調整、自然物の改善と利用、物質変化の理解がこの時代の主目標となり、それらは多方面に展開される。ドイツのグーテンベルク（Johann Gutenberg, c. 1400-1468）が一五世紀半ばに導入した活版印刷のおかげで、錬金術書は多様な形態で大量に生産され、その大多数は寓意や暗号、象徴的な図像、真理の分散によって秘密主義を強めていく。「高貴なる技」の目的と成果についての論争がつづき、神学や哲学との新たな結合が生みだされる。操作結果を説明し、実践を導くための理論が幾つも提出され、実践家の人数も大幅に増加する。こうした爆発的な成長は、ふたつの帰結をもたらすことになる。第一に、錬金術は文化的な影響を広範な理論家や実践家たちにおよぼす。第二に、その多様性の複雑さから、いまだ精査されていない部分が多く、総合的な記述はほぼ不可能、あるいは時期尚早となる。[2]

（1）　科学革命については、拙著『科学革命』菅谷暁・山田俊弘訳（丸善出版、二〇一四年）; Margaret J. Osler, *Reconfiguring the World: Nature, God, and Human Understanding from the Middle Ages to Early Modern Europe* (Baltimore: Johns Hopkins University Press, 2010) を参照。

したがって以下の議論では、金属変成と医薬調整という代表的な側面に焦点をあわせる。これらは当時の錬金術の全容を示すものではないが、主要な部分を占めるだろう。本章と次章は、クリソペアとケミアトリアが一貫した理論と観察に依拠し、多くの実践家たちが驚くほど巧みな実験家だったことを示すだろう。まず本章では、基本的な原理や目標、前提を整理し、一七世紀の錬金術師たちの知識と達成を考察する。つづいて次章では、賢者の石をはじめとする一見して不可能な主張の背後にあるものを暴くため、寓意的な図像と実験室での対応物を注意ぶかく分析し、錬金術師たちの真の実践を描きだす。

初期近代では理論と実践が相互に作用していた点を強調すべきだろう。これまで錬金術師たちは多少なりとも「経験的」、つまり理論的な原理や批判的な観察なしに作業したと考えられてきた。前章でみた再定義と再解釈の流れは、この印象を強化して錬金術を化学から分離し、実験室の作業や科学全体の歴史から錬金術を排除した。しかしそれは間違っている。初期近代の錬金術は理論と実践の出会いであり、頭と手による営為だった。自然界における物質の変化を理解し操作する営為は、科学史の重要な一部なのだ(3)。前章では、一八世紀以前に「錬金術（アルケミア）」と「化学（ケミア）」が同義だったことを説明した。錬金術のテクストや操作に隠されている「化学」を暴くことで、これらの用語は当時の同義性をとり戻すだろう。この点を強調するために以下の議論では、錬金術と化学を恣意的に区分しない「キミア」、そしてその実践家である「キミスト」という用語を使用していく。

2　基礎——金属とその変成

中世の先行者たちと同様に、初期近代のキミストたちは金や銀、銅、鉄、スズ、鉛、水銀という七種類の金属を知っていた(4)。彼らは耐腐食性や美しさ、希少さから金と銀を「貴金属」、のこりの五種類を「卑金属」と呼ぶ。

現代ではこれらの七種類は元素と認識されているが、彼らは化合物だと考えていた。つまり、金属は構成要素に分解されうるのだ。これらの要素については多様な見解が存在する。多数派はアラビア世界に由来する水銀・硫黄の理論にもとづいて、二要素の異なる比率や性質から金属が構成されると考える。大地の深奥で発生する水銀と硫黄の蒸散気が地下で金属を形成するという（図5―1）。さらにパラケルススが提唱した水銀・硫黄・塩の三原質による新理論を採用する人々や、アリストテレスに忠実にならい、すべての金属や物質は共通する「第一質料」materia prima と多様な「形相」forma からなるとする人々もいた。第一質料それ自体は固有の性質をもたず実体だけを、形相は各物質に固有な色彩などの特性をあたえる。アリストテレスにとって質料はそれ自身では存在せず、抽象的なものだった。しかし実験操作に傾注するキミストたちは、具体的で物質的な方向に理解する傾向があり、第一質料が単離はできないが「白紙状態の物質」であり、どんな形相も付与できると考える。

幾つかの影響力の低い体系がこれらの理論と併存するが、重要なのは化合物としての金属という考えが金属変成の可能性を支えていた点だ。キミストたちは、構成要素の比率や性質、化合の状態を変えることで、ある金属を他の金属に変成できると信じた。観察される証拠も金属変成の可能性を裏づけ、それが自然の働きだと思わせる。金属が鉱山で純粋な状態で見出されるのは珍しく、鉛鉱石は少量の銀を、銀鉱石は少量の金をしばしば含有している。ここから地下の熱や水の作用が鉱石をゆっくりと変化させるのと同様に、たえず地下では卑金属が貴

（2）　初期近代キミアの理論や人物、活動についての要旨は Bruce T. Moran, *Distilling Knowledge: Alchemy, Chemistry, and the Scientific Revolution*（Cambridge, MA: Harvard University Press, 2005）を参照。

（3）　錬金術の科学史からの追放と復活については Principe（2011a）を参照。

（4）　一七世紀末までに、キミストたちは亜鉛やビスマス、そしておそらくコバルトを発見する。これらは光沢と可塑性を共有しないことから、伝統的な金属にはふくめられず、「非嫡子」とみなされた。

EX SVLPHVRE ET ARGENTO VIVO,
vt natura, ſic ars producit me-
talla.

図 5-1. 聖トマスが水銀と硫黄による金属生成をさし示す
マイアー『象徴』(1617 年) から

金属へと変成していると考えられた。数百年あるいは数千年の単位で、卑金属は地下水によって不純物を洗いながされ、大地の穏やかな熱で焼成されて、より安定で完璧な貴金属に特有の状態へと成熟する。したがってキミストたちは、自然が地下で緩慢におこなう作業を、地上で素早く達成する方法を見出そうとする。

古代から金属は惑星と結びつけられている。コペルニクス以前の天文学では太陽と月をあわせて七種類の惑星が知られており、金属と惑星の対応は錬金術の最初期に微妙に変化するが、すでに中世では安定していた。[5] 幾つかのペアの起源は明白で、金と銀という貴金属は輝きや色彩、重要度によって太陽と月という主要な二惑星にあてられる。その他のペアの起源は明白ではないが、武器に関連する鉄は戦争をつかさどるマルス神に結びつけられ、火星に対応する。現代科学は「赤い惑星」の色彩が鉄化合物に由来することを示したが、これは一種の皮肉だろう。銅は金星に対応し、女神ウェヌスの家ともっとも豊かな銅鉱山がキプロス島にあると考えられたことに起因する。島の名称「キプロス」Cyprus がラテン語の「銅」cuprum の語源となる（図5—2）。

対応する惑星は地下での金属の生成に影響すると主張する少数派にたいして、これらのペアはたんなる象徴だと考える多数派がいた。[6] 惑星と金属の対応にもとづいて、優れた肉眼をほこった天文学者ティコ・ブラーエ（Tycho Brahe, 1546-1601）はキミアを「地上界の天文学」あるいは「月下界の天文学」と呼んだのだろう。[7] 彼は、

（5） Vladimir Karpenko, "Systems of Metals in Alchemy," *Ambix* 50（2003）, 208-230; Halleux（1974）, 149-160.

（6） 最初に少数派の考えに言及したのは一三七六年のイブン・ハルドゥーンだが、彼自身も先行者から拝借した可能性がある。太陽の特別な周期に呼応して、金は形成するのに一〇八〇年かかるという。Cf. Ibn-Khaldûn（1958）, III: 274. 一七世紀のNicolas Lemery, *Cours de chymie*（Paris, 1683）, 69-71 は、金属が惑星と呼応して形成されるという考えを嘲笑している。

（7） Alain-Philippe Segonds, "Astronomie terrestre/astronomie céleste chez Tycho Brahe," in *Nouveau ciel, nouvelle terre: la révolution copernicienne dans l'Allemagne de la Réforme（1530-1630）*, ed. Miguel Ángel Granada & Édouard Mehl（Paris: Les Belles Lettres, 2009）, 109-142; idem, "Tycho Brahe et l'alchimie," in Margolin & Matton（1993）, 365-378.

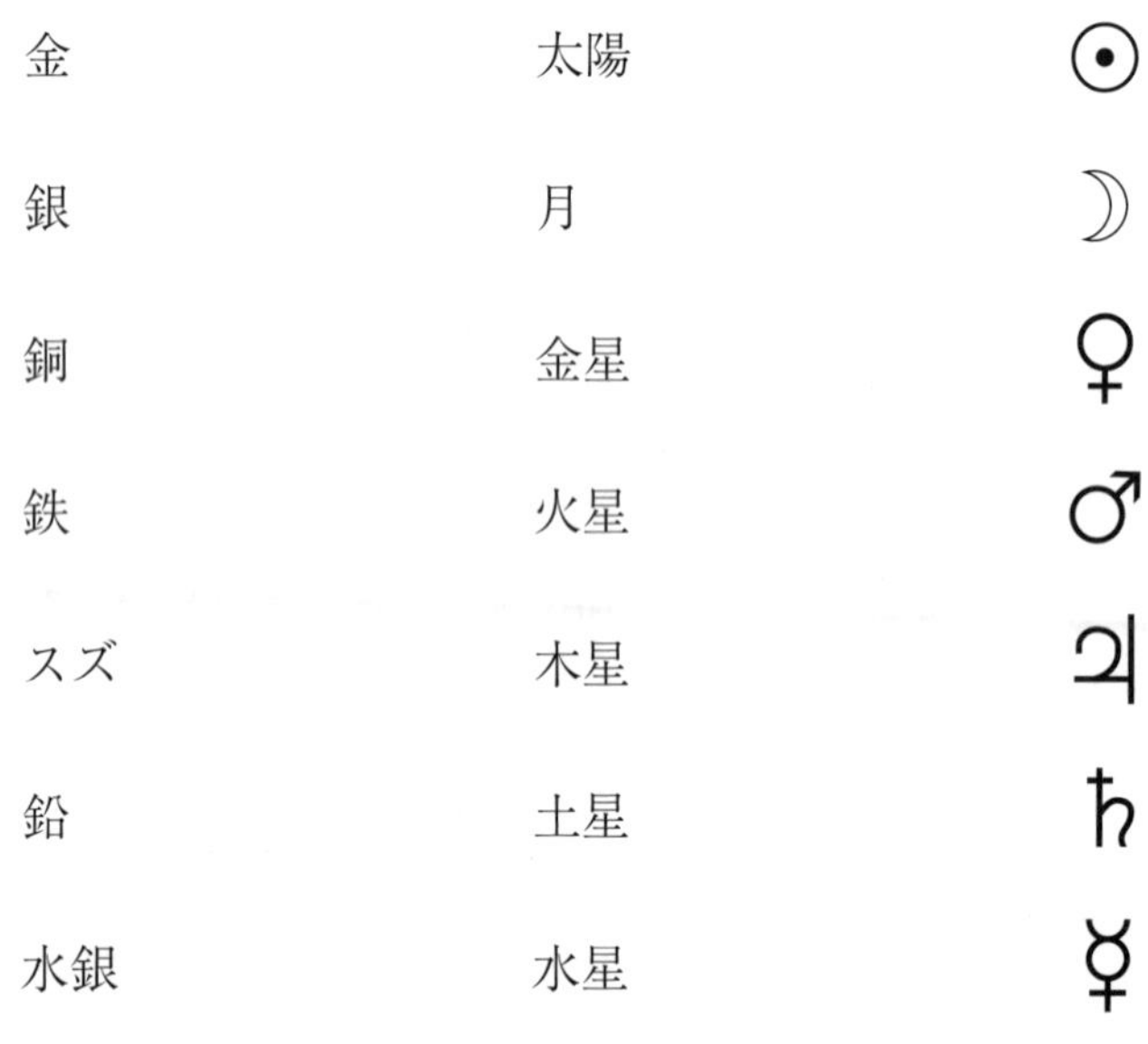

図 5-2. 惑星と金属の対応と記号

デンマークの「ウラニボルク」と呼ばれる観測基地にキミアの実験室をもっていた。「地上界の天文学」と「月下内の天文学」は『エメラルド板』の有名な一節「上方のものは下方のものに」に呼応し、初期近代人の眼からみた自然の相互依存を簡潔に表現している。

惑星と金属の対応はキミストたちの共通認識であり、銅は「金星」、鉛は「土星」と惑星の名称だけで各金属がさし示される。この用法は一八世紀まで存続するが、興味ぶかいことに、現在でも「水星」mercury が「水銀」quicksilver と呼ぶべき元素の英語名として残存している。このペアだけが生きのこった理由は定かでないが、水銀という特異な金属にあたえられた重要性が答えとなるかも知れない。

3 金属変成——「個別剤」と奇妙な金属

大多数のキミストにとって、金属変成には「個別的」と「普遍的」のふたつの手法が存在した。前者が焦点をあわせるのは、「個別剤」particularia と呼ばれる能力の異なる無数の変成剤だ。ひとつの個別剤は特定の卑金属だけに対応し、たとえば銅を銀に変成させる個別剤は他の金属には作用しない。すべての卑金属を変成できる賢者の石という「普遍剤」とは対極をなすだろう。個別剤は容易に調整できると想定されるが、特殊性と低汎用性から利点は限定される。獲得できる貴金属の量が投入する労力と資材にみあわないという意見がある一方で、多くの議論が個別剤について展開され、ある匿名の著作家にいたっては原料の値段にたいする多様な個別剤の損益表まで作成している。(8)

(8) Gaston Duclo, *De triplici praeparatione argenti et auri*, in Zetzner (1659), IV: 371-388: 374-375 は、個別剤について警告している。損益表は *Coelum philosophorum* (Frankfurt-Leipzig, 1739), 60, 125-125 を参照。

英国のボイルは、「ヘルメス的な遺産」と呼ばれる集成のために個別剤の処方を編纂し、序文でつぎのように述べている——

多くの個別剤は大量に生産しなければ、まったく利益を生まない。しかし巧みに調合された幾種類かは少量であっても、とくに独身の貧しい勤勉な術師の生活を助けるが、金持ちにはしない。

個別剤がもつ潜在力の低さにもかかわらず、ボイルは利点もあるとみている——

これらの惨めな個別剤は、利益をあげるために多大な労力や原料、道具を必要とし、多くの貧しい人々を仕事につかせ、その大多数に自身や家族のための生活費をあたえるか、その一助となる。(9)

換言すれば、個別剤による金属変成は「家内工業」を生みだし、勤勉にクリソペアにいそしむ貧乏人の集団に細々とした生活費をあたえる。しかし錬金術による貧民の救済という、慈善家としてのボイルの夢が実現することはなかった。この挿話が示すのは「高貴なる技」が理論家や学者による知的な営みに限定されるものではなく、さまざまな職人や企業家などに探究されたという事実だ。

個別剤の背後に統一された手法や理論はなかった。多くの場合、個別剤は銀や卑金属と一緒に溶融されて変成を起こすと想定される。あるいは、より大量の金を生みだすために金と一緒に溶融される。後者は「増大」augmentatio や「増殖」multiplicatio と呼ばれる操作で、金と似た合金を生成したかも知れない。その他の個別剤は腐食液で、金属を溶解させて変成にいたると考えられた。ある溶解液は、金属全体ではなく構成要素だけを溶解し、天然の金属とは異なる「修正された金属」と呼ばれる奇妙な物質を生みだすという。そこで、金からこうした奇妙な銀白色の物質をとり除けば、金の色彩だけをあたえる「染色剤」tincturaが抽出できるという考えが生まれる。染色剤は金から分離された硫黄と考えられ、「金の霊魂」anima auriとも呼ばれて他の金属を染色するのに使用されるという。また「飲用金」という強力な医薬とみなされる場合もある。[10] 飲用金は諸病をなおす普遍医薬であり、金から調整されると信じられた。金から調整した生成物は容易に分解してしまうものだが、真の飲用金は安定しているという。金の霊魂は、金から抽出された金の構成要素だと考えられた。

こうした操作が成功したという報告もあるが、金から硫黄を抽出する方法は経済的な観点から有効ではないとする見解もある。染色剤を抽出するために、染色剤が生みだす金と同量の金を分解する必要があるからだ。[11] フランドル地方の医学者ファン・ヘルモント（Joan Baptista Van Helmont, 1579-1644）は、同様な操作で銅から奇妙な

（9）Principe (1998), 302-304. 個別剤についてはPrincipe (1998), 77-80も参照。ボイルの本文は消失し、序文だけが残存している。手稿を閲覧できた誰かに盗まれたのだろう。Michael Hunter & Lawrence M. Principe, "The Lost Papers of Robert Boyle," *Annals of Science* 60 (2003), 269-311.

（10）飲用金についてはAngelo Sala, *Processus de auro potabili* (Strasbourg, 1630); *De auro potabili*, in Zetzner (1671), VI: 382-393; Francis Anthony, *The apologie, or defence of ... aurum potabile* (London, 1616); Guglielmo Fabri, *Liber de lapide philosophorum et de auro potabili*, ed. Chiara Crisciani, in *Il Papa e l'alchimia: Felice V, Guglielmo Fabri e l'elixir* (Roma: Viella, 2002), 118-183: 150-160を参照。後者は対立教皇フェリックス五世（Felix V, 1383-1451）に献呈されたテクストの校訂版と伊訳を収録。Cf. Ernst Darmstaedter, "Zur Geschichte des *Aurum potabile*," *Chemiker-Zeitung* 48 (1924), 653-655 & 678-680.

（11）Daniel Georg Morhof, *De metallorum transmutatione epistola*, in Manget (1702), I: 168-192: 178. サンジェルマンという人物は一六八〇年二月二六日付のボイル宛書簡で、「染色剤を抽出された」金貨が銀白色になる現象を報告している。*The Correspondence of Robert Boyle*, ed. Michael Hunter et al. (London: Pickering, 2001), V: 185-190; Principe (1998), 82-86.

「銀白色の銅」をとり、緑色の油性物質を抽出したと主張する。[12] そして金属が「内的」と「外的」の二種類の硫黄をもつという結論をえる。銅から硫黄を除去すれば水銀が流体として残存するはずだが、「銀白色の銅」はまだ内部に硫黄をもつことを意味するからだ。内的な硫黄は除去が困難で、銅がもつ水銀を固体の状態で保持するが、外的な硫黄は金属の色彩だけをあたえるという。

金属が元素だと知っている現代の読者は、これらの報告がなにを意味するのか不思議に思うだろう。満足な解答を見出すのは難しいが、虚偽や過度の想像力の産物だと無視するのは簡単だろうし、あまりに安易すぎる。これらの報告は「思考実験」によるのかも知れない。つまり、当時の支配的な理論にしたがうと起こると想定される現象の記述だ。しかし一六五〇年代にスターキー（George Starkey, 1628-1665）が報告した「固定された月」luna fixa の場合のように、具体的な報告もある。[13] この物質は銀のようにみえるが、高い密度や融点、硝酸への耐腐食性といった金の特性をもつ銀白色の金属とされる。証人たちは、彼がこの奇妙な金属を生成し、金細工師たちが金の特性を確認したとする。さらに金細工師たちは、この金属を当時の銀の価格の八倍以上にあたる一オンスにつき四〇シリングで購入したという。スターキーが生成したものを同定するのは不可能だろう。金のように重く、硝酸によって腐食されない銀白色の金属は、プラチナやそれに類する物質の特性を想起させる。低純度でしか存在しない物質を単離できたスターキーの驚くべき腕前を考慮すれば、彼がそうした金属を少量ふくんでいる鉱石や標本物質を入手し、単離したと考えるのは可能だろうか。

4　賢者の石を調整する——教えをうける

金属変成を探究する多数派は、個別剤ではなく賢者の石へとむかう。賢者の石は、数千倍や数万倍の重さの卑

Book review

JULY 2018

7月の新刊

勁草書房

〒112−0005 東京都文京区水道2−1−1
営業部 03−3814−6861 FAX 03−3814−6854
ホームページでも情報発信中。ぜひご覧ください。
http://www.keisoshobo.co.jp

表示価格には消費税は含まれておりません。

現象学入門
新しい心の科学と哲学のために

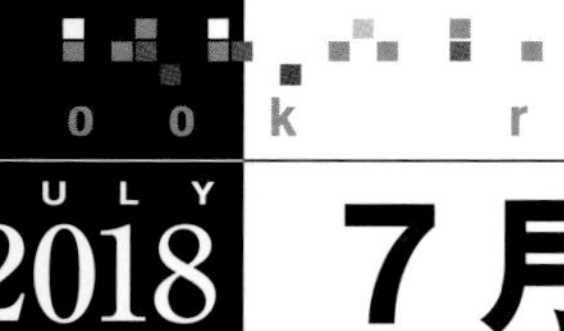

ステファン・コイファー
アントニー・チェメロ 著
田中彰吾・宮原克典 訳

フッサールから現代の身体性認知科学へ——現象学という思想的潮流は心の科学とどう結びついて展開してきたのか。歴史と展望を示す新しい入門書！

A5判並製 312頁　本体3300円
ISBN978−4−326−10268−6

信頼を考える
リヴァイアサンから人工知能まで

小山 虎 編著

ホッブズにはじまり、20世紀アメリカで盛んになった信頼研究。様々な研究分野にまたがって行われている信頼研究の見取り図を作る！

A5判上製 372頁　本体4700円
ISBN978−4−326−10270−9

教師の責任と教職倫理
経年調査にみる教員文化の変容

久冨善之・長谷川 裕・

軍備と影響力
核兵器と駆け引きの論理

ISBN978-4-326-24848-3　1 版 2 刷

ISBN978-4-326-35169-5　1 版 4 刷

ISBN978-4-326-40355-4　1 版 2 刷

四六判上製 288 頁　本体 2500 円
ISBN978-4-326-65400-0　1 版 6 刷

パンと野いちご
戦火のセルビア、食物の記憶
山崎佳代子

戦時下で、難民状況の中で、人びとは何を食べていたのか。セルビアに住む著者が友から聞きとった食べ物と戦争の記憶。レシピつき。

四六判上製 320 頁　本体 3200 円
ISBN978-4-326-85194-2　1 版 2 刷

朝日新聞7/21（土）、日本経済新聞（7月7日）書評掲載

パンと野いちご——戦火のセルビア、食物の記憶

山崎佳代子

第一次、第二次大戦、ユーゴスラビア内戦、コソボ紛争……戦争の絶えないバルカン半島に長年住む著者が戦下のレシピを集めた。食べ物とは思い出のこと。そして甦りのこと。繰り返される歴史のなかの、繰り返しのない一人ひとりの人生の記憶と記録。

四六判上製 320 頁
本体 3200 円
ISBN978-4-326-85194-2

ISBN978-4-326-25127-8

ISBN978-4-326-30268-0

シビックテック

ICT を使って地域課題を自分たちで解決する

稲継裕昭 編著
鈴木まなみ・福島健一郎・
小俣博司・藤井靖史 著

地域に貢献したいエンジニア、地域をより良くしたい行政関係者は必読！　子育て、雪かき、PM2.5などなど……IT技術で解決しよう！

A5 判並製 160 頁　本体 1800 円

ISBN978-4-326-30269-7

冷戦史

ロバート・マクマン 著
青野利彦 監訳　平井和也 訳

現代世界はどこから来たのか？　今も続く北朝鮮問題などの混迷を生み出した冷戦の歴史を、コンパクトにわかりやすく紐解いてゆく！

四六判上製 272 頁　本体 3200 円

ISBN978-4-326-35175-6

意思主義をめぐる法的思索

今村与一

当事者の意思を最大限に尊重し、所有権移転の原因となる諸契約の成立やその効果を根拠づける「意思主義」とは何か。

A5 判上製 368 頁　本体 5800 円

ISBN978-4-326-40358-5

家事法の理論・実務・判例 2

道垣内弘人・松原正明 編

研究者、裁判官、弁護士が家事法の当面する問題を分析、実務と法理論との架橋を確かなものとし将来の法制度を展望する、年報第 2 号。

A5 判並製 264 頁　本体 4000 円

ISBN978-4-326-44965-1

金属を金へと変成する驚異的な能力をもつと信じられたからだ。しかしふたつの主要な障害がある――出発点となる正しい原料の同定、そして原料を賢者の石にする正しい操作の発見だ。これらの問題への解答はどの探究者にとっても決定的なものであり、その第一歩を踏みだすための選択肢が幾つかある。

第一の選択肢は、秘密の処方をもつ誰かに出会うことだ。しかし詐欺にあう危険はあきらかに大きく、「買い手は警戒せよ」Caveat emptor という警句が存在する。本物にみえすぎる処方は、この範疇にあるだろう。ときとして有効だと思われる処方をもっている正直な売り手がいたとしても、長期におよび費用がかかる操作を確認できるものは少なかった(14)。そうした処方はしばしば、支配者や裕福な個人といった雇い主候補にたいして提案される。

金属変成やその他の処方の取引は、初期近代をとおしてヨーロッパの各地で活発だった。処方は手から手にわたり、書簡や口頭、あるいは収集された手稿によって交換される。歴史家たちは、学術的な著作に記された理論に焦点をあわせがちだが、処方と操作の集成は初期近代のキミアの手稿の大部分をしめる。学術書の著者たち自

---

(12) Joan Baptista Van Helmont. *Opuscula medica inaudita* (Amsterdam, 1648a), 69-; Principe (1998), 88-89.

(13) スターキーについては William R. Newman, *Gehennical Fire: The Lives of George Starkey, an American Alchemist in the Scientific Revolution* (Cambridge, MA: Harvard University Press, 1994); idem & Lawrence M. Principe, *Alchemy Tried in the Fire: Starkey, Boyle, and the Fate of Helmontian Chymistry* (Chicago: University of Chicago Press, 2002) を参照。「固定された月」については George Starky, *The Alchemical Laboratory Notebooks and Correspondence of George Starkey*, ed. William R. Newman & Lawrence M. Principe (Chicago: University of Chicago Press, 2004), xxiii-xxiv; Morhof (1702), I: 187 を参照。

(14) 一六八四年にゾーネンベルク (Gottfried von Sonnenberg, fl. 1684) がボイルか別の王立協会員に七千ポンドで賢者の石の処方を売ろうとした件は、明確な記録が保存されている。Principe (1998), 114-115; Boyle (2001), VI: 52-86, 116-121.

身が処方の収集家や商人でもあり、知見や実験結果、手法や考えを交換・伝搬する重要な媒体の役割をはたした。

第二の選択肢は経験的な実験で、理想としては実践的な経験と多様な物質についての広範な知識が前提となる。精査すべき物質と操作の多様性から終わりのない労苦とも考えられ、医療についてのヒポクラテスの金言「技はながく、人生はみじかい」Ars longa, vita brevis がここにも適用される[15]。しかし批判的な観察と理論的な考察から、無数の可能性を大幅に削減できる。つまり、探究者たちの多くは、賢者の石を偶然に発見するのを期待して入手可能な物質を端から「料理」したわけではない。真面目な探究者たちは、現代の化学者たちが研究を進めるのと同様に、その時代の理論や知識をたよりに自らの作業を進めた[16]。

第三の選択肢は書物の研究だ。テクストにむかう態度は、初期近代のキミストたちと現代の化学者たちでもっとも異なる部分だろう。現代の化学者たちが同僚の出版物に払うよりも何倍もの辛抱づよさで、初期近代の探究者たちは賢者の石を調整できたと主張する権威ある「達人」のテクストを分析する。彼らは、達人たちが実際に賢者の石を調整できたと信じ、その暗号にみちたテクストが正しい操作への鍵を隠していると確信した。注意ぶかくテクストを分析することは、欠かせない重要な作業だ。もちろん、賢者の石への単純明快な処方を提供してくれる書物は存在しない。秘密保持のための多様な手法は、きめ細かで根気のいる読解を要求し、すべての解釈が間違いである危険性をはらんでいる。偽ヴィラノヴァのアルナウは、「私は馬鹿ものを冷笑し、賢明なものに教えるように話す」と書いている[17]。しかし書物や手稿は正しく解釈されたのなら、正しい操作を見出す鍵をあたえる。したがって探究者たちは、テクストの研究と実践的な実験の結合から賢者の石を目指した。

初期近代の探究者たちは、「すべての達人が同一のことを伝える」と口々に主張する。表現の相違はあるが、達人たちは賢者の石の調整法について意見が一致しているという。この観点は多様な著作家からの引用を併記する精華集の作成を促進し、錬金術を熱心に探究していた英国のニュートンも膨大な「化学要覧」Index chemicus

を編纂する。彼は、百冊以上の書物にみられる同様な用語と表現を収集・分類し、錬金術の秘密を統合・解析しようとした[18]。しかし原料や操作については、大きな見解の相違が存在し、なかでも原料の選択によって探究者たちを幾つかの「流派」に区別できる[19]。現代の一般的な解説書は不幸にも、時代と場所をこえて彼らの同質性と一貫性を誇張しすぎている。この間違った解釈はキミアが動きのない一枚岩の化石のような印象をあたえるが、それは歴史的な実像から隔絶している。テクストを注意ぶかく読解すれば、理論や実践が幅ひろい多様性をもっていたこと、そして実践的な経験への解答として理論が発展したことも理解できる。

実験と読解に不満をいだく探究者たちには、さらなる頼みの綱があった。幾人かの人々は、秘密を見出すためにより直接的な権威と接することを望んだ。これは秘密を伝授してくれる達人に出会うことを意味する。偽ルル

（15）Thomas Norton, *Ordinall of Alchimy*, in Ashmole（1652）, 1-106: 87 = T・ノートン「錬金術式目」大橋喜之訳『ルネサンスの自然学』（名古屋大学出版会、二〇一七年）、下巻一一六八頁は、この句を「アロンの姉マリア」に帰している。マリアはミルヤムのこと。『出エジプト記』第一五章第二〇節。

（16）初期近代の実験ノートの分析をふくむものとして Newman & Principe（2002）, 100-155 を参照。

（17）(Ps.-) Arnau de Villanova, *De secretis naturae*, ed. & tr. Antoine Calvet, in *Chrysopoeia* 6（1997-1999）, 154-206: 178.

（18）Richard S. Westfall, "Alchemy in Newton's Library," *Ambix* 31（1994）, 97-101. ニュートンの錬金術については Betty J. T. Dobbs, *The Foundations of Newton's Alchemy, or, Hunting of the Greene Lyon*（Cambridge: Cambridge University Press, 1975）; eadem, *The Janus Faces of Genius*（Cambridge: Cambridge University Press, 1991）を参照。彼女の研究は新しい知見のもとに再考されなければならない。Pricipe（2004）; William R. Newman, "Newton's *Clavis* as Starkey's *Key*," *Isis* 78（1987）, 564-574.

（19）George Ernst Stahl, *Fundamenta chymiae dogmaticae*（Leipzig, 1723）= *Philosophical Principles of Universal Chemistry*, tr. Peter Shaw（London, 1730）はキミストたちを原料で分類する。Kevin Chang, "The Great Philosophical Work: Georg Ernst Stahl's Early Alchemical Teaching," in López-Pérez et al.（2010）, 386-396.

スの伝説では、大修道院長クリーマーが「読めば読むほど間違いを犯す」ことに不満を感じ、達人を求めてヨーロッパ中を旅して、ついにイタリアでルルスに出会う[20]。ニコラ・フラメルの伝説では、エンブレム的な錬金術書を理解できない彼は、それを解読できる博識な人物を探してスペインまで巡礼する[21]。こうして秘密の知識を獲得するための旅行は、錬金術書の架空自伝に欠かせない要素となる。しかし達人からの助言を求める行為は架空の話にかぎられたものではない。たとえばボイルは、金属変成についての多くの質問を訪問者や書簡の宛先人たちにしている。一六七八年に彼は達人たちの国際的な秘密結社への入会を約束され、それが実現することを待望していた。達人たちが会合しているという城が爆破されたか、すべての話が精巧な詐欺だったかは定かでないが、不幸にも彼の望みはうち砕かれる[22]。

さらに高望みをして、天使や霊と交感して神的な啓示をうけるという選択肢もある。エリザベス朝の魔術師ジョン・ディー（John Dee, 1527-1608）は、霊媒ケリー（Edward Kelly, 1555-1597）により実現する天使との有名な会話で、賢者の石について質問することを忘れなかった。ボイルも、賢者の石が会話の中心となる交霊について語っている[23]。彼は、天使と賢者の石が特殊な親和性をもつと考えた。またテクストの読解と実践的な作業とともに、知識を獲得するために祈りを捧げることも推奨される。初期近代のヨーロッパでは、こうした行為は困難で重要な企てを試みる場合に頻繁におこなわれた。ドイツのクーンラート（Heinrich Khunrath, 1560-1605）は、天使と接触して啓示的な夢をみるために祈った。錬金術の知識と神的なものとの関係については、第七章でより詳細にあつかう。

こうした行為は宗教的な危険をはらんでいる。天使の安全な助けだけではなく、悪魔の呪われた力へと探究者をみちびく危険があり、超自然的な手法に頼るのは不法な行為だという見解もあった。有名なイエズス会士キルヒャー（Athanasius Kircher, 1602-1680）はキミアの可能性と有用性に前向きだったが、金属変成には危惧をもっていた。変成の作業は困難で、長期にわたる実りない労苦のはてに、満足できない探究者が悪魔の助けにすがる恐れがあるからだ。[24] 同じイエズス会士のデル・リオ（Martin Del Rio, 1551-1608）によれば、人間は精進と熱意によって賢者の石を見出せるが、場合によっては「悪魔を教師に」いだく近道を選んでしまうという。[25] つまり、長期にわたる欲求不満と際限ない欲望は、路頭にまよう探究者を悪魔のもとに導く可能性があるのだ。こうした危惧は一三九六年という早期から表明され、異端審問官エイメリクは述べている――「占星術師たちが悪魔を呼び

（20）Cremer（1678）, 531-544: 535.

（21）Ps.-Nicolas Flamel, *Exposition of the Hieroglyphicall Figures*（London, 1624）, 11-13. フラメルについては Robert Halleux, "Le mythe de Nicolas Flamel, ou les méchanismes de la pseudépigraphie alchimique," *Archives internationales de l'histoire des sciences* 33（1983）, 234-255 を参照。

（22）Principe（1998）, 115-134; idem, "Georges Pierre des Clozets, Robert Boyle, the Alchemical Patriarch of Antioch, and the Reunion of Christendom: Further New Sources," *Early Science and Medicine* 9（2004）, 307-320; Noel Malcolm, "Robert Boyle, Georges Pierre des Clozets, and the Asterism: New Sources," *Early Science and Medicine* 9（2004）, 293-306.

（23）ディーと天使については Deborah Harkness, *John Dee's Conversations with Angels: Cabala, Alchemy, and the End of Nature*（Cambridge: Cambridge University Press, 1999）を、ボイルと天使は Principe（1998）, 195-197, 310-317; Michael Hunter, "Alchemy, Magic, and Moralism in the Thought of Robert Boyle," *British Journal for the History of Science* 23（1990）, 387-410 を参照。

（24）Athanasius Kircher, *Mundus subterraneus*（Amsterdam, 1678）, II: 301-302［および山田俊弘『ジオコスモスの変容：デカルトからライプニッツまでの地球論』（勁草書房、二〇一七年）、第三章］を参照。

（25）Martin Del Rio, *Disquisitionum magicarum libri sex*（Ursel, 1606）, 1.5; idem, *Investigations Into Magic*, tr. P. G. Maxwell-Stuart（Manchester: Manchester University Press, 2000）. 後者は抄訳だ。Cf. Martha Baldwin, "Alchemy and the Society of Jesus in the Seventeenth Century: Strange Bedfellows?," *Ambix* 40（1993）, 41-64. Sylvain Matton, *Scolastique et alchimie*（Paris: SEHA, 2009）にはイエズス会士たちのクリソペアにたいする支持や不支持のテクストが収録されている。

よせて相談するのと同様に、望みを達成できない［錬金術師たちは］、悪霊と容易に結託する」[26]。

5　賢者の石を調整する——原料の選択

初期近代の探究者の多数派は、金属変成のためには金属や鉱物から作業を開始すべきだという。なかでも流動性が好奇心を喚起する水銀は注目をあつめる。理論的には金も人気があるが、経済性と低反応性から実践面での魅力は少ない。アンチモンは金属のような光沢や溶融性をもち、ガラスのように脆く、火によって揮発する奇妙な特性を示す。半金属という不明瞭な立場は、化学反応で神秘的な「星形」の形状を生みだす能力とあいまって、長期にわたり人気をたもった（口絵3）。塩類を支持するテクスト群もある。硫酸鉄や硫酸銅などの硫酸塩を選ぶ場合もあれば、一七世紀初頭のポーランドの錬金術師センディウォギウス（Michael Sendivogius, 1566–1636）のように硝石や「亜硝酸性の物質」を選ぶ場合もある[27]。

鉱物ではなく、動植物に由来する物質が選ばれることもある。ジャービル文書は有機物の使用を推奨し、初期のヨーロッパの著作家たちもそれにつづいた。卵や毛髪、血液、その他の有機物が原料とみなされる。ロジャー・ベイコンは一三世紀にこの流れを促進した。しかし一五世紀までに大多数の有機物は退けられ、多くのキミストが嘲笑しさえする[28]。それでも有機物の使用は残存する。一六六〇年代にドイツのブラント（Hennig Brand, 1630–1710）は、おそらく賢者の石の探究中に、人間の尿を強力に蒸留することで元素のリンを発見する。理論的に洗練されていない探究者たちのあいだでは、尿や便といった排泄物への関心が根強くあった。こうした物質は、初期近代ヨーロッパでは大量に入手できるほど安価だった。排泄物の利用は、賢者の石の原料が「安価でどこにでも見出せる」や「足元で踏みつけられる」という古来の金言に由来する[29]。しかし一四世紀に、ルペシッサのヨハネスはこれらの金言が排泄物をさすという解釈を批判している――「賢者の石の原料は、安価でどこにでも見出せる［…］。多くの低俗な人々が賢者たちの意図を理解せず、それを文字どおりに排泄物のなかに探究している」[30]。

物質の暗号名に由来する混乱が、賢者の石の原料についての意見の相違を悪化させる。尊敬されている著者が鉛を原料だというとき、それはなにを意味するのか。文字どおりの鉛なのか、「鉛」という名称で呼ばれる他の物質なのか。したがって上述の諸流派のあいだには、明確な境界線がない。たとえば硫酸塩をとる見解は、「大地の内部を訪れ、それを精留すると隠された石が見出される」Visita interiorem terrae rectificando invenies occultum lapidem という一六世紀の金言に由来している。各語の頭文字をならべると「硫酸塩」vitriol となるからだ[31]（図5―3）。しかしこの「硫酸塩」は、本当のところなにを意味するのか。ドイツのグラウバー（Johann

（26）Nicolas Eymerich, *Contra alchemistas*, ed. Sylvain Matton, in *Chrysopoeia* 1 (1987), 93-136: 132-133. これは羅仏の見開き対訳だ。錬金術と悪魔の結びつきについては Newman (2004), 47-62, 91-97 を参照。

（27）Newman (1994), 87-90, 212-226. また Rafal T. Prinke, "Beyond Patronage: Michael Sendivogius and the Meanings of Success in Alchemy," in López-Pérez et al. (2010), 175-231 も参照。

（28）賢者の石をめぐる中世の手法は Pereira (1995) を参照。Lorenzo Ventura, *De ratione conficiendi lapidis philosophici*, in Zetzner (1659), II: 215-312 は原料を一覧にし、批判をくわえている。多くのキミストが原料の考察から議論をはじめる。

（29）この考えの起源は Morienus (1702), I: 515; Morienus (1974), 24-27 に見出せる。

（30）Johannes de Rupescissa (1702b), 80.

（31）この金言の起源と変遷は Joachim Telle, "Paracelsistische Sinnbildkunst: Bemerkungen zu einer Pseudo-*Tabula smaragdina des* 16. Jahrhunderts," in *Bausteine zur Medizingeschichte* (Wiesbaden: Steiner, 1984), 129-139 = "L'art symbolique paracelsien: remarques concernant une pseudo-*Tabula smaragdina* du XVIe siècle," in *Présence de Hèrmes Trismégeste*, ed. Antoine Faivre (Paris: Albin Michel, 1988), 184-208; Didier Kahn, "Les débuts de Gérard Dorn," in *Analecta Paracelsica*,

図 5-3. 賢者の石のエンブレムと頭文字ウィトリオル

『賢者たちの隠された秘密について』(1613 年) から

Rudolf Glauber, 1604–1670）は、それが実際の硫酸塩を意味すると信じた。この金言は、誤って伝説的な錬金術師バシリウス・ヴァレンティヌス（Basilius Valentinus）に帰されていた。彼の名前のもとに流布した幾つかのテクストは実際の硫酸塩だとするが、他のテクストは「アンチモン鉱石」の暗号名だとする。[32] 歴史学的な洞察によれば、この相違は著者の複数性に原因を見出せるだろう。しかし当時の読者たちは、矛盾を理解するために大きな努力を払った。単一の著者によるテクストだけではなく、複数の著者によるテクスト群で見解の一致を見出すのは、忍耐力を必要とする苛立たしい作業となる。しかしそれは初期近代のキミアに欠かせないものなのだ。

初期近代の探究者たちは、過去の人々が「本当に意図した」ものが自らの考えを支持することを示そうとする。そのためにテクストを解釈することが、彼らの共通した作法となる。だから金属を原料として推奨するなら、センディウォギウスの硝石への言及を再解釈して、普通の硝石ではなく「亜硝酸性の物質」をさすと理解するのかも知れない。とくに解読の困難な暗号名は時代とともに変化する一連の解釈を呼び、実験結果と解釈者の意図に依存することになる。たとえば一五世紀のアウグスティヌス派の司祭リプリー卿（George Ripley, c. 1415–1490）は、「セリコン」と呼ばれる物質が賢者の石の原料だと主張する。しかしそれはどんな物質だろうか。初期のテクストは酸化鉛、一酸化鉛（リサージ）あるいは鉛丹だとするが、おそらく酸化鉛による実験の失敗から後代の読者たちは他の物

---

ed. Joachim Telle (Stuttgart: Steiner, 1994), 59–126: 75–76; idem, "Alchemical Poetry in Medieval and Early Modern Europe: A Preliminary Survey and Synthesis," *Ambix* 57 (2010), 249–274: 263 を参照。

（32）初期作『古代人たちの偉大なる石』*Von dem grossen Stein der Uhralten*（Eisleben, 1599）, repr. in Basilius Valentinus, *Chymische Schrifften*（Hamburg, 1677）, I: 94–98 では、アンチモンだけが示す特性が帰されており明確な暗号名だ。一六二六年の『秘められた操作の開示』*Offenbahrung der verborgenen Handgriffe*, in Valentinus（1677）, II: 319–338 では、通常の硫酸塩をあてている。

質群だと解釈するようになる。[33]ときとして過去のテクストの再解釈は、そうした意図をもたない著者たちに秘匿性や偽証を帰することになる。たとえばゲベルの著作はスコラ学的で驚くほど単刀直入だが、後代の読者たちは彼がじつは秘密主義者だったと想定して、ゲベル本人が意図しなかった広範な考えを正当化するために利用した。結果として、テクストの「正しい意味」はつねに解釈者たちに依存することになる。賢者の石の探究における足場は不安定なものなのだ。

必要となる原料の数も論争の的となる。多数の探究者が唯一のものを支持するが、操作が明瞭であるほど解釈の余地がひろがる。「唯一のもの」は「唯一の物質」ではなく、「一部門の物質群」あるいは「唯一の混合物」なのかも知れない。アリストテレスの第一質料や旧約聖書の『創世記』で言及される始原的な混沌、古代ギリシアのタレスの水元素など、すべての物質の基体も「唯一のもの」と理解できる。だから「唯一のもの」は、何種類もの個別な物質へと巧妙に解釈されうる。すべての事物は、究極的な基体を共有するからだ。したがって賢者の石が「唯一のもの」からなるというのは、実践的な操作に役立たない一元論をくり返しているだけかも知れない。

しかし賢者の石のための助言の大多数は、決定的な段階で二物質の結合を要求している。『賢者たちのバラ園』は、王と女王や太陽と月、ガブリティウスとベヤなどと呼ばれる二者を結びつけた混合物に言及する。賢者の石の原料が擬人化されていない場合でも、水銀と硫黄という用語が頻繁に使用され、ときに特別なものとされる。つまり、これらの名称をもつ通常の化学物質ではなく、「賢者の水銀」や「賢者の硫黄」をさすのだ。二原料は、「ふたつのもの」を意味するラテン語の「レビス」rebisという語で呼ばれる場合もある。

論理的および実践的な観点からも、二物質の結合は意味ぶかい。新しい物質は、しばしば単一の物質の変化ではなく、二物質の反応から生じるからだ。二物質の結合は、オスとメスによる生物学的な発生と類似している。[34]硫黄の熱・乾の性質は「オス」の要素を、水銀の冷・湿の性質は「メス」の要素をあらわす。この二元性はさらに展開される。通常の硫黄は通常の水銀を「辰砂」と呼ばれる固体の硫化水銀へと凝固させるが、それは乾いた硫黄が湿った水銀を金属へと凝固する、あるいはオスの精液がメスの月経血を胎児へと凝固するのと比較される。だから硫黄と水銀は、固体・液体や乾・湿、凝固するもの・凝固されるもの、形相・質料、能動・受動などの相補完する二要素を意味していた。水銀と硫黄という用語は、相互の反応することで認識される「二集団」に言及していると理解できるだろう。同様に現代の化学者たちも、相互に反応する物質を酸・アルカリあるいは酸化剤・還元剤のような二要素で分類している。唯一の相違点は、現代の化学者たちがこうしたモデルを秘密主義のために利用しないことだ。

原料の数には別の数字も提案されている。ひろく読まれたリプリー卿の韻文による『錬金術要論』*Compound of Alchymie* は、三物質の混合とそれらの相互比まで提起している——

太陽が一で月が二、
粥のようになるまで一緒にする。
つぎに水銀を太陽にたいして四、
月にたいして二となるようにする。
そして作業は開始される、
三位一体のかたちで。(35)

(33) Jennifer Rampling, "Alchemy and 'Paractical Exgesis' in Early Modern England," *Osiris* 29 (2014), 19-34.
(34) 三つのオスの結合という不思議な状況から生じる「子供」を記述している場合もある。Cf. Principe (2008), 211-214.
(35) Ripley (1652), 130-131.

さらにリプリー卿は、三種類の異なる水銀が必要だと主張して混乱に拍車をかける[36]！

6　賢者の石を調整する——女性の仕事と子供の遊び

原料をめぐる著しい曖昧さと比較すると、それらの物質を賢者の石にする手法については、少なくとも初期近代には大まかな合意があった。まず準備した原料を、楕円形でながい首をもつガラス容器にいれる。この容器は本体の大きさと形状、そして発生論からの比喩で賢者の石を「生む」という機能から、しばしば「賢者の卵」ovum philosophicum と呼ばれる。つぎに揮発性の物質が失われるのを防ぐために、容器の首を封印する。首まわりを溶融してできる容器の気密性は、錬金術の伝説上の創始者に敬意を表して「ヘルメスの封印」と呼ばれる。賢者の石の調整で重要なこの段取りは、現在でも「ヘルメス的に封印する」という表現に生きのびている。封印された賢者の卵は炉のうえで加熱されるが、その温度は論争の的となる。膨張する空気の圧力を逃がせないので、密閉された容器を加熱するのは危険であり、容器が爆発する逸話は数多い（**口絵1**）。当時のガラス容器はとても肉厚でひび割れや熱衝撃に弱く、これは不都合な問題だった。

原料が正しく選択・準備され、容器の爆発を回避できたら、三〇日から四〇日で容器内の物質は黒くなる。賢者の石の色彩変化における最初の黒色は、「カラスの頭」caput corvi,「黒よりも黒い黒色」nigredo nigrius nigro, あるいは「黒色」nigredo と呼ばれる。この色彩は物質の死や腐食だけではなく、操作が正しいことを意味する喜ばしい印でもある。偽ヴィラノヴァのアルナウを引用しつつ、『賢者たちのバラ園』は力説する——「物質が黒色になったら喜ぶのだ。なぜならそれは作業の開始を意味するからだ[37]」。

ここからは火力調節だけで、加熱をつづけて賢者の石を完成へと導く。この作業は「女性の仕事と子供の遊び」とも呼ばれ、何カ月にもわたって火力を一定にたもつ必要から、初期近代の女性たちの仕事と同様に困難なものだった。現代では電気と温度計のおかげで、電源をいれるだけで達成できる。初期近代のキミストたちは、大きさを揃えた木炭を昼夜とおして一定の間隔で炉に投げいれ、炉の空気弁を動かして火力を一定に保持しなければならなかった。温度計が発明される以前の時代は、触覚や視覚・嗅覚に依存していた。

加熱を数週間つづけると黒色はしだいに薄くなり、「クジャクの尾」cauda pavonis と呼ばれる多様な色彩が短期間で変化する現象がおこる。半流体の塊はどんどん軽くなり、最後に輝かしい白色になる。賢者の石の色彩変化における第二段階だ。「白色化」albedo は、完璧な賢者の石への中間点である「白色の賢者の石」あるいは「白色のエリクシル」への到達を意味する。この時点で、容器を開封して白色の物質をとりだすという選択肢がある。銀を添加する追加操作をすれば、白色の賢者の石はすべての卑金属を銀に変成できるという。

最終目標に到着するためには、さらに加熱を継続する必要がある。多数の著作が、徐々に熱を上昇させることを推奨する。白色の物質は黄色に、そして濃い赤色へと変化する。これが「赤色の賢者の石」あるいは「赤色のエリクシル」と呼ばれる最終段階となる。こうして長期の操作が完了すると、容器を割って賢者の石をとりだす。ここで白色の賢者の石と同様に追加操作が必要となる。まず赤色の賢者の石を金とともに「発酵」させる。卑金属を金に変成するためには、本物の金と混ぜなければならない。つづいて流動性をもつ「賢者の水銀」を追加して、ロウのような可融性をあたえる。賢者の石は溶けやすくなり、卑金属に浸透しやすくなる。完成した賢者の

(36) Ripley (1652), 124.

(37) *Rosarium* (1992), I: 59.

石は、濃い赤色の非常に重くて脆い可融性の物質で、油が紙に浸みこむように金属に浸透する(38)。

待望していた金属変成を実行する記念日には、まず鉛やスズなどの卑金属を坩堝で溶融させるか、水銀を沸騰するまで加熱する。つぎに紙あるいはロウにつつんだ少量の賢者の石を坩堝に投げいれ、炉の火力を強める。この動作は「投入」projectioと呼ばれる。坩堝内のすべての物質が溶融したあとに生成した貴金属は鋳塊へと流しこまれる。この操作で使用される賢者の石の分量は、変成の能力に依存する。完成したばかりの賢者の石は、十倍の重さの卑金属を変成できるとされるが、前述の「増大」の操作により比率を変化させられる。賢者の水銀に完成した賢者の石を再溶融して、黒・白・赤の過程をふたたび通過させ、変成力を十倍にできるという。同じ操作をくり返すことで、巨大な変成力を獲得することも可能だ。ジョン・ディーがある司教の墓所で発見した一握りの賢者の石は、二七二三三〇倍の重さの鉛を金に変成できたという(39)。

7　賢者の石の作用を説明する

賢者の石の驚異的な作用を説明するために、さまざまな理論が提出された。どれもがその作用は純粋に自然なもので、自然の規則にしたがうと主張する。この点を強調するのは重要だろう。クリソペアは、しばしば「魔術的」あるいは「超自然的」なものだと想像されているからだ。批判者たちはそれが悪魔などにより超自然的に作用するとし、排除されるべきだと主張するが、ほぼすべての支持者たちは純粋に自然な作用だと強調した(40)。

身近に観察される自然界の現象が、ここで明白な例となる。初期近代人たちは、ワイン樽に投げこまれる少量の酢がすぐにワイン全体を酢に変化させるのを知っていた。また少量の凝乳酵素が大量の牛乳をチーズへと凝固させるのは、一握りの賢者の石が数百倍や数千倍の重さの卑金属を金へと変換させるのと似ている。そして大量のパン生地に混ぜられた少量の酵母が、すぐに塊全体をパン種に変える。これらの現象は良く知られており、利益の点では比べものにならないが、賢者の石の驚異的な能力を説明する例となった。

賢者の石は強力に純化する火のように作用し、卑金属が金の純度に到達するのを邪魔している不純物をとり除くという主張や、金の形相を過剰にもつことから、卑金属に投入されると既存の形相を破壊して金の形相で置換するという説明もある。これに近い発想として、賢者の石は金に特徴的な温・乾の性質が極度に高く、鉛のもつ冷・湿の性質をごく少量で修正できるという説もある。さらにエリクシルは「超完全」plusquamperfectio, つまり「完全以上」の金であり、卑金属と混ぜられると卑金属の非完全性と自身の超完全性が平均されて通常の金の完全性をあたえるという解釈まである。[41]

賢者の石が金の「種子」をふくんでおり、それが卑金属を金へと変成させるという主張もある。これを文字どおりに理解して、有機的な物質や生きた物質をさしていると考えてはいけない。初期近代において、種子という

(38) 一七世紀の『賢者たちの石』*Stone of the Philosophers*, in *Collectanea chymica*（London, 1893）, 55-120: 113-120 は賢者の石の色彩変化を詳述するが、Eirenaeus Philalethes [George Starkey], *Secrets Reveal'd, or An Open Entrance to the Shut-Palace of the King*（London, 1669）, 80-117 の記述は冗漫だ。

(39) Ashmole（1652）, 481.

(40) Meric Casaubon, *A True and Faithfull Relation*（London, 1659）, Preface, xxxxx やキルヒャーは賢者の石の作用が自然なものではなく、悪魔によると考えた。なおイエズス会士たちの意見は一致していない。Baldwin（1993）; Margaret Garber, "Transitioning from Transubstantiation to Transmutation: Catholic Anxieties over Chymical Matter Theory at the University of Prague," in *Chymists and Chymistry: Studies in the History of Alchemy and Early Modern Chemistry*, ed. Lawrence M. Principe（Sagamore Beach, MA: Science History Publications, 2007）, 63-76.

(41) （Ps.-）Arnau de Villanova, *Rosarium philosophorum*, in Manget（1702）, I, 662-676: 665.

語は強力な作用者や事物を組織する原理を意味しており、物質を変化させるために微小なレベルで作用すると考えられた。この比喩の起源を植物界で探してみよう。どのようにして植物は、地中から吸収した水分を自身の身体を構成する物質に変化させ、葉や花、茎や果実といった複雑な構造物を生みだすのだろうか。これらの変化を制御して各個の目的へと導く原理が存在しないといけない。初期近代人の多くがこうした原理を「種子」semina と呼び、植物だけではなく動物や鉱物にも存在すると考えた。(42) こうした「種子」による変成は、諸元素の再編成あるいは金属を構成している微小な粒子の再配置から生じるという考えも提唱される。

最後に英国のボイルは、これらの説が満足できる説明をあたえないと認める。同時に彼は誰も発酵の仕組みさえ満足に説明できていないと指摘するが、醸造職人たちがビールを製造する能力は疑っていなかったろう！(43)

8　キミア的な医学、パラケルスス、そしてパラケルスス主義

医薬の調整は、初期近代までに錬金術の主要な領域となる。一四世紀半ばにルペシッサのヨハネスは「第五精髄」という考えを提出し、鉱物や金属、植物から医薬品を調整するために応用した。それは偽ルルスなどに受容されて幅ひろく流布する。医薬水やアルコールの蒸留、医薬用の塩類の製造、関連する新物質や新技術の導入は、一五世紀の重要な展開だ。しかしこうした流れは、一六世紀に出現する巨人のせいで目立たなくなる。その人物こそ、もっとも華やかな初期近代の登場人物であるパラケルススだ。

パラケルススは、町から町へと放浪して生涯の大半を過ごした。型破りで短気な性格から、どこでも騒ぎに巻きこまれてしまう。「大言壮語の」bombastic という言葉は彼の名前に由来すると誤って伝えられてきたが、彼は伝統的な医学への騒々しい批判者として知られている。しばしば追従者たちに真似される彼のテクストは、医

師や薬剤師たち、そして既存の医療機関を批判する辛辣な言説でみちている。また当時の医学教育の標準的な教科書だったイブン・シーナーの医学書を、軽蔑の証として公衆の面前で焼いたという。さらに挑発的な行動として、学術の公用語であるラテン語ではなく彼の母語であるスイス訛りのドイツ語で講義・執筆し、古典的な地中海産ではなくドイツ産の医用植物の使用を推奨する。彼は、医薬の調整や身体の諸機能の説明で重要な役割をはたすキミアを「医学の支柱」として強力に支持するが、クリソペアには興味を示さず、嘲笑するだけだった。

パラケルススの革新のひとつは、金属の構成要素としての水銀と硫黄に第三の要素である塩を追加したことだ。アラビア世界に由来する二原質は金属と幾つかの鉱物だけに適用されていたが、彼は自身の三原質を「最初の三者」tria prima と呼んで、すべての事物の本質的な構成要素とする。キミア的な三原質は物質的な三位一体性を表現し、神的な三位一体性や身体・霊魂・霊という人間内部での三位一体性にも呼応している。パラケルススは、既存の諸体系のかわりに、神学と自然哲学を包摂する新しい体系を確立しようとする。彼にとって、キミアは自然界や人間身体の働きを説明する根幹的なモデルを提供する。海や空気、大地をめぐる雨の循環は宇宙規模で展開される巨大な蒸留であり、地下での鉱物の形成や植物の成長、生物の発生、そして消化や栄養摂取、呼吸などの身体の働きもキミア的な過程とみなされる。キリスト教の神自身が偉大なるキミストであり、神が始原的な混沌から秩序ある世界を創造したのは、キミアにおける抽出や精製に似ている。神がくだす火による最後の審判は、

---

(42) 種子の理論の包括的な研究として Hiro Hirai, *Le concept de semence dans les théories de la matière à la Renaissance: de Marsile Ficin à Pierre Gassendi* (Turnout: Brepols, 2005)［および idem, "Kircher's Chymical Interpretation of the Creation and Spontaneous Generation," in Principe (2007), 77-87; ヒロ・ヒライ「ルネサンスの種子の理論：中世哲学と近代科学をつなぐミッシング・リンク」『思想』第九四四号（二〇〇二年）、一二九―一五二頁］を参照。

(43) Boyle (1998), 254-255.

キミストが火によって貴金属から不純物を排除するのに対応するという。この「キミア的な世界観」は、つづく数世代に大きな影響力をもつ(44)。

パラケルススは、キミアによる分離によって毒物からも強力な医薬が調整できると考えた。彼はこの操作を「分離」Scheidung と呼び、自然物から三原質を分離するために蒸留や昇華、精製、溶解などを利用する。そして毒物から有毒な「残滓」が分離されると、三原質が医薬的な効能を発揮すると考えた。三原質は純化のあとに再結合され、毒性のない「高貴な」医薬として強力に作用するという。パラケルススは造語を好み、この分離と再結合の操作を「スパギリア」spagyria と命名する。これは伝統的に、ギリシア語の「抽出する」span と「一緒にする」ageirein をあわせて「分離と再結合」を意味するとされる。

後代のパラケルスス主義者たちは、スパギリアに神学的な含意を付加する。死とともに霊魂と霊は身体を離れ、身体は墓のなかで純化される。そしてすべてが火で破壊される世界の終末には、純化された身体が復活し、罪悪から清められた霊魂と霊が神によって再導入される。こうして賛美された不滅の人間が創造されるのだ(45)。これと類比して、キミストは火によって三原質を分離して純化し、それらを有益で完璧な物質へと再結合させる。天地創造と終末の双方において神自身がキミストの働きをすることから、キミアも神聖視される。キミストは、自然を向上させる神のような能力を発揮する。パラケルスス主義者の幾人かは、アダムの原罪によってすべての毒物が世界に付与されたとまで主張する。有毒な諸物質をキミアによって純化して医薬にすることで、キミストはそれらを神が最初に創造した始原的な汚れのない状態に還元する。ある意味でキミアの操作は「救済」に近く、キミストは堕世界を救済する「補佐役」として協働するという。

パラケルススは、明晰で秩序だった著作家ではなかった。助手の一人は、彼は飲んだくれた状態で著作を口述筆記させると証言している。彼の作品は生前にはほとんど出版されず、影響力はかぎられていた。つぎの世代が活動する一六世紀後半になると、ボーデンシュタイン（Adam von Bodenstein, 1528-1577）やトクシテス（Michael Toxites, 1514-1581）、ドルン（Gerard Dorn, fl. 1566-1584）などの追従者たちが、彼の手稿を収集して編纂する。彼らは、パラケルススの矛盾にみちた主張を整理する。[46] この作業をとおして、パラケルススの著作はヨーロッパ中に流布することになる。彼は支持者と批判者たちによってあまりに多様に解釈されるので、歴史的な実像を見出すのは難しい。そしておそらく他の誰よりも、反体制的な態度を代表する伝説的な人物となる。科学や医学、政治、神学などの領域を横断する知的・文化的な反逆の象徴だ。[47] これは宗教改革と科学革命に共通する態度と親和性があり、なぜ彼の発想や実践よりも彼の人物像そのものが人気をもったのかを説明するだろう。パラケルスス主義の影響は、急進的な新教徒や正式な教育をうけていない自称医師など、既存の組織に所属しない人々のあい

(44) Walter Pagel, *Paracelsus: An Introduction to Philosophical Medicine in the Era in the Renaissance* (Basel: Karger, 1958); A・G・ディーバス『近代錬金術の歴史』川﨑勝・大谷卓史訳（平凡社、一九九九年）; Joachim Telle (ed.), *Analecta Paracelsica* (Stuttgart: Steiner, 1994); Ole Peter Grell (ed.), *Paracelsus: The Man and His Reputation, His Ideas and Their Transformation* (Leiden: Brill, 1998); Heinz Schott & Ilana Zinguer, *Paracelsus und seine internationale Rezeption in der frühen Neuzeit* (Leiden: Brill, 1998); Didier Kahn, *Alchimie et Paracelsianisme en France (1567-1625)* (Genève: Droz, 2007); Charles Webster, *Paracelsus: Magic, Medicine and Mission at the End of Time* (New Haven: Yale University Press, 2008); Udo Benzenhöfer, *Paracelsus* (Reinbek: Rowohlt, 1997)［および菊地原洋平『パラケルススと魔術的ルネサンス』（勁草書房、二〇一三年）］を参照。

(45) Valentinus (1677), I: 12-14.

(46) フランスにおけるこの過程は Kahn (2007) を参照。

(47) Stephen Pumphrey, "The Spagyric Art: Or, the Impossible Work of Separating Pure from Impure Paracelsianism: A Historiographical Analysis," in Grell (1998), 21-51; Andrew Cunningham, "Paracelsus Fat and Thin: Thoughts on Reputations and Realities," in Grell (1998), 53-77.

だで顕著な拡大をみせる。結果として、一六世紀末から一七世紀をとおして多様な形態のパラケルスス主義が出現する。

パラケルスス主義者と批判者たちは、医学とキミアの双方に大きな影響をあたえる。重要なことに、キミアと結びついた医学である「ケミアトリア」の支持者のすべてが、パラケルスス主義者を自認したわけではないし、パラケルスス主義がケミアトリアの総体だったわけではない。たとえばイタリアでは、パラケルスス以前から医薬水とアルコールの蒸留が数世紀もの伝統を誇っていた。彼の誕生のはるか以前から、ルペシッサのヨハネスや偽ルルスなどがキミア的な医学の諸潮流を創始し、それらは継続していた[48]。

パラケルスス主義をめぐって、幾つもの激しい論争が巻きおこった。批判はしばしば、特定の医学的な主張や実践をめぐる見解の相違にもとづいていた。重要な争点のひとつは、キミア的な操作で諸物質から毒性を除去して医薬にするという実践にある。水銀やヒ素、アンチモンなどの毒物の利用が推奨され、なかでもアンチモンについての一連の出版物が「アンチモン戦争」と呼ばれる論争を一〇〇年以上にわたって継続させる[49]。一六五八年に遠征中の国王ルイ一四世（Louis XIV, 1638-1715）が病気で倒れ、侍医たちによる治療は効果がなかったが、現地の医師が処方したアンチモン薬入りのワインで誘引された嘔吐によって王は生命を救われる。アンチモン薬を禁止していたパリ大学の医学部は、この一件からパラケルススの「催吐酒」を許可するしかなかった。こうしてフランスでの論争は終了する。

もうひとつの批判の矛先は、パラケルスス主義者たちの反体制的な態度と主張にむけられた。多くの医師たちが公衆の面前で馬鹿にされ、自らのうけた教育・訓練や学識、免許が無価値だと非難されたと異議を唱える。もっとも多作かつ毒舌家でパラケルスス主義を批判した人物は、前章でもみたリバヴィウスだろう。教育家でありキミストだった彼が攻撃の的にしたのは、パラケルスス主義者たちが正式な教育と古典の学習を否定し、教育や職業、社会をめぐる既存の制度から逃れようとする点だった。リバヴィウスは、彼らの造語趣味と曖昧な主張を非難し、彼らの出版物が秩序や洗練を欠いていると嘲笑する。彼はパラケルスス主義者たちを辛辣に断罪しつつ、伝統的なキミアを擁護してクリソペアとその達人たち、そして伝統的な秘密主義を支持する。ケミアトリアを推奨する彼は、パラケルススを批判するためにキミアの有用性と威厳まで否定してしまった医学者たちをも攻撃する。リバヴィウスの主著『アルケミア』は一五九七年に出版され一六〇六年に増補されるが、膨大な数の処方と実験器具を体系的に解説し、それらの多くが医薬の調整に関与している。彼はキミアの熱烈な支持者として著述し、それを破壊的な侵入者たちから擁護しようとした。そしてキミアに学術的な地位をあたえるべく、正統でない不純物を排除しようとした(50)。

9　その他の野心的なキミアの計画

キミアの医学への応用とキミアにもとづいた自然観・宇宙観を展開することが、パラケルススの著作の重要な側面だろう。しかしその他にも、彼の名前が関与する試みが存在する。彼自身あるいは彼の追従者の手になる

(48) Moran (2007), 291-302.

(49) Allen G. Debus, *The French Paracelsians* (Cambridge: Cambridge University Press, 1991), 21-30; Bernard Joly, "L'ambiguïté des Paracelsiens face à la médecine galénique," in *Galen on Pharmacology: Philosophy, History and Medicine*, ed. Armelle Debre (Leiden: Brill, 1997), 301-322; Hermann Fischer, *Metaphysische, experimentelle und utilaristiche Traditionen in der Antimonliteratur zur Zeit der 'wissenschaftlichen Revolution'* (Brunswick: Braunschweiger Veröffenlichungen zu Geschichte der Pharmazie und der Naturwissenschaften, 1988). 後者は有益な書誌データを収録している。

(50) Moran (2007).

『自然の事物の本性について』*De natura rerum* は、生物でさえも実験室で生成できると主張する。この技術の頂点には、ラテン語で小さい人間を意味する「ホムンクルス」homunculus と呼ばれる擬生物の生成がある。新しい生命は腐敗からはじまるという考えと、つねに種子はなにかを生成するという考えにもとづいて、著者はつぎのように主張する。人間の精液をフラスコに密閉して腐敗するまで穏やかに加熱すると、四〇日後に人間の様相をもつ擬生物が生成し、さらにキミア的に調整された人間の血液で四〇週間ほど養うと、ホムンクルスへと成長する。それは人間の子供に似ているが、驚異的な知識と能力を備えている。人工的な生成物なので、誕生時から人間のすべての技芸を知り、通常の人間がもたない能力さえも付与されているという。著者は、ホムンクルスの純粋性が女性的な要素で「汚されて」いないのを示すために、精液のかわりに月経血で同様な操作をおこなうと、ホムンクルスではなくバシリスクが生成されると説明する。その視線だけで敵を殺すという非常に危険な生物だ(51)。

ウシの死骸からハチが生まれ、腐葉土からムシがわくという例のように、生命をもたない物質から生物が生じるのは日常的なことであり、中世や初期近代の知識人たちは実験室での生命体の生成を不可能だとは考えなかった。旧約聖書の『創世記』第一章第二四節で神は「大地から生物がいでよ」と命じるが、神学者たちは神が最初から四元素に生物を生みだす力をあたえ、この力は物質に存在しつづけると説明する(52)。道徳的・神学的な問題が生じるのは、人間に類似した「知性的な」生物を人工的に生成する点にあった。驚嘆と憤慨の混じった感情が、ホムンクルスについての逸話に一七世紀までついてまわる(53)。

キミストたちの大多数は、ホムンクルスにそれほど関心を示さなかったが、死んだ物質を生きた状態に還元する「パリンゲネシス」palingenesis や「反復発生」と呼ばれる実験は大いに注目された。この関心の根源もまた『事物の本性について』にあった。著者によると、動植物はキミア的な手法で「復活」させることができるという。木材を灰になるまで燃やし、それを同種の木から抽出した蒸留物と混ぜて、粘性をもつ状態になるまで暖かい場所におく。つぎにそれを腐敗させて肥沃な土中に埋めると、同種の木が生えてくる。それは「より強力で高貴な」木材となるという。[54] この操作は分離と再結合を基礎にするスパギリアに依拠し、木材が「復活」して高貴なものになる点は、人間が復活によって体験する完全な状態と呼応している。さらに小鳥でも同様な操作が可能だとされる。

この「キミア的な復活」の考えを幅ひろく流布したのは、フランスのパラケルスス主義者デュシェーヌ（Joseph Du Chesne, c. 1544-1609）だろう。彼は、火で焼かれたあとに植物のようなものが生じる二通りの方法を目撃したという。彼の友人は大量のイラクサを焼いて灰にしてから水で塩類を抽出し、この「あく洗剤」lixivium と呼ばれる溶液を濾過して容器にいれ、寒い夜に窓辺においたという。溶液は凍結するが、デュシェーヌとその友人は翌朝に氷塊のなかに根や枝、葉をもつイラクサの姿を見出す。彼はこの実験がつぎのことを示すと主張する——灰化された植物から抽出される塩類は、植物の形相と生命原理を保存しており、正しい環境下におかれると植物

（51）（Ps.-）Paracelsus, *De natura rerum*, in *Sämtliche Werke*, Abteilung 1: *Medizinische, wissenschaftliche und philosophische Schriften*, ed. Karl Sudhoff（Münich-Berlin: Oldenbourg, 1928）, XI: 307-403: 316-317.

（52）アウグスティヌス『神の国』第一六書第七章を参照。シャルトルのティエリ（Thierry de Chartre, ?-c. 1150/55）の『六日の業にかんする論考』に代表されるシャルトル学派は、『創世記』の自然主義的な解釈を展開し、神によって最初に創造された物質が諸生物をふくむ宇宙を生んだとする。

（53）ホムンクルスについては William R. Newman, "The Homunculus and His Forebears: Wonders of Art and Nature," in *Natural Particulars: Nature and the Disciplines in Renaissance Europe*, ed. Anthony Grafton & Nancy Siraisi（Cambridge, MA: MIT Press, 1999）, 321-345; Newman（2004）, 164-237 を参照。

（54）（Ps.-）Paracelsus（1928）, XI: 348-349.

の形態を再現する。また彼はこの現象を、世界の終末に人間の身体が復活する物的な証拠だとも考えた[55]。

この操作を何度も再現できたデュシェーヌは、誰も再現できないでいる別の印象的な操作についても語っている。ポーランドのクラクフ出身の医学者が、さまざまな植物からキミア的に調整された灰を収めて密閉したフラスコを彼にみせる。それらの容器をロウソクで穏やかに加熱すると、灰から完全な植物の形態をした像が浮びあがり、熱源を遠ざけると像はもとの灰へと崩れたという[56]。こうして一七世紀前半から一八世紀初頭まで、多くのキミストたちが反復発生の実験に手を染める[57]。キルヒャーは関連する処方の集成を出版し、一六五七年にスウェーデン女王クリスティーナ（Christina, 1626–1689）をふくめた訪問者たちのために操作を再現したと主張する[58]。キルヒャーを訪問したディグビー卿（Kenelm Digby, 1603–1665）も、一六六〇年にロンドンのグレシャム学寮で開催された知識人たちの会合で、反復発生の実験を披露したと主張する。彼はデュシェーヌのイラクサ溶液の操作を再現したとし、スパギリアの操作によってザリガニの反復発生にも成功したと報告している[59]。

しかしファン・ヘルモントは、デュシェーヌが報告した現象を明確に否定している――「この人物は、氷ができるときにイラクサのようなノコギリ歯状の紋様をつくることを知らなかった[60]」。しかし彼も、パラケルススに由来する「アルカエスト」alkahest と呼ばれる普遍的な溶解液についての探究を後押ししている。パラケルススは肝臓の特別な医薬にこの名称をもちい、普遍的な溶解液には「循環された塩」sal circulatum という名称をあてていた。アルカエストは、ファン・ヘルモントの体系で重要な位置をしめる。

ファン・ヘルモントの影響力ある世界観は、キミアや医学、神学を統合している。彼は古代ギリシアのタレスのように、水がすべての事物の基体だと主張し、パラケルススが提唱した三原質の特権的な地位を否定する。彼の理論は、旧約聖書の『創世記』の冒頭と実験室で観察される水の卓越性にもとづいている。彼は有名な実験で、五ポンドのヤナギの苗木を二〇〇ポンドの土に植え、五年間にわたって水をあたえる。ヤナギは一六四ポンドほど重量を増したが、土の重量は不変だったという。そこから彼は水だけが植物の各部位へと変化したと結論する。不可視の非物体的な「種子」semina が水を多様な物質へと変化させ、これらの物質はふたたび始原的な水へと還元されるという。こうした創造と破壊は、永続的な循環をなす。一方で火は、諸物質を破壊して「ガス」gas へと変える。この用語は「混沌」chaos から案出された造語で、蒸気よりも精妙な物質をさす。[61] ガスは大気の上方にむかい、そこで極度の低温に接触して、水元素に還元され雨となって地上に落ちてくるという。アルカエス

（55）Joseph Du Chesne, *Ad veritatem Hermeticae medicinae* (Paris, 1604), 294-301. 凍った溶液の植物像は彼の『世界の大鏡』（一五九三年）で最初に言及され、Du Chesne (1604), 297 に再録される［ヒロ・ヒライ「ルネサンスにおける世界精気と第五精髄の概念：ジョゼフ・デュシェーヌの物質理論」『ミクロコスモス：初期近代精神史研究』（月曜社、二〇一〇年）、二九―六九頁も参照］。

（56）Du Chesne (1604), 292-294.

（57）反復発生については Joachim Telle, "Chymische Pflanzen in der deutschen Literatur," *Medizinhistorisches Journal* 8 (1973), 1-34; Jacques Marx, "Alchimie et palingénésie," *Isis* 62 (1971), 274-289 を参照。Georg Franck de Franckenau & Johann Christian Nehring, *De palingenesia* (Halle, 1717) はこのテーマの集大成だ。

（58）Kircher (1678), II: 434-438.

（59）Kenelm Digby, *A Discourse on the Vegetation of Plants* (London, 1661). Kenelm Digby, *A Choice Collection of Rare Chymical Secrets* (London, 1682) の処方は微妙に異なる。Betty J. T. Dobbs, "Studies in the Natural Philosophy of Sir Kenelm Digby," *Ambix* 18 (1971), 1-25; 20 (1973), 143-163; 21 (1974), 1-28 も参照。

（60）Joan Baptista Van Helmont, *Ortus medicinae* (Amsterdam, 1648b), 459.

（61）Van Helmont (1648b), 109; Robert Halleux, "Theory and Experiment in the Early Writings of Johan Baptist Van Helmont," in *Theory and Experiment*, ed. Diderik Batens (Dordrecht: Rediel, 1988), 93-101. 彼の実験一般は Newman & Principe (2002), 56-91 を参照。彼自身については Lawrence M. Principe, "Van Helmont," in *Dictionary of Medical Biography* 3 (2006), III: 626-628; Walter Pagel, *Joan Baptista Van Helmont* (Cambridge: Cambridge University Press, 1982) を、彼の種子の理論は

トは、この水元素への還元を素早く効果的におこなうのだ。

アルカエストとともに加熱された諸物質は、まず三原質に分解され、さらなる加熱で水へと還元される。こうしてアルカエストは、キミアにおける究極的な分解・分析の手段を提供すると考えられた。これはファン・ヘルモントにとって、知識を獲得するうえで決定的に重要な手段だった――「知識を獲得するためには、事物になにが、どのくらい包含されているかを知ること以上に確実な方法はない」(62)。正しい地点で操作を停止し、アルカエストを蒸留でとり除くと、溶解された物質の「第一存在」ens primum が結晶性の塩類としてのこされるが、それは毒性がとり除かれ、医薬的な効能を凝縮しているという。この操作はスパギリアに似ているが、はるかに簡便であると考えられた。ファン・ヘルモントは調整に成功したと主張するが、詳細を語らずに不明瞭なヒントだけを示す。アルカエストは大きな関心を集めたが、一八世紀になるまで多くのキミストが彼のヒントの解読に悪戦苦闘した(63)。

以上のキミアにまつわる秘密群は、クリソペアとケミアトリアという初期近代のキミアにおける主要な二領域と共存していた。これらの理論は、試金や精錬、ガラス製造といった一連の化学技術の日常的な利用をともなっていた。キミアの重要性と応用範囲は一七世紀をとおして大きくなり、商業と手工業の営みがヨーロッパ経済にとって必須となるのと歩調をあわせる。一七世紀半ばにヴェネツィアで活動したドイツ人のタケニウス(Otto Tachenius, 1610-1680)は、その論争書においてキミアの拡大を垣間みせてくれる。キミアがなければ、家を建築するためのレンガやセメント、ガラスもないし、絵画のためのインクや紙、染料や顔料もない。ビールやワインといったアルコール飲料もなければ、有益な医薬や塩類、金属もない。そして彼は結論する――

なぜ私はこれらに言及して時間を浪費するのか。キミアなしでは、頭髪を染めるいかなる染料も見出せず、

イタリアの老女は誰でもこの技の批判者たちを嘲笑するだろう。(64)

現代人が「錬金術」と「化学」と呼ぶ二分野を統合している一七世紀のキミアは、広大な領域にひろがっている。それは賢者の石や金属変成、アルカエスト、その他の魅惑的な秘密の探究から、人間の身体や宇宙と自然の働きの説明、神学的な真実の解説、金属の精錬、医薬品の調整、そして化粧品の製造まで包含する。この一覧の最初の幾つかは、読者たちを悩ませる疑問を提起するかも知れない。なぜそれほど多くの人々が賢者の石のような秘密が存在すると信じたのだろうか。どうしてクリソペアの実践家たちは、賢者の石やアルカエストのような物質について詳述できたのだろうか。賢者の石についての書物群は、たんなる夢想の産物なのか、ひとつの書物から他の書物へと借りた言葉を曲投げする行為にすぎないのか。あるいはこれらの書物は実験や実践を基礎にしていたのか。実験室の操作を暴くために達人たちの暗号化された言語は、どの程度まで解読できるのか。ケミアトリアにおいて、毒物が医薬に変換されると信じるにたる実践的な基盤はあるのか。これらすべての疑問は、実

Hirai (2005), 439–464 を参照。

(62) Van Helmont (1648a), 20.

(63) Bernard Joly, "L'alkahest, dissolvant universel, ou quand la thèorie rend pensible une pratique impossible," *Revue d'histoire des sciences* 49 (1996), 308–330; Paulo Alves Porto, "'Summus atque felicissimus salium': The Medical Relevance of the Liquor Alkahest," *Bulletin of the History of Medicine* 76 (2002), 1–29; Newman (1994), 146–148, 181–188; Principe (1998), 183–184. また George Starkey, *Liquor Alkahest* (London, 1675); Otto Tachenius, *Epistola de famoso liquore alcahest* (Venezia, 1652); Jean Le Pelletier, *L'Alkaest, ou le dissolvant universel de Van Helmont* (Rouen, 1706); Herman Boerhaave, *Elementa chemiae* (Paris, 1733), I: 451–461 は同時代の証言だ。

(64) Otto Tachenius, *Hippocrates chymicus* (London, 1677), Preface, sig. (b)2v.

践家たちが実験室で実際になにをし、なにを観察し、なにを達成したのかという根源的な問題と密接に関係している。次章ではこれらの難しい疑問をあつかおう。

第六章　秘密のヴェールを剝ぐ

1　はじめに

初期近代のキミアは、化学や医学、神学、哲学、文学、芸術といった現在では独立している領域の多様な主題をあつかっている。結果として、キミストたちの思考や実践は、さまざまな手法でアプローチできる。この驚くべき多様性を理解するためには、複数の手法を並行して採用する必要がある。そのひとつは化学だろう。キミアは現代の化学とは異なる前提や理論、目的、社会的な基盤、哲学に規定されていたが、物質を変化させ新しい物質を生むために結合と分解を利用する点で、化学と親密な関係にあることに変わりない。

キミアを「原始化学」とみなすのは重大な間違いだが、一七世紀の実践家と二一世紀の化学者には共通する要素もある。観察者の説明と理論化の方法が異なっていても、物質の特性と反応は変わらないからだ。だから現代化学は、ふたつの方法で歴史家を支援できる。第一に、現代化学における物質の知識は、不明瞭で暗示的に記述されている操作や考えを理解するのを助ける。第二に、化学操作の知識は、過去のテクストが伝える工程の再現を可能にさせる。三〇年にわたる私の経験によれば、再現実験は当時の実際の操作と内容、そして実践家たちの活動について重要な洞察をあたえてくれる。本章では、現代の化学にもとづいて初期近代のキミアを再現し現代的な解釈をあたえて、当時の発想と活動に光をあてよう。

キミストたちの活動を把握するためには、多大な労苦が要求される。彼らの多くが記録をのこさず、当初は存在した記録でさえ時間とともに消滅してしまったからだ。残存している記録は書物や手稿に記されたもので、意図的な曖昧さと秘密主義にみちており、明確な洞察をあたえてくれない。当時のキミスト自身、同業者の著作を理解するのに苦労していた。思考や伝達の方法・習慣が数世紀間で大きく変化したため、それらを理解するのは困難となる。キミストたちのテクストがもつ秘密主義は学術研究を妨げ、非歴史的な解釈が蔓延する原因となってきた。一見して明瞭な記述でも、不可能だと思われることを主張する。だから多くの人々が、そうした記述は実験操作の結果ではないと結論した。しかし現代化学の助けとともに注意ぶかくテクストを読解すれば、異なった光景が出現してくる。

2 不可能な実験結果なのか――ケミアトリアの場合

バシリウス・ヴァレンティヌスは、初期近代でもっとも著名なキミストの一人だろう（図6―1）。彼はドイツの上部ライン地方の出身で、ベネディクト会の修道士となり、同僚たちに医薬を調整するためにキミアを学ぶ。著作の人気が増すと情報が付加され、一七世紀末までに大がかりな伝記ができあがる。それによると、彼は北ドイツの町エルフルトの聖ペトルス大修道院に所属して一五世紀に活動したが、彼の手稿は一〇〇年以上も隠されていた。もっとも長尺の『最後の遺言と遺書』は、著者自身が死の直前に大修道院の教会堂の祭壇に隠したという。異説によると、激しい稲妻が教会を直撃して柱を粉砕し、隠されていた手稿が姿をあらわす。これは偽デモクリトスの逸話を想起させるだろう(1)。また一七〇〇年ごろに大修道院長が伝えた説では、手稿は修道院の食事室の壁に隠されていた(2)。

図 6-1. 聖ベネディクト会修道士ウァレンティヌスの肖像

バシリスクが象徴する賢者の石が賢者の卵のなかにある（中央右）

ウァレンティヌス『キミア著作集』（1677 年）から

初期近代にもこの修道士についての調査が試みられたが、芳しい結果はえられなかった。現代の研究は、仮面の裏に複数の著者が隠れていると考える。彼の名前は、ギリシア語の「王」basileosとラテン語の「強い」valensから「強力な王」を意味する。それ以前の断片をふくむ可能性もあるが、彼に帰される著作群は一五九〇年代以降に執筆され、著者の一人はヨーハン・テルド（Johann Thölde, c. 1565-1624）だとされる。彼はドイツ中部で製塩業に関与しており、ヴァレンティヌス名義の最初の五作品を執筆したようだ。(3)

ヴァレンティヌス文書でもっとも有名な著作は、壮大なタイトルを掲げる一六〇四年に出版された『アンチモンの凱旋車』*Der Triumph-Wagen Antimonii* だろう。前半は理論をあつかい、後半はアンチモンをめぐる多くの操作を明解に記述している。アンチモンは希少な元素でヒ素と多くの特性を共有し、穏やかな毒性をもつ半金属として知られるが、初期近代のキミストたちにとって尽きない興味の源泉だった。(4) アンチモンの毒性にもかかわらず、『凱旋車』の処方の大多数は医薬を目的とする。後代の説によると、この元素の名称は「反修道士」anti-moine, つまり「修道士に反する」効果に由来するという。(5) この説明は面白いが間違いだ。『凱旋車』は毒物の医薬への変換を強調し、既存の医学組織を激しく断罪する点で、パラケルスス主義と呼応している。(6)

『凱旋車』はパラケルススの分離・再結合の原理をアンチモンに適用し、毒性を除去して強力な医薬を生成しようとする。まず「アンチモンの硫黄」の単離法が記述される(7)（図6―2）。操作は「アンチモンのガラス」vitrum antimonii の生成から出発する。この危険な物質はガラス質で、服用すると嘔吐を誘発する。この物質から酢で抽出した赤色の液体を加熱するとゴム状となり、アルコールで甘い赤色の油状物質を抽出できる。この物質が「アンチモンの硫黄」で、すべての毒性がとり除かれており、嘔吐や下痢を誘発しないという。

現代の化学者には、この操作は不可能にみえる。有毒物質の毒性は簡単に「除去できる」ものではない。アンチモン化合物は水やアルコールで溶解せず、赤色も示さない。それではこの操作は、たんなる偽造、つまりパラケルススの原理にもとづいた架空のものなのだろうか。最善の方法は「アンチモンの硫黄」を実際に調整してみることとだろう(8)。

操作の第一段階は「アンチモンのガラス」の生成だが、この物質は初期近代の医薬目録である薬局方に見出されるので、容易だと思われる。『凱旋車』の著者は、非常に簡単なものから出発することを謝罪するが、実際に操作を再現してみると、この謝罪は不必要だとわかる。著者はアンチモン鉱石を粉砕する方法を示すが、これは「輝安鉱」と呼ばれる硫化アンチモンをさす。つぎに薄灰色になるまで硫化アンチモンを焼いてから「灰」を坩堝（るつぼ）で溶融させると、「きれいな透明性ある黄色のガラス」を生じるという(9)。実際に私が、硫化アンチモンを

（1） Olaus Borrichius, *Conspectus scriptorum chemicorum celebriorum*, in Manget（1702）, I: 38–53: 47.

（2） Georg Wolfgang Wedel, "Programma vom Basilio Valentino," in Roth-Scholtz（1976）, I: 669–680: 675–676.

（3） Claus Priesner, "Johann Thoelde und die Schriften des Basilius Valentinus," in Meinel（1986）, 107–118; Hans Gerhard Lenz (ed.), *Triumphwagen des Antimons: Basilius Valentinus, Kerckring, Kirchweger*（Elberfeld: Humberg, 2004）, 272–338, 353–374.

（4） 初期近代の用語「アンチモン」は、現代化学における同名の元素ではなく、その鉱石である輝安鉱をさし、化学的には三硫化アンチモンにあたる。

（5） この説は一九世紀の化学の教科書に見出せる。たとえば Robert Kane, *Elements of Chemistry*（New York, 1842）, 384 を参照。

（6） パラケルススの理論との類似性とウァレンティヌスが一五世紀に生きたという主張から、長年にわたる論争が生まれ、パラケルススが剽窃したと批判されることになる。Van Helmont（1648b）, 399.

（7） Basilius Valentinus, *Chymische Schrifften*（Hamburg, 1677）, I: 365–371 を参照。

（8） 再現実験の詳細は Principe（1987）を参照。

（9） Valentinus（1677）, I: 367.

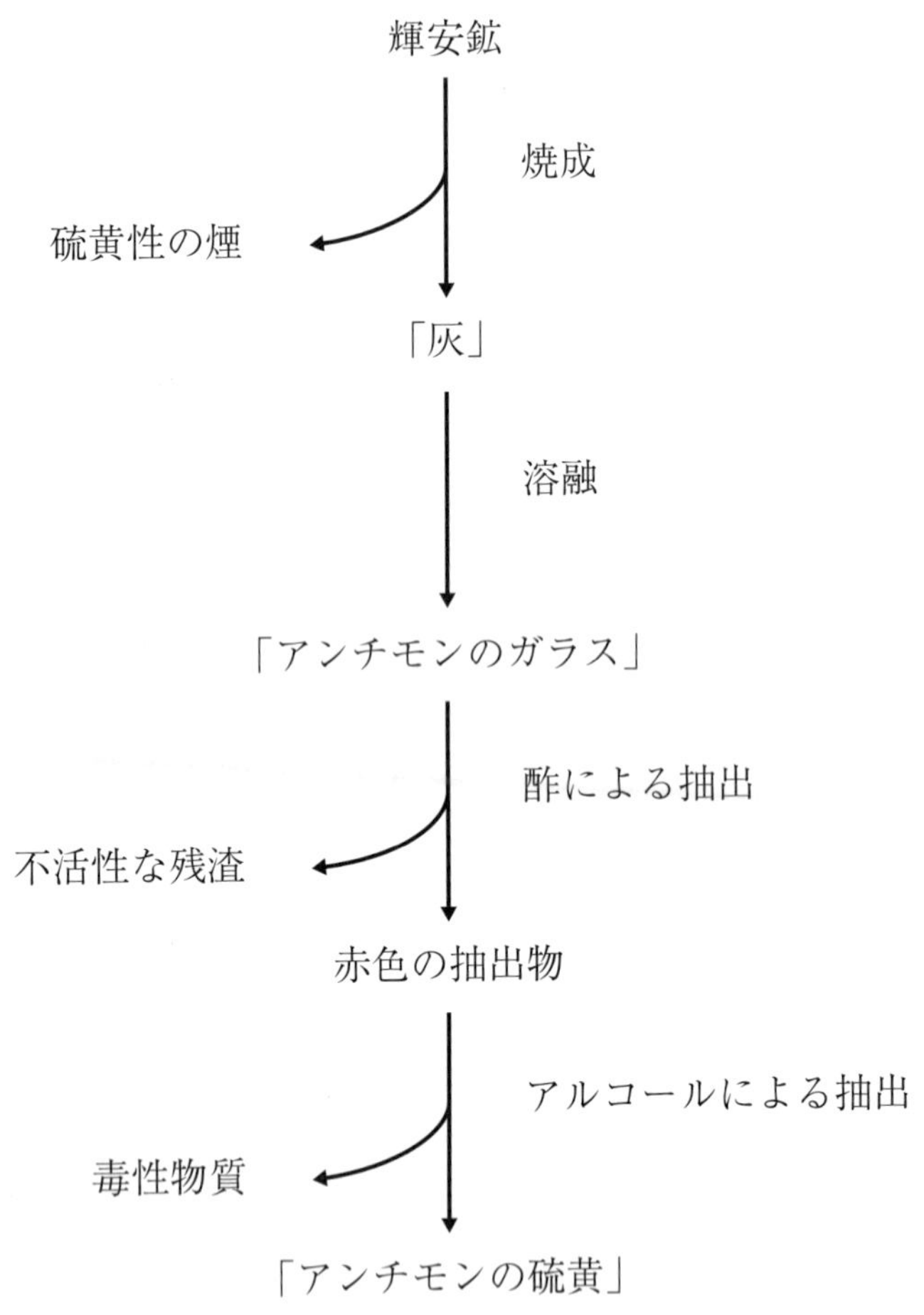

図 6-2. ウァレンティヌスによる毒物の医薬への変換
各段階において、有毒あるいは無益な物質が除去される
パラケルススの「分離」の原理と呼応している

「焼成」calcinatioと呼ばれる面倒な作業で二・三時間かけて穏やかに加熱しながら攪拌すると、生じる物質は酸化アンチモンが支配的な溶融しにくい灰色の物塊となる。焼成の温度や時間、灰を溶融しておく時間を変えて試しても、結果はつねに惨めなものだ。途方にくれた私は、『凱旋車』が「ハンガリーのアンチモン」に言及していることから、東欧産の標本を入手して同様に粉砕・焼成し、灰を溶融させると、きれいな透明性ある黄色のガラス質の物質を獲得できた（口絵3）。

なにが成功に導いたのか。化学分析によると、東欧産の鉱石は少量の石英をふくんでいる。鉱石全体の重さの約一〜二パーセントという少量が鍵をにぎっている。その存在なしでは、ガラス質の物質を生成しない。[10]失敗した実験でえられた灰色の物塊に石英あるいは二酸化ケイ素を少量くわえて溶融すると、美しい黄色のガラス質の物質を生じた。再現実験のたび重なる失敗は、提示された操作が架空のものか「秘密」を隠していると思わせるが、記述されたとおりに再現、つまり現代化学で使用される純粋な試薬や材料ではなく、実際の鉱石を利用すると成功する。不純物が重要なのだ。[11]

つぎに『凱旋車』は「アンチモンのガラス」を粉砕して、酢によって赤い溶液を抽出するよう教えるが、またしても私の操作は失敗する。石英を添加して生成した黄色のガラス質の物質は、何週間にわたって攪拌しても酢

（10）これ以外にも「アンチモンのガラス」は存在する。ルビーのような赤色で硫黄をふくみ、「錬金術師たちのガラス」と一九世紀半ば以降の化学書に記載されている。Joseph W. Mellor, *A Comprehensive Treatise on Inorganic and Theoretical Chemistry* (London: Longmans, 1922–1937), IX: 477; *Gmelins Handbuch der anorganischen Chemie* (Leipzig-Berlin: Verlag Chemie, 1924–), XVIII-B: 540. 私の再現実験の以前には、初期近代人たちの「アンチモンのガラス」は化学書から消えてしまっていた。科学知識は時代とともに蓄積するだけではなく、忘れられて断片化し、想起されずに消失する場合もある。

（11）石英をふくまない鉱石でも、初期近代のキミストたちの手にかかれば成功したかも知れない。彼らの坩堝は磁器ではなく陶器なので、粘土の石英が溶融してくる可能性があるからだ。

によって色彩が変化しなかったが、鉱石から生成したものは数日後に薄い赤色を示した。ここで化学分析が驚きの事実を教えてくれる——この赤色はアンチモン化合物のせいではなく、酢酸鉄によるものだった。鉱石にふくまれる微量の鉄分に由来するのは間違いない。この赤色の物質は微量しか生成しないので、著者が主張するように大量に生成させるのは不可能に思われる。今度は、処方における微細な点が鍵となる。というのも、著者は焼成された鉱石と溶融したガラス質の物質を「鉄の棒」で攪拌せよという。アンチモン化合物は鉄を素早く腐食するので、著者の「アンチモンのガラス」には使用された鉄の棒に由来する鉄分が混入していたのだろう。この混合物が「アンチモンの硫黄」の正体だ。それはアンチモンを含有しておらず、鍵となる物質は使用する実験器具にふくまれていたのだ！

この興味ぶかい結論は、『凱旋車』の主張と観察結果を完璧に説明する。酢はガラス質の物質から鉄分を溶解するが、同時に少量のアンチモン化合物も溶解する。だから生成物も、著者が記述するように服用すると嘔吐を誘発する。酢による溶液が加熱され、ゴム状の残渣がアルコールで抽出されたあとには、酢酸鉄だけが溶解しており、アンチモン化合物は不溶性の残渣のなかに閉じこめられる。著者は正しくも、「のこされた残渣は毒性をもっており、抽出液だけが薬効をもつ」と書いている。[12] アルコール抽出液は無毒で、記述どおり「甘い」。酢酸鉄は砂糖のような味がするからだ。

記述された操作を再現しようとする試みは、上記の結果をあたえてくれる。著者の理論的な解釈には欠点があるが、彼は操作を正確に記述していた。不純物の働きが認識されていないと、実験結果や操作の過程が正しくない印象をあたえるが、著者は実際に作業して観察したものを正確に記述しているのだ。キミアによる操作が毒物を無毒化するというパラケルススの教えは、彼には正しく思えたに違いない。こうして再現実験は、一見して不可能にみえる主張でさえ実験室での操作に依拠している場合があることを示す。しかしこの例は金属変成という困難な領域をあつかっていないので、以下ではこの点に焦点をあわせよう。

3　隠された知識を解読する――クリソペアの場合

金属変成の寓意的なテクストにも、隠された化学的な意味を見出せるだろうか。破裂しそうなヒキガエルや交合している男女、飛翔するドラゴンといった奇妙な記述や風変わりな図像は、実践的な意味をもつのだろうか。一九世紀半ばからの大多数の解釈は、寓意的なテクストを退けるか、化学を包含しない非歴史的な推論を展開するかのどちらかだ。クリソペアの探究者たちは秘密を保持するために寓意やエンブレムを採用したが、彼らの想像以上にそれらが機能しているのは興味ぶかい。しかしこうした書物は秘密を保持するだけではなく、選ばれた読者に秘密を開示するためにも書かれている。現代化学は、これらのテクストをより良く理解する助けとなるだろう。

ウァレンティヌスに帰せられる最初の著作『古代人たちの偉大な石について』が、良い見本となる[13]。著作の前半は理論の説明と賢者の石についての謎めいた助言で構成されるが、後半は『一二の鍵』という副題がついており、賢者の石についての簡潔で寓意的な一二章からなっている――「それらによって古代の石への扉が開かれる」という[14]。それぞれの鍵は操作の各工程を解読するヒントとなり、正しく解読できれば読者は全工程を学べる

(12) Valentinus (1677), I: 371.

(13) Basilius Valentinus, *Ein kurtz summarischer Tractat... Von dem grossen Stein der Uhralten* (Eisleben, 1599), repr. in *Chymische Schrifften* (1677), I: 1-112. 多くの再版と翻訳が存在する。

(14) Valentinus (1677), I: 24.

はずだ。しばしばクリソペアについての書物は、解読すべき段階を順番に通過していく体裁をとる。リプリー卿に帰された一五世紀の『錬金術要論』は一二の扉からなる形式をとり、各扉は賢者の石の調整における溶解や昇華、精製などの各操作を謎かけとともに記述する。著者は先行するモンタノールのグイド（Guido di Montanor, 14/15c AD）からこの形式を継承したが、グイドは賢者の石にいたる梯子の「段階」を描いている。後代の多くの著作家たちがリプリー卿の形式を真似るだろう。(15)

ヴァレンティヌスに帰された『偉大な石について』は、一六〇二年に出版されたライプツィヒ版に各鍵を説明する寓意的な木版画を収録しており、研究素材として優れている。(16)『賢者たちのバラ園』と同様に、まずテクストが先に執筆され、図像が後追いする。つまり、寓意的な図像をふくむ作品はテクストが優先されるのであり、図像だけを文脈から離して理解することはできない。テクストなしで図像だけを出版することが、不幸にも通俗書やインターネットで横行している。こうして図像は、歴史的な文脈や著者の意図に拘束されない勝手な想像にみちた解釈をつめこまれてしまう。

ここでは最初の三つの鍵を詳細に分析するだけで十分だろう。「第一の鍵」の図像をみてみよう（図6—3）。対応するテクストは「すべての不純で汚れたものは、われわれの作業にふさわしくない」と説く。純粋性という主題のあとに、医師が身体から病気をとり除く方法の注記がつづく。そして図像に直接に関係する部分は、以下のように忠告する——

王冠は純金でなくてはならず、貞淑な妻と結ばれる。貪欲な灰色のオオカミを手にとり、彼の名前をとなえながら好戦的な火星にあたえよ。オオカミは年老いた土星の子であり、世界中の山谷に暮らし、とても空腹だ。眼前に王の身体を投げだせば、エサにするだろう。オオカミが王を貪りたべたら、大火を熾こしてオオカミを投げいれよ。オオカミは完全に燃やされて、王が奪還される。これを三回くり返すとライオンはオオカミを征服し、それ以上なにもエサを見出せなくなる。こうして作業のはじめの時点で、われわれの身体は完成される。(17)

木版画には王と貞淑な妻、そして火を飛びこしている首輪をつけたイヌのようなオオカミが描かれ、松葉づえと大鎌をもった年老いた土星が近くにいる。これらはなにを意味するのだろうか。謎解きは容易で、テクストは純化・精錬の工程を記述している。金属変成の文脈では、王は「金属の王」、つまり金をさす。金の身体が、土星の子である飢えたオオカミにエサとしてあたえられる。標準的な惑星と金属の対応では、土星は鉛をさす。その子供とは土星に近縁で、金の精錬に有益なものだろう。答えは、ヴァレンティヌス文書で鍵となるアンチモン鉱石か輝安鉱だ。輝安鉱は鉛と関係していると考えられ、金を精錬するのに利用される。(18) 金属との反応を観察す

(15) リプリーは近年まであまり研究されてこなかった。Jennifer Rampling, "Establishing the Canon: George Ripley and His Alchemical Sources," *Ambix* 55 (2008), 189–208; idem, "The Catalogue of the Ripley Corpus: Alchemical Writings attributed to George Ripley," *Ambix* 57 (2010), 125–201 は信頼できる。リプリーの『錬金術要論』の最良の版は Ahmole (1652), 107–153 だ。一五九一年版を翻刻した George Ripley, *Compound of Alchymy*, ed. Stanton J. Linden (Aldershot: Ashgate, 2001) もある。

(16) Basilius Valentinus, *Ein kurtz summarischer Tractat...* (Leipzig, 1602). なお *Aureum vellus* ... *tractatus III* ([Rorschach am Bodensee], 1600), 610–701 も図版なしで収録。Joachim Tanckius, *Promptuarium Alchemiae* (Leipzig, 1610), II: 610–702. 一六世紀末の Lambsprinck, *De lapide philosophico*, in Van Sande (1678), 337–371 も同様の形式を踏襲し、一五の短尺のテクストとエンブレム、暗号めいた韻文からなる。

(17) Valentinus (1677), I: 26.

図 6-3. 第 1 の鍵のエンブレム
ウァレンティヌス『偉大な石について』（1602 年）から

れば、「飢えたオオカミ」と呼ぶことに誰でも納得するだろう。溶融された輝安鉱は、勢いよく金属を溶融して「貪りたべる」。「彼の名前をとなえながら好戦的な火星にあたえよ」というヒントは、この解釈を補強する。輝く針状の結晶から輝安鉱はドイツ語でSpiessglanzと呼ばれ、文字どおり「槍の輝き」を意味する。すべての武器のように槍は戦争の神マルス（火星）に属する。

　現在でもこの工程は容易に再現できる。五八パーセントの金と四二パーセントの銅をふくんでいる一四カラットの金の指輪やネックレスを溶融した輝安鉱に投げいれると、瞬時に溶融する。金以外の金属は硫化物となって表面に浮き、金とアンチモンの光輝く銀白色の合金は底に沈む。沈殿物は、坩堝が冷えてから容易に回収される。「オオカミが王を貪りたべた」状態にある合金を、「大火を熾こして［…］投げいれよ」と表現されるように焼成すると、アンチモンは揮発して純化された金がのこる。金は純化されたので、「それ以上なにもエサを見出せなくなる」。こうして金属の王たる「ライオンはオオカミを征服」する。

　第二の鍵のテクストは、「権力者の宮廷」で入手できる飲料について議論している。「花嫁ディアナ」との婚礼前に、「花婿アポロン」を「さまざまな蒸留で調整法が学ばれるべき」水で注意ぶかく洗う方法が記されている。アポロンは太陽の神であり、太陽は金と結びつけられる。だから第二の鍵は第一の鍵で純化された金から出発する。「王」と呼ばれていた金は、「アポロン」と呼ばれる。暗号名は一冊の書物でも一定ではなく、遊び心のある著作家たちは際限なく、ときには一文のなかでさえも多様化させる。つづけて著者はいう――

　花婿が沐浴する貴重な水は、二戦士から注意ぶかく調整されなければならない。二戦士で相反するものを理

（18）プリニウス『自然誌』第三三巻第三四章は、アンチモン鉱石が容易に鉛へと変化するという。

解せよ［…］。ワシがアルプスの山頂に巣をつくるのは有益ではない。ヒナたちが山頂の雪により凍えてしまうからだ。しかし岩々にながく滞在し、大地の洞窟をゆっくり出入りした古いドラゴンをワシにあたえて、両者を地獄の座につかせれば、プルートは力強く息吹いて冷たいドラゴンから飛びだす火の精気を吹きあげる。強力な熱はワシの翼を燃やし、蒸し風呂を用意する。山頂の雪はすべて溶けさり水になる。そこから鉱泉が正しく準備され、王に幸運と健康があたえられる。(19)

このテクストは気ままな奔放さで、ひとつのイメージからつぎのイメージへと移行することから、情緒不安定な著者による作品のようにみえるが、これも実践的に解読できる。花婿の浴槽は、「ワシ」と「ドラゴン」と呼ばれる二戦士の闘争から調整される流体でみたされる。これらの動物は戦士の剣に表現されている（図6—4）。幸運にも著者は、他所でもう一度だけワシに言及している。おそらくこれは「真理の分散」の一例だろう。その箇所で彼は、現代では「塩化アンモニウム」と呼ばれるアンモニア塩とワシを等置している。(20) この物質は容易に昇華される特徴をもつ。穏やかな加熱で揮発し、容器の冷たい部分で白色の塩として再凝固することを考慮すると、ワシとは塩化アンモニウムの暗号名なのだろう。この塩もワシも空気中を飛翔するのだ。英語の「揮発する」volatilize はラテン語の「飛ぶ」volare に由来する。「山頂の雪」は、昇華して容器の上部で凝固する塩化アンモニウムをさす。

ドラゴンの同定には、鉱物学の知識が必要となる。「洞窟や岩々に住む」という点は、生硝石を想起させる。

---

(19) Valentinus (1677), I: 30-32.

(20) Valentinus (1677), I: 96.

図 6-4. 第 2 の鍵のエンブレム
ウァレンティヌス『偉大な石について』(1602 年) から

この塩は、洞窟の壁や家畜小屋の基礎部に結晶性の凝固物として見出されるからだ。ドラゴンが「冷たい」というのも生硝石をさすように思われる。生硝石は舌にのせると冷たく感じられ、水に溶解すると温度をさげるからだ。最後に生硝石を加熱することで、「飛びだす火の精気」がえられる。われわれが「硝酸」と呼ぶ物質だ。工程の再現は、この解釈が正しいことを証明するだろう。「古いドラゴンをワシにあたえ」るように、塩化アンモニウムと硝酸カリウムを混ぜると、「地獄の座」である蒸留器で「地獄の神プルートが吹きつける」強熱とともに激しい反応が起こり、腐食性の高い酸が蒸留される。この「鉱泉」は一種の「王水」aqua regia で、金を溶解できる。テクストを説明する図像は、二戦士のあいだで翼にたつ水銀を示している。二戦士の中間者は翼をもつ水銀であり、反応しあう二種類の塩から飛びたつ液体を示しているようだ。

第三の鍵のテクストは、水が火を征服する様子を描いている（図6─5）──

われわれの火の硫黄は技のために調整され、水で征服される［…］。王が完全に粉々となり、不可視な姿となるように。しかし彼の可視的な姿がふたたび出現する。[21]

この暗示的な指示は、純化・精錬された金である「硫黄」にたいして、調整された「水」としての酸が作用する様子を記述しているようだ。とくに金は酸によって「完全に粉々」に溶解され、「不可視な姿」である透明な溶液となる。「可視的な姿がふたたび出現する」とは、金が再度姿をあらわすことを意味し、塩化金をのこしつつ溶液が揮発するのを示唆している。塩化金は加熱されると不安定になり、溶液の揮発で残渣はすぐに分解され

（21） Valentinus（1677）, I: 32.

図6-5. 第3の鍵のエンブレム

再留の秘密を暗号化する木版画。初期の一読者が金の記号をキツネに、
合金 amalgam の略号 aaa をオンドリに書きこんでいる
ウァレンティヌス『偉大な石について』(1602年)から

て金をあたえる。したがって王の「可視的な姿」がふたたび見出される。著者はつづける――

すべての賢者の燃えない硫黄を調整するものは、燃えないところにある物質にわれわれの硫黄を見出さなければならない。塩辛い海が死骸を飲みこんで、ふたたびそれを完全に吐きださなければ、これは達成されない。(22)

「賢者たちの硫黄」は賢者の石を意味し、一二の鍵の目標だ。そして著者は、金を溶解するために「塩辛い海」として大量の酸を使うべきだと主張する。「死骸」は最初の溶液の揮発に由来する残渣をさす。溶液を蒸留して金を「完全に吐きだす」ことで復元させる。この処方は化学的には意味をなさないと思われるが、現代の化学では使用されなくなった「再留」cohobatio と呼ばれる操作を記述している。ある物質から蒸留した液体を残渣に混ぜて再蒸留する作業で、何度もくり返される。エンブレムの現代版である図式で、この無駄な操作を表現してみよう(図6―6)。この操作はなにをもたらすのか!

そして著者は奇怪さの頂点に到達する――

すべての星々をその輝きで凌駕するように彼を上昇させよ[…]。これはわれわれの達人たちのバラであり、真紅の色彩をもつ。赤色のドラゴンの血液だ[…]。トリのように飛翔する力を、必要とするだけ彼にあたえるのだ。こうしてオンドリはキツネを食べ、水に浸され、火によって生命を付与され、今度はキツネに食

(22) Valentinus (1677), I: 34.

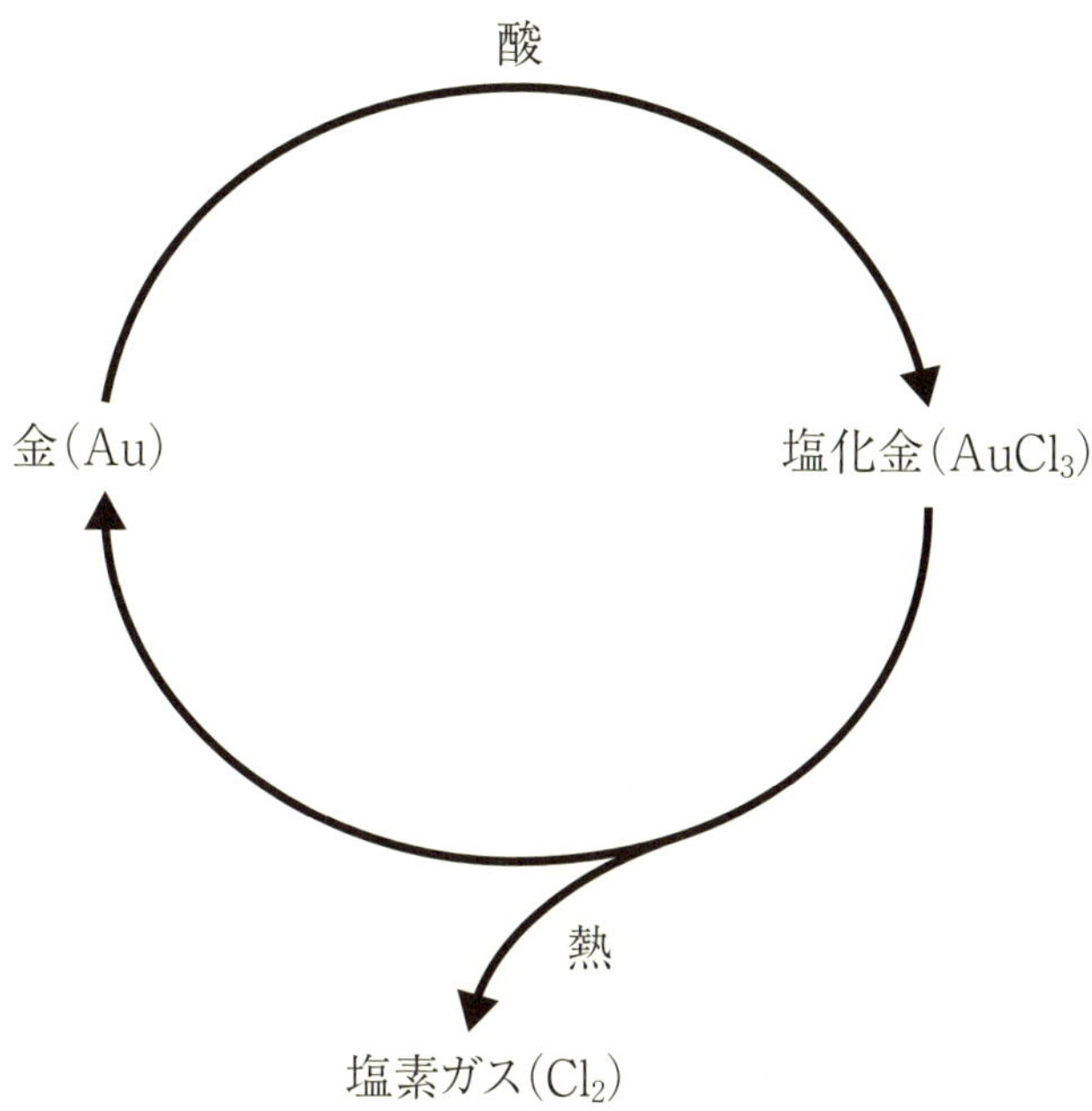

図 6-6. 第 3 の鍵の秘密を図式化した現代的なエンブレム

金は酸によって溶解されて塩化金になり、酸が蒸留によって除去されると、塩化金は加熱作用で金と塩素ガスに分解され、金はふたたび酸で溶解される

べられるだろう。こうして似たものと似ていないものが、似たもの同士となる。(23)

この奇妙な比喩と誇張した表現は笑いを誘うが、こうした表現は一七世紀のクリソペアの書物に典型的なものだ。第三の鍵の図像は、前景にドラゴンを配置し、後景に奇妙にも肉食のオンドリがキツネを食べ、同時にキツネに食べられるオンドリの姿を描写している。初期近代人たちが親しんでいた考えが、この比喩の基礎にあるのだろうか。夜明けに鳴き声をあげるオンドリは太陽と、そして太陽は金と結びつけられる。だからオンドリは、ここまで王やアポロン、硫黄と表現されてきた金を意味する「第四」の暗号名だと考えられる。「メンドリ小屋のキツネ」で知られるように、キツネはニワトリをエサとして狙う動物と認識されており、そこから金を「食べる」酸の新しい暗号名だと思われる。だから寓意はつぎのように解読できるだろう――「オンドリがキツネを食べる」ように金は酸を飲みこみ、「水に浸される」ように溶解される。オンドリが「火によって生命を付与される」ように、熱が酸を揮発させることで、金がふたたび姿をあらわす。そして「オンドリがキツネに食べられる」ように、新たな酸でふたたび溶解される。この解釈は妥当にみえる。しかしこの操作は、まだ足踏みしているように思われる。

星々よりも「高く上昇させる」「飛翔する力」を金に付与するのは、金を揮発させることを意味するが、金ほど重くて固く、安定した物質を揮発させるのは不可能に思われる。実際、初期近代には金の揮発化は夢であり、嘲笑の的でもあった。「固定されたものを揮発させ、揮発したものを固定する」のは賢者の石の調整における基本原理だが、金よりも「固定している」、つまり非揮発性をもつ物質はない。金の揮発化は「古代の賢者たち」の教えを達成する重要な段階であり、操作が正しいことを示す証拠だと考えられた。同時に批判者たちは、これを馬鹿げた夢想の例だと嘲笑する。一七一七年の喜劇『結婚後の三時間』では、ポーランドの錬金術師が金属変成の腕前を自慢する。成功した方法を聞かれると、彼は金の揮発化をふくむ操作を列挙する。クリソペアを学んだ医師はこの時点で彼を疑い警告する——「発言に気をつけなさい。金を揮発させることは自明な操作ではなく、非常に洗練された表現によれば、『困難のもっとも困難な困難』fortitudo fortitudinis fortissima と呼ばれています」。(24)

こうした主張と嘲笑が人々の記憶から消えたのち、多くの年月がすぎた一八九五年に、ヴァレンティヌス文書で三〇〇年前に言及された操作は再発見され、化学的に説明されるだろう。(25) 実際に著者は金の揮発化に成功していたし、その七〇年後にボイルも成功する。ボイルは最初の三つの鍵を正しく解読して、実験室で再現する。(26) そして私自身もこの操作の再現を試み、非常に困難なことだと理解したが、最終的には達成できた。(27)

驚くべき成功の秘密は、非常に無駄にみえる再留の操作にある。塩化金の生成と分解をくり返すことで蒸留容器は塩素ガスでみたされ、非常に不安定な塩化金の分解を防いで昇華がおこり、非常に美しいルビーのような赤色の結晶を生成する。テクストの表現によれば、それは「達人たちのバラ」であり、「赤色のドラゴンの血液」

(23) Valentinus (1677), I: 34-35. この版では一行が抜けており、間違った言葉が追加されている。正しくは Valentinus (1599), sig. Fv を参照。クリソペアのテクストの困難さには際限がない。

(24) John Gay, Alexander Pope & John Arbuthnot, *Three Hours After Marriage*, ed. John Harrington Smith (Los Angeles: Clark Memorial Library, 1961), 171.

(25) Thomas Kirke Rose, "The Dissociation of Chloride of Gold," *Journal of the Chemical Society* 67 (1895), 881-904.

(26) ボイルは一六六六年の『形相と質の起源』で、「ヴァレンティヌスに言及された謎の『戦士たちの水』aqua pugilum」と金を「上昇させる」能力について語っている。Cf. Boyle (1999-2000), V: 424 = R・ボイル『形相と質の起源』赤平清蔵翻訳(朝日出版、一九八九年)、一六〇—一六一頁。

(27) 「戦士たちの水」にアンモニウム塩が存在すると、塩化金の昇華を助ける。

となる。

これら三つの鍵の分析と再現実験から歴史学的な教えを導きだせる。第一に、賢者の石の調整をあつかう暗号めいたテクスト群には、著者たちが実践した本当の化学操作が埋めこまれている可能性がある。第二に、奇妙な寓意やエンブレムは合理的かつ体系的に解読でき、著者たちが注意ぶかく考案したことを意味する。それらは秘密を保持するだけではなく、選ばれた読者に知識を開示するために考案されているのだ。第三に、こうした寓意的な言語と図像の背後に識別できる意味が存在することを読者たちは期待していた。彼らはそれらを解読することに苦労し、幾人かは操作を再現することに成功する。[28] 第四に、少なくとも幾人かの実践家たちは、驚嘆すべき実践的な技術をもっていた。ウァレンティヌスは、現代においても称賛に値する実験家だ。現代の実験器具をもちいても塩化金の昇華は困難で繊細な操作だが、この自称ベネディクト会修道士は当時の低品質なガラス器具や木炭炉といった粗末な作業環境でも、驚くべき妙技を成功させている。

全工程の解読のために幾つかの鍵がつづく。ひとつの謎は女王・花嫁・ディアナ・水銀の正体だ。これは昇華された金とともに王・花婿・アポロン・硫黄・オンドリと結ばれるはずだ。彼らの結婚あるいは結合は第六の鍵で描かれている（図6—7）。

一六一八年にドイツのマイアー（Michael Maier, 1568-1622）は、もとの素朴な木版画を洗練された銅版画におきかえて、ウァレンティヌスの著作のラテン語訳を出版する。[29] 重要なことに、彼は黙って最初の鍵を再配置して

（28） ボイルとならんで謎を解読できた匿名家は、実践的な操作を詳述して、一六二四年にウァレンティヌス名義で出版している。*Offenbahrung der verborgenen Handgriffe*, in Valentinus（1677）, II: 319-338. この人物、あるいはさらに別の人物が最後の偽作となる『最後の遺言と遺書』を一六二六年に出版する。このなかにも鍵の解説がある。
（29） Basilius Valentinus, *Practica cum duodecim clavibus*, in Maier（1618a）, 7-76 = Van Sande（1678）, 377-432.

図 6-7. 第 6 の鍵のエンブレム

女王と司教？は同定できないが、初期の一読者が解釈を書きこんでいる
ウァレンティヌス『偉大な石について』（1602 年）から

女王の正体についての解釈を挿入する（図6—8）。オオカミは王の前の左側に、土星は右側におかれ、土星は女王の前で炉に跨っている。この小さな修正は、もとの意味を大きく変えてしまう。新しい構図は金と銀の双方の純化・精錬を描き、以前のように金は輝安鉱と一緒に純化されるが、今度は銀も鉛と一緒に「灰吹き」と呼ばれる操作で純化されることになる。「灰吹皿」と呼ばれる浅い容器で銀と鉛が溶融され合金となるが、溶融物に空気が吹きこまれ、鉛は酸化される。酸化鉛は灰吹皿に吸収されるか空気で吹きとばされて、純粋な銀だけがのこる。マイアーの銅版画では、オオカミの父親は土星ではなく鉛となり、女王は純化された金と結合される正体不明の物質ではなく銀となる。マイアーは女王の正体を解読できたと確信して、読者への「贈り物」として新しい構図に埋めこんだ。

一六〇二年のライプツィヒ版を読んだ初期の一読者は異なる結論にたどりつく（図6—7）。彼は第六の鍵の図像における女王の頭上に、鉄から調整される「火星のレグルス」regulus martialis と呼ばれるアンチモン化合物の記号を書きこんだ。私には、マイアーもこの読者も正しい解答を見出せたとは考えられない。こうした異なる解釈は、読者たちが暗号にみちたテクストと図像から相矛盾する結論を導きだす様子を示してくれる。

しかしこの読者は、マイアーよりも自身の見解を裏づける根拠をもっていた。第九の鍵が、女王の居場所についてヒントをあたえているからだ。ここでテクストは色彩について語り、容器に密閉された物質が黒色から白色、そして赤色へと変化する賢者の石の調整における諸段階を記述している。付属する図像は、成熟する賢者の石をエンブレム化する（図6—9）。王と女王は裸で、彼らの頭上と足元に四羽のトリが描かれ、賢者の石を調整する一連の段階を象徴している——上方に黒色のカラス、下方に多彩なクジャク、左側に白色のハクチョウ、右側に火のような赤色のフェニックスがいる。しかし少し距離をおいた位置からみると、全体の構図は奇妙に身体を曲げた王と女王がつくる十字をのせる円へと還元される。つまり、初期近代に使用されたアンチモンの記号だ。

図 6-8. マイアーが再構成した第 1 の鍵のエンブレム

マイアー『黄金の三本足』(1618 年) から

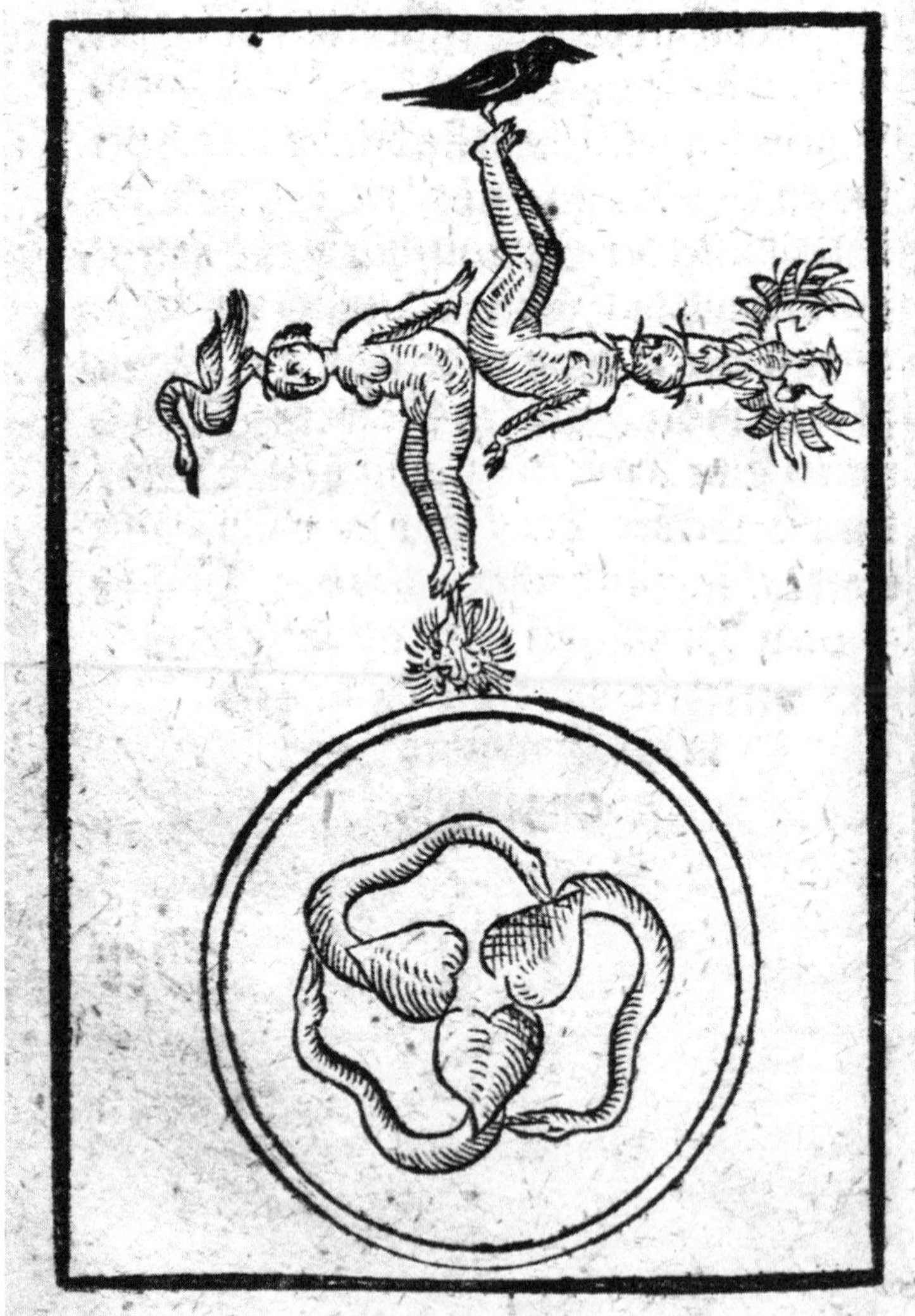

図 6-9. 第 9 の鍵のエンブレム
賢者の石への色彩変化を示し、決定的な材料を暗示している
ウァレンティヌス『偉大な石について』(1602 年) から

クリソペアの書物には良くあることだが、ヴァレンティヌスの著作の末尾は比較的に明瞭だ。第一一と第一二の鍵は、賢者の石が赤色の段階に到達したあとの操作を記述している。最後の鍵で著者は、哲学的な装飾や比喩的な表現ではなく、真実の操作を完璧に伝えることを決心し、金と一緒に溶融して賢者の石を「発酵」させる処方を示す。明確な記述にもかかわらず、赤色の賢者の石と金の結合はヘビを食べるライオンとして寓意的に描かれている（図6―10）。このヘビはおそらく、賢者の石と結びつけられているバシリスクだろう。(30)

4　クリソペアの主張の源泉

こうしてみると、『偉大な石について』の寓意的なテクストとエンブレム的な図像が、当時では画期的だった化学操作を暗号化していたことは疑う余地がない。しかし著者はどこまで到達したのだろうか。われわれの化学知識に間違いがないなら、彼は第一〇の鍵までで象徴される賢者の石の調整には成功していなかった。実験室での結果でないなら、これらの鍵はどこに由来するのだろう。じつはヴァレンティヌス文書やその他のクリソペアの書物は、大別して三つの源泉からの編纂物だと考えられる。『偉大な石について』の序盤の鍵は実験室での結果にもとづき、金の揮発化を頂点とするものだ。この現象は驚異的かつ有望なものだったので、著者を興奮させ、正しい道筋にあることを確信させただろう。(31)より曖昧な中盤の鍵は、理論的な考察にもとづいて想定される操作を暗号化しているのだろう。そして記述が明瞭な終盤の鍵は、先行する文献から拝借してきた素材を示している。

(30)　Valentinus (1677), I: 72.

(31)　一七世紀の読者はヴァレンティヌスの達成の重要さを理解し、その栄誉を讃えるために肖像画（図6―1）の背景にオンドリとキツネのエンブレムを配置したのだろう。

図 6-10. 第 12 の鍵のエンブレム
賢者の石が変成力を発揮するための「発酵」
ウァレンティヌス『偉大な石について』(1602 年) から

調整した原料を「賢者の卵」に密閉したあとの段階は一六世紀末までに標準化されており、暗号化する必要はなかった。したがって実験室での結果や理論的な推論、先行するテクストにもとづいて、著者は賢者の石への妥当な道筋を描きだし、『一二の鍵』にまとめた。「固定されたものを揮発させる」という原理と見事に合致する実験結果は、彼に正しい作業の前進を確信させ、「古代の賢者たち」の書物は過去にも目標に到達した人々がいたことを保証する。欠けているのは、操作の中盤における「ミッシング・リンク」だ。『一二の鍵』の執筆時に、彼は懸命に作業している途中だったのだろう。

この解釈はたぶんに推測ではあるが、幾つかのクリソペア書に妥当な説明をあたえる。どのくらいのテクストが説明できるのかという問題はあるが、「キミア的な楽観主義」でさらなる再現実験が促進されたなら、これらのテクストを分析するうえで重要な役割をはたすだろう。この考えを補強する二番目の例として、以下では一七世紀でもっとも注目に値する人物をあつかおう。

5 自身の金を育てる――スターキーと賢者の木

アメリカ出身のスターキーは、一七世紀のキミアの小宇宙そのものだ。彼は香水や精油、化粧品などを製造・販売し、アルカエストを発見しようとする。また医学を実践し、ファン・ヘルモントの路線で新しい医薬を調整するために、実験器具を考案し、新しい理論を展開する。動物の反復発生にも手をだし、精錬と鉱業にも関与し、賢者の石による金属変成に心血をそそぐ。彼は多作で、幅ひろく読まれ非常に尊敬された著作群を執筆する。

スターキーは、一六二八年に大西洋のバミューダ諸島に生まれた。父親はスコットランドから移住した牧師で、若いスターキーをのこして世をさる。後見人は、頭脳明晰な少年に高度な教育を授けるために、マサチューセッツ湾の植民地に新設された学校に送りこむ。彼は四六年に卒業するが、すでに在学中にキミアへの関心を高め、その知識と成果から有名になる。[32] しかし低品質な素材と器具に不満を感じた彼は、五〇年にアメリカを離れ英国にむかう。ロンドンに居をさだめた彼は、多様な知識に関心をもつ人々と出会う。そのなかに、はるかに裕福な同年代のボイルもいた。スターキーはボイルに多くのことを教え、キミアに開眼させる。同時期に彼は、アメリカで賢者の石をもつ達人に出会ったことを語りはじめる。この達人は、彼に白色の賢者の石の標本をあたえたという。この謎の達人の名前は「真実を愛する平和な人」を意味するエイレナエウス・フィラレテス（Eirenaeus Philalethes）で、スターキーに幾つかの著作の手稿をあたえる。友人たちはそれらを回覧し、この人物にたいする大きな関心が生まれる。

前途有望に思われたが、スターキーの人生は楽ではなかった。医師という安定した身分を確立したあと、彼は患者たちから眼をそらし、キミアを中心とする自然の秘密の探究にすべてを捧げる。現代と同様に当時でも、実験操作は費用のかかる危険なものだった。スターキーは借金のせいで投獄され、釈放後も医薬品や精油、香料を製造・販売し、医薬調整と金属変成のために探究をつづける。驚くことに、五〇年代に彼がつけていた実験ノートの幾つかが現代まで生きのこっている。これらの記録は、一七世紀半ばに活動したキミストの日常作業と思考の驚くべき証人であり、成功と失敗、計画と進度、当時の理論にもとづいた実験手法を記している。さらに彼は、寓意的なテクストを実践的な指図へと変換する方法も記述している。[33]

六五年に発生した大ペストは、ヨーロッパにおける最後のペストの大流行だった。医師たちはロンドンを退去してしまうが、スターキーと仲間たちは残留し、キミアによって調整された医薬の有効性を証明しようとする。この挑戦には答えがでなかった。伝染病の絶頂期にスターキー自身もペストに感染し、数日後に三七歳の生涯をとじたからだ。

スターキーの人生は早すぎる終末をむかえるが、達人フィラレテスの伝説は生きのびる。回覧された手稿は出版され、すぐに大きな人気を獲得する。読者のなかにはニュートンもいた。彼はフィラレテスにならって実験をおこなっただけではなく、物質の構成についての考えも受容して発展させている。[34] さらなる手稿やこの達人自身の素性が熱心に探究され、一八世紀まで彼の居所についての噂が生みだされる。もちろん、これらの手稿はスターキーの手による偽書だった。彼の実験ノートには、フィラレテス文書の下書きが見出せる。しかし彼は著者の正体をうまく隠し、フィラレテスの業績をもっともらしく語ったので、親友のボイルでさえ真実を知ることはなかった。スターキーも自分名義で幾つかの著作と小冊子を出版したが、フィラレテスの書物ほどの人気を獲得しなかった。彼はクリソペア書に見出せる寓意的な記述に熱中しているときでさえ、秩序ある理論を構築することに腐心した。フィラレテス文書は賢者の石についての一連の考えを要約・分類して批判するが、こうした点が謎の達人についての奇妙な逸話とともにフィラレテス文書の人気に貢献したのだろう。

スターキーの手法は、ウァレンティヌスのものとは非常に異なっている。ウァレンティヌスは、賢者の石への道筋として水溶液、とくに酸による「湿式」via humida を代表する。スターキーは水溶性の腐食剤はもちいず、「乾いた水」あるいは「手を濡らさない水」だけを利用する「乾式」via sicca を代表する。彼は「水銀派」と呼

（32） スターキーの生涯と仕事については Newman（1994）を参照。

（33） 実験ノートは *The Alchemical Laboratory Notebooks and Correspondence of George Starkey*, ed. William R. Newman & Lawrence M. Principe（Chicago: University of Chicago Press, 2004）で編纂・翻訳され、ボイルをふくめた人々との交流と当時のロンドンの背景を踏まえて注解されている。

（34） Newman（1994）, 228-229. 粒子的な物質論の発展におけるキミアの役割は Newman（2006）を参照。

（35） Starkey（2004）, 228-260; Newman & Principe（2002）, 188-197.

ばれるクリソペアの流派に属するのだ。水銀派にとっての賢者の石への鍵は、純化と「賦活」の工程により通常の水銀を「賢者の水銀」に変化させる点にある。[36] 有名なフランケンシュタイン博士の実験とは異なり、賦活は通常の水銀に「霊魂」を注入すること、つまり水銀の冷・湿の性質を内的な熱で修正することを意味する。用語自体は生きている動物に「生命の熱」をあたえる霊魂に由来するが、非物体的な存在ではなく、水銀を内的に温めて新しい特性を付与する物質だ。

通常の水銀を賦活して賢者の水銀にする操作への関心は、一六世紀から一八世紀までの多数のテクストに見出せ、数世代にわたる水銀派の「研究プログラム」となっていた。フランスのデュクロ（Gaston Duclo, c. 1530-?）は賦活のための内的な熱を金にもとめ、別の人々は他の金属や石灰、塩類、あるいはスターキーのようにアンチモンにもとめた。[37] スターキーが調整する「アンチモンの星状レグルス」は、印象的な結晶構造を表面にみせるアンチモンの元素であり、この操作で使用された（口絵3）。

重要なことに、キミストたちは寓意的な言語と平明な言語を使いわけていた。暗号化は出版物において秘密を悪用する読者を排除するのに必要な手段であり、読者がかぎられる個人の実験ノートや書簡では平明な表現がもちいられる。しばしばキミストたちは明瞭な表現ができないと断罪されるが、それは彼らの考えや操作が明瞭な意味をもたないという思いこみか、彼らの言葉が「恍惚状態」の発話を記述したものだという誤解に起因する。一六六七年のフィラレテス名義の『閉じられた王宮への開いた入り口』は、「飛翔するワシによる賢者の水銀の調整への第一操作について」と題された章で賦活を説明している――

腹に魔術的な鉄をもつ火のドラゴンを四部、われわれの磁石を九部とり、灼熱のウルカヌスでそれらを混ぜあわせる［…］。外殻をすてて中身をとりだし、火と太陽で三度ほど純化する。もし土星がその姿を火星の鏡に見出せるなら、これは簡単に達成されるだろう。そこからカメレオンまたはカオスが生成するが、そこにすべての秘密が隠されている。これは両性具有の子供であり、狂犬によるかみ傷をおっている［…］。ディアナの森に狂犬病を緩和する二匹のハトがいる。[38]

この難解な手順が出版される数年前にあたる一六五一年の春に、スターキーはボイル宛の書簡で同じ操作を記述している――

アンチモンを九オンス、鉄を四オンスとる。これが真の比率だ［…］。強烈な火で混合物を融解して角状の容器にそそぐと、底にレグルスと上部に光輝く鉱滓が見出せる。それらが冷えたら分離する［…］。処女ディアナ、つまり純銀をえるはずだ［…］。つぎにこのレグルスを一部、純銀を二部とるのだ。[39]

この書簡は、アンチモンのレグルスが「両性具有」や「狂犬」と呼ばれる理由と、それを使って賢者の水銀を

（36） 水銀派については Georg Ernst Stahl, *Philosophical Principles of Universal Chemistry*（London, 1730）, 401–416; Lawrence M. Principe, "Diversity in Alchemy: The Case of Gaston 'Claveus' DuClo, a Scholastic Mercurialist Chrysopoeian," in *Reading the Book of Nature: The Other Side of the Scientific Revolution*, ed. Allen G. Debus & Michael Walton（Kirksville: Sixteenth Century Press, 1998）, 181–200 を参照。

（37） Principe（1998）, 153–155.

（38） Eirenaeus Philalethes［George Starkey］, *Introitus apertus ad occlusum regis palatium*（Amsterdam, 1667）, repr. in Van Sande（1678）, 647–699: 658–659.

（39） Starkey（2004）, 12–31: 22–23; Boyle（2001）, I: 90–103.

調整する方法も説明している。ボイルは操作結果を有望だと考え、約四〇年にわたり実験をくり返す。この操作で賢者の水銀から賢者の石を獲得しようと試みたのだ。また彼はスターキーに無断で書簡の一部を筆写させ、それはヨーロッパ各地に伝わる。ニュートン自身も写しを入手したが、それまでに多くの人々の手を通過したことから、もとのスターキーの関与は忘れさられていた(40)。

なぜこれほど賢者の水銀への関心が高まったのだろうか。水銀派は、この水銀と通常の金から賢者の石が調整されると主張する。賢者の卵に密閉された二物質が反応すると、黒色や白色、赤色という必要な色彩を示し、変成剤のエリクシルをえられるという。ここでスターキーをふくめた水銀派は、「種子」の考えにもとづいて理論を構築している。種子は、さまざまな形態に物質を変化させることが可能だという。彼らは類比にもとづいて、リンゴの種子がリンゴの果実だけに見出せるのだから、金の種子は金だけに見出されるはずだとする。しかし金を卑金属と一緒に溶融しただけでは、変成は起きない。金の身体のなかで固定されているかぎり、金の種子は眠っており、その力は弱いので他の金属に作用できないのだ。そこで金の種子を解放して活性化する賢者の水銀が必要となる。酸が激しく作用するのとは異なり、それは穏やかに金を溶融し、金の種子を金の身体から解放する。賢者の水銀は種子を「育て」、強化して増大させ、賢者の石へと導くという。賢者の石の活動原理は金の種子が高度に活性化されたものであり、卑金属を金へと再組織化して変成させる。

すでに触れたように、この文脈で「種子」という語は比喩であり、この理論を支持した大多数がこの点を強調する。彼らは金属を植物のように「生きている」とみなさず、庭に蒔かれた種子に似た存在によって金属が繁茂するとも考えない。しかし金属の種子と植物の種子に見出される類似は、一連の説明と図像を生みだす。これこそが比喩の役割であり、今日まで科学にとって重要でありつづける。だから水銀派のテクストは、種子に関連した園芸のイメージにも依拠する。大地の水が種子を膨らまし芽吹かせ、地上の植物へと成長させるように、賢者の水銀は金を「発芽」させ、賢者の石へと「成長」させる「水」だと考えられた。スターキーが好んだ著者であるリプリー卿は、賢者の水銀について記している――

ヘルメスは木に水をやった、
彼の容器のなかで、まっすぐ育つように、
美しい色彩の花々とともに。[41]

一七世紀前半の水銀派コルソン（Jean Colleson, fl. 1631）は、賢者の水銀の価値が「金を発芽させ繁茂させる」能力にあるとし、賢者の水銀が金を繁茂させないのなら、それは真の賢者の水銀ではないと断言する。[42] スターキーも農業の比喩を頻繁にもちい、それらが過去の書物にあらわれる箇所を収集しつつ、植物に言及した著作家たちについていう――

われわれの木は、多様なものと比較される。ある人々は外観が似ているからイトスギに、他の人々はリプリー卿の「給餌の門」のようにサンザシに。さらに灌木や茂み、あるいは深い森に［…］。われわれの木とこれらすべては類似していると認めよう［…］。さらに他の人々は「サンゴ」と呼ぶが、それがもっとも相応しい。われわれの木には新芽や小枝があるが、葉に似たものはないからだ。サンゴは植物と鉱物の融合した

(40) Principe（1998）, 158-159; Newman（1987）.
(41) Ripley（1652）, 141.
(42) Jean Colleson, *Idea perfecta philosophiae hermeticae*, in Zetzner（1671）, VI: 143-162: 146 & 149.

ものであり、われわれの木も同様だ[43]［…］。

初期近代人は現代人よりも農業や庭仕事に親近感をもっており、植物界のイメージは理解しやすい類比を提供した。しかしスターキーやボイルがこうした言説に強い関心をもったことは、比喩の効果だけで説明されるのだろうか。クリソペアの懐疑派は、彼らの関心の理由を執着や妄想、あるいは「失敗の循環」に帰してきた。しかし執着は否定的なものではなく、しばしば真面目な研究の前提となる。それでは、それ以外のなにが背景にあるのだろうか。

こうした疑問にこたえる最善の方法は、水銀派の著者たちが執着した操作を再現することだろう。そのためにはスターキーの実験ノートが出発点となる。ノートはごく一部しか残存せず、彼の作業の完全な記述は存在しない。しかし残存するノートと書簡にもとづき、フィラレテス文書の解釈で空隙を埋めることで、私は賢者の水銀を調整する手法を再現できた。ウァレンティヌスの場合と同様に、スターキーの記述する操作の幾つかは、現代化学の観点からは意味をなさない。しかし数か月にわたる忍耐を必要とする作業から、原料との差異はほとんどないが、私はスターキーが主張する賦活された賢者の水銀を少量だけ調整できた。

スターキーのヒントにしたがって、私は賢者の水銀を金と混ぜてバター状の混合物とし、賢者の卵に似た容器にいれて密閉した。つぎに砂浴によって加熱し、数週間さまざまに温度を変化させた（口絵4）。温度計が発明される以前の時代では当然なのだが、スターキーは温度について指示をあたえていないからだ。混合物は少しだけ膨張して流動性を増し、イボ状の突起群で包まれる以外には変化をみせなかった。ついに正しい温度を見出したと思われたのち、ある朝に実験室へ到着すると、私は混合物がまったく新しい驚くべき様相を呈しているのを発見した。前日までは容器の底に灰色の無定形の物塊があるだけだったが、翌日には完璧に植物の形状をした光輝くものが容器を埋めつくしていた（口絵5と口絵6）。

私はこの光景を眼前にして、まず無条件に疑い、自分が正気なことを確信してからは畏怖と驚嘆を感じた。こうした光景を目撃した一七世紀の誰もが考えたことを想像してみよう。賢者の水銀が金の種子を解放し、活性化して育成するという考えを確信し、金の「繁茂」と「ヘルメスの木」について語った過去の著作家たちは正しかったと思い、ついに自分も「王宮への入り口」、つまり賢者の石にむかう決定的な玄関を発見したと感じるだろう。「賢者の木」と呼べる現象は、つぎのことを歴史家たちに教えてくれる――クリソペアの修辞表現はどんなに奇妙でも、反応する化学物質の実際の外観に由来する場合があるのだ[44]。

スターキーの実験ノートの残存する断片は、彼が賢者の木を目撃したことを明示している。一六五二年三月五日の火曜日に、彼は賢者の水銀と金の混合物が成長する樹木のように一二日間も直立していたことを記録する[45]。再現実験は、彼の主張を文字どおりに理解すべきことを示す――「いま私は、金と木のように成長する水銀をいれたガラス容器を火にかけている[46]」。こうした現象を目撃することは、彼に強烈な印象をあたえ、根気をもって探究をつづけることを鼓舞したに違いない。

一七世紀のキミアでは、樹木状の様相をもつ化学的な「成長物」が他にも知られていた。しかしこの操作が示

(43) Eirenaeus Philalethes [George Starkey], *Ripley Reviv'd* (London, 1678), 65.

(44) 結果は写真とともに Lawrence M. Principe, "Apparatus and Reproducibility in Alchemy," in *Instruments and Experimentation in the History of Chemistry*, ed. Frederic L. Holmes & Trevor Levere (Cambridge, MA: MIT Press, 2000), 55-74 で最初に公開された。

(45) Starkey (2004), 84-85.

(46) Starkey (2004), 21; Boyle (2001), I: 95.

すものとは大きく異なる。もっとも有名なのは「ディアナの木」で、硝酸銀の溶液から凝析した銀の結晶だ。こうした成長物は当時の見世物小屋で良く知られた出し物であり、現在でも「化学マジック」の見世物として存続している。[47] しかし水銀派が秘密を保持していた賢者の木とは、化学的かつ歴史的な重要性の観点から比較にならない。クリソペアと密接に関連していた賢者の木は、密閉された容器のなかで高温に加熱されると無定形な金属性の混合物から突然に成長するのだ。

スターキーは実験をくり返したが、賢者の石には到達できなかった。そうでなければ、借財のために投獄されるはずがない。金の揮発化や賢者の木といった気持ちを鼓舞する現象にもかかわらず、賢者の石の探究は失敗に終わる。しかしそれはつぎの疑問を生む——なぜ多くの人々は賢者の石が実際に存在し、過去の達人によって調整されたと確信したのだろうか。どんな証拠が、賢者の石の実在という幅ひろく流布した信念を保証したのだろうか。

6　賢者の石が存在する証拠

今日では賢者の石の存在は疑問視されているが、それは賢者の石の能力が一般に受容されている物質観と対立することに依拠している。しかし初期近代の物質論とは合致しており、金属変成は当時の科学の体系と矛盾していなかった。つまり、賢者の石の実在性を退ける説得力ある理論は存在しなかった。反対に、賢者の石の能力について妥当と思われる多様な説明が存在した。金属変成は緩慢であったとしても自然界で起こるものだと考えられており、探究者たちは現在の言葉で「触媒」と呼べるようなものを使って進行速度をあげようと試みた。すべての物質が共通する基体からなるという考えは、ウロボロスという古代の象徴が内包した見解でもあり、一七世紀には最新の物質理論によって強化される。少なくともこうした一元論は、物質を別の物質に変化させる可能性を保証するものだった。

理論的な考察が賢者の石を可能なものだと思わせても、初期近代の人々にその実在を確信させるには、もう一歩が必要だ。支持派の第二の足場は目撃証言だった。錬金術書の伝統には、賢者の石とその作用について千年以上前にさかのぼる記述がある。そして一七世紀には、新しいジャンルが生まれる――金属変成を目撃した尊敬に値する人々による証言をあつめた「金属変成誌」だ。最初期の例である『幾つかの金属変成の歴史［…］、錬金術を擁護し、その敵対者たちの狂気に対抗する』は、一六〇四年に出版される。著者はオランダのファン・ホーヘラント（Ewald van Hoghelande, fl. 1604）だ。こうした集成はクリソペアが復活する一八世紀末のドイツで再出現し、今日でも錬金術を信じる人々や「秘密」を売ろうとする人々によって編纂・出版されつづけている。(48) 多くの逸話には、支持派や懐疑派の面前で変成を達成する匿名の達人が登場する。その幾つかはあまりに異様なので、現代の読者に嘲笑を生じさせるだろう。初期近代人にも同様な作用をあたえたかも知れない。その一方で大多数の逸話は驚くほど詳細に、正確な時刻や場所、居合わせた人々、生成された金や銀の量、そのほとんどが赤色の粉末である変成剤の外観を記録している。

（47）Nicolas Lemry, *Cours de chymie*（Paris, 1675）, 68–69.

（48）Ewald van Hoghelande, *Historiae aliquot transmutationis metallicae*（Cologne, 1604）; Siegmund Heinrich Güldenfalk, *Sammlung von mehr als hundert wahrhaftigen Transmutationgeschichten*（Frankfurt, 1784）; Jürgen Strein, "Siegmund Heinrich Güldenfalks *Sammlung von mehr als 100 Transmutationgeschichten*（1784）," in *Iliaster: Literatur und Naturkunde in der frühen Neuzeit*, ed. Wilhelm Kühlmann & Wolf-Dieter Müller-Jahncke（Heidelberg: Manutius, 1999）, 275–283; Bernard Husson, *Transmutations alchimiques*（Paris: J'ai Lu, 1974）.

金属変成は実践者に危害をおよぼすこともある。見習い薬剤師ベトガー（Johann Friedrich Böttger, 1682–1719）が一七〇一年にベルリンで実践した金属変成の報せは、哲学者ライプニッツ（Gottfried Wilhelm Leibniz, 1646–1716）の関心を喚起しただけではない。ベトガーはザクセン公アウグスト二世（Friedrich August von Sachsen, 1670–1733）によって投獄されてしまう。余生を牢獄ですごした彼は、造金の約束をはたせなかったが、同じくらい高収益をえられる陶磁器の製造に貢献する。[49] 彼だけが金属変成のために投獄されたのではなく、こうした逸話は秘密主義と匿名性が重要視された理由を説明するだろう。

金属変成は王侯貴族の宮廷や知識人たちの会合といった公的な場面でも実践され、変成された金属から記念硬貨やメダルを鋳造することもあった[50]（口絵7）。一七世紀末までに十分な種類の硬貨が鋳造されたので、この主題についての書物まで書かれている。[51]

オラニエ公の侍医ヘルヴェティウス（Johann Friedrich Helvetius, 1625–1709）が一六六七年に出版した逸話は評判となる。[52] それによると、前年一二月二七日にハーグにある彼の私邸に見知らぬ人物がやってくる。ヘルヴェティウスはクリソペアについて懐疑的な論考を出版していたので、訪問者はその件について会話をはじめる。議論のあとに、この人物は小さな象牙の箱をとりだす。なかには三つのガラス質の重い塊があり、彼はそれらが賢者の石で、二二トンの金を生成するのに十分な量があるという。二回目の訪問時に、この人物はヘルヴェティウスに「ナタネよりも小さい」石をあたえる。この人物が姿を消したあと、ヘルヴェティウスは鉛を溶融して指示にしたがって石を投げいれると、鉛が金に変成する。ハーグの造幣長はこの金属を分析し、純金だと結論する。さらにヘルヴェティウスがこの金を銀と一緒に溶融すると、添加された銀も金に変成されて金の重量が三三パーセント増加する。彼は、この現象が「過剰な染色剤」に起因すると説明する。[53] 著名な知識人たちがこの逸話を吟味しようとし、哲学者スピノザ（Baruch de Spinoza, 1632–1677）はヘルヴェティウスと造幣長を訪問し議論している。[54]

もうひとつの印象的な逸話が、ボイルの手稿のなかに見出された。この手稿は、彼が設立に貢献したロンドンの王立協会に所蔵されている。彼は一六八〇年ごろに『金属の変成と品質向上についての対話』を執筆する。そのなかで彼は賢者の石とその能力を支持し、個人的に見聞した金属変成をめぐる逸話を収録する。この未公刊の著作は、金属変成を目撃したボイル自身による記録もふくんでいる。[55]それによると、彼は鉛を水銀のような流体

（49） Klaus Hoffmann, *Johann Friedrich Böttger: Vom Alchemistengold zum weissen Porzellan*（Berlin: Neues Leben, 1985）; Janet Gleeson, *The Arcanum: The Extraordinary True Story*（New York: Warner, 1998）. 前者は詳細に、後者は大まかに経緯を説明している。同時代の証言として Gottfried Wilhelm Leibniz, "Œdipus chymicus," in *Miscellanea Berolinensia*（Berlin, 1710）, I: 16–21 も参照。

（50） ゼイラー（Johann Wenzel Seiler, c. 1648–1681）は有名な例だ。Pamelta H. Smith, "Alchemy as a Language of Mediation in the Habsburg Court," *Isis* 85（1994）, 1–25 を参照。Johann Joachim Becher, *Magnalia naturae*（London, 1680）は、この人物による賢者の石の発見と濫用、宮廷での振舞について道徳的な解説をしている。同時代の証言については Principe（1998）, 261–263, 296–300 も参照。

（51） Samuel Reyher, *Dissertatio de nummis quibusdam ex chymico metallo factis*（Kiel, 1690）. こうした硬貨やメダルについては Vladimir Karpenko, "Coins and Medals made of Alchemical Metal," *Ambix* 35（1988）, 65–76; idem, *Alchemical Coins and Medals*（Glasgow: Adam Maclean, 1998）; idem, "Alchemistische Münzen und Medaillen," *Anzeiger der Germanischen Nationalmuseums*（2001）, 49–72 を参照。

（52） Johann Friedrich Helvetius, *Vitulus aureus*（Amsterdam, 1667）, repr. in Van Sande（1678）, 815–863. この著作はニュルンベルクで翌年に独語訳が、ロンドンで一六七〇年に英訳が出版される。

（53） Helvetius（1678）, 894.

（54） Spinoza, *Opera*, ed. Carl Gebhardt（Heidelberg, 1925）, IV: 196–197.

（55） ボイルの『対話篇』は一九九〇年代まで未公刊であり、彼の膨大な手稿に埋もれていた。現在は Principe（1998）, 223–295

に変化させる実験を披露することを提案した訪問者に出会った。最初の実験は坩堝が火に落ちてしまい失敗するが、この人物は別の実験を披露することを提案する。ボイルはそれを失敗した実験をやり直すことだと勘違いする――

鉛が溶融されると、訪問者は小さな紙包みをとりだした。なかには幾つかの粒があるようだった。それらは少量の粉末で、まるで非常に小粒なルビーのように透明で、とても美しい赤色をしている。彼は計量することなく無造作に、ナイフの先にこの粉末をとった。その量はおそらく一グレインか一グレインと二グレインのあいだだろう。彼はナイフの柄を私にむけて、もし望むなら私自身が粉末を投げいれられると語った。[56]

しかし虚弱体質のボイルの眼は光に敏感すぎたので、彼は燃えさかる炎をみつめながら誤って粉末をこぼすことを恐れる――「私はナイフを訪問者に返し、彼が粉末を投げいれることを望んだ。そして私はそばで様子を観察した」[57]。坩堝は強火で一五分ほど過熱され、火から離して冷却された。そしてボイルはいう――

坩堝が十分に冷やされると、われわれはそれを窓辺においた。私は内部に流体の水銀のかわりに、固体を見出して驚いた。まだ少し熱い坩堝をひっくり返すと、坩堝の底の形状を保ちながら出てきたのは黄色の物塊だった。手にとると明確に鉛よりも重く感じられる。驚きながら視線を訪問者にむけると、彼は微笑んで「この新しい実験がどういった種類のものか理解していますね」といった。[58]

ボイルは物塊をうけとって追試験をおこない、それが金だと確認する。数日後に彼の友人であるオックスフォード大学の医学教授で英国王の侍医ディキンソン（Edmund Dickinson, 1624-1707）が、同じ訪問者に出会ったと彼に報告する。ディキンソンは、鉛と銅を出発点とする二種類の金属変成を目撃したという。ボイルはつづける――

最後にこの医師［ディキンソン］は本当に満足するために、自身のポケットからとりだした銅貨で同じ実験をすることを望んだ。銅貨を溶融するのは鉛よりもずっと困難だったが、これまた本当に金へと変成された。(59)

ボイルにとってこの体験は十分だった。のちに彼は司教バーネット（Gilbert Burnet, 1643-1715）に、この一件が彼に賢者の石の実在とその能力を確信させたと語っている。(60) 実際、一六八九年にボイルとバーネットは、ヘンリー四世の禁令を廃止するために、議会で金属変成の真正性を証言している。彼らの活動のおかげで、この古い法律は廃止される。(61)

に収録されている。

(56) Boyle (1998), 265. 句読点の位置は読みやすいように微調整した。
(57) Boyle (1998), 265.
(58) Boyle (1998), 266.
(59) Boyle (1998), 268.
(60) 「バーネットのメモ」は Michael Hunter, *Robert Boyle by Himself and His Friends* (London: Pickering, 1994), 30 に収録。これはボイルが目撃した金属変成でも、もっとも確実であり劇的なものだ。
(61) Hunter (1990), 405.

初期近代人たちは、ヨーロッパ各地で成功裏におこなわれる金属変成の報告を定期的に耳にした。これらの逸話は賢者の石の実在を示す証拠を提供し、すべての懐疑派を説得できなかったとしても、支持派に新鮮な根拠をあたえた。彼らにとって、多様な証拠はたがいの内容を強化するものだった。同時代の目撃談や尊敬される著作家たちの証言、最先端の理論との合致、賢者の木のような驚異的な実験結果、これらすべてが融合して賢者の石は実在し探究に値する目標だと彼らを確信させる。数世紀にもわたる論争にもかかわらず、多くの優れた知識人たちが賢者の石の実在を信じた。そしてクリソペアの秘密を暴くために甚大な努力をした探究者たちの多くは、真面目な思想家であり優れた実験家だったのだ。なかでもボイルやニュートンは科学革命の主人公である。

本章では、秘密主義的な叙述に隠された実際の「化学」を暴くことに焦点をあわせた。クリソペアにおける化学的な内容を過小評価する傾向が蔓延していることから、こうした分析が必要となる。物質変化という実践的な次元に結びついているが、キミアは現代の化学よりも幅ひろい領域と関連し、初期近代文化の多様な側面を染めあげる「染色剤」でもある。それは現代人たちに、世界と自然についての当時の思考法を理解する窓口を提供する。この思考法は現代のものとは著しく異なり、独自の驚くべき美しさと力強さをもっていた。次章では、錬金術の幅ひろい文脈と観点を抽出しながら、その多面性を眺めてみよう。

第七章　キミアの広大な世界

1　はじめに

一六・一七世紀のキミアは知的・文化的な背景から独立した存在ではなく、坩堝（るつぼ）や蒸留器を操作した経験もない多くの人々の関心も呼び、彼らの想像力に火をつける。本章では、煙にみちた実験室や工房の壁を越えて、どのようにキミアが当時の文化に浸透したのかを分析したい。キミストたちが自身の作業や世界を考察した方法は、現代人のものとは大きく異なり、彼らの思考と活動を理解するには一時的にでも彼ら目線で物事をみる態度が必要だ。キミアの研究は、初期近代人たちの世界観の多くの面に光をあてるだろう。

2　知的文化におけるキミアの曖昧な地位

寓意的な図像から議論をはじめるのが良いだろう。エンブレムをもつキミア書は、すべてが暗号化された実験ノートとして制作されたのではなく、多様な形態と目的をもっている。もっとも有名な著作家はドイツのマイアーだろう。(1) 彼の豪華な『逃げるアタランタ』*Atalanta fugiens* は、スイスの大版画家メリアン（Matthaeus Merian, 1593–1650）による五〇枚の美しい銅版画を収録している。それらは、現在もっとも頻繁に複製されるキミア的な図像の源泉となっている。ウァレンティヌスの一二の鍵は、それぞれがひとつのテクストを彩り、ひとつの操作を暗号化しているが、マイアーの『逃げるアタランタ』は図像による精華集だ。ヘルメスやモリエヌス、ウァレンティヌスといった著作家たちの作品から集成された表現と心象が、隠された意味の堆積層を形成している。(2) この著作は、ウァレンティヌスやスターキーのような実践操作の世界から大きく離れたところに位置するが、ニュートンをはじめとする人々は賢者の石についての実践的な知見をそのなかに探究した。

『逃げるアタランタ』を構成する五〇章は、それぞれが五つの要素から構成されている——モットーおよびエンブレム的な図像、ラテン語とドイツ語による六行詩のエピグラム（警句）、一頁におよぶ散文での解説、そして非常に独創的な三声部合唱の楽譜だ（図7—1）。音楽がアタランタとヒポメネスの物語全体を支配する。古典的な神話によると、壮健な娘アタランタは彼女よりも速く走れないものとは結婚したがらず、彼女に負けたもの全員を殺してしまう。アタランタの挑戦をうけたヒポメネスは、愛の女神アプロディーテから三つの黄金のリンゴを入手して勝利をえようとする。競争ではアタランタが先行するが、ヒポメネスはリンゴを彼女の眼前に転

（1）マイアーについては Erik Leibenguth, *Hermetische Poesie des Frühbarock: Die* Cantilenae intellectuales *Michael Maiers*（Tübingen: Niemeyer, 2002）; Karin Figala & Ulrich Neumann, "'Author, Cui Nomen Hermes Malavici': New Light on the Biobibliography of Michael Maier（1569-1622）," in Rattansi & Clericuzio（1994）, 121-148; idem, "À propos de Michel Maier: quelques découvertes bio-bibliographiques," in Kahn & Matton（1995）, 651-664 を参照。James Brown Craven, *Count Michael Maier, Doctor of Philosophy and Medicine, Alchemist, Rosicrucian, Mystic, 1568-1622*（Kirkwall: Peace & Sons, 1910）もある。

（2）H. M. E. de Jong, *Michael Maier's* Atalanta fugiens: *Sources of an Alchemical Book of Emblems*（Leiden: Brill, 1969）はマイアーの源泉を探索している。エンブレムを収めた精華集には多くの種類がある。Daniel Stoltzius von Stoltzenberg, *Viridarium chymicum*（Frankfurt, 1624）は独訳が *Chymisches Lustgärtlein*（Frankfurt, 1624）として同年に出版された。

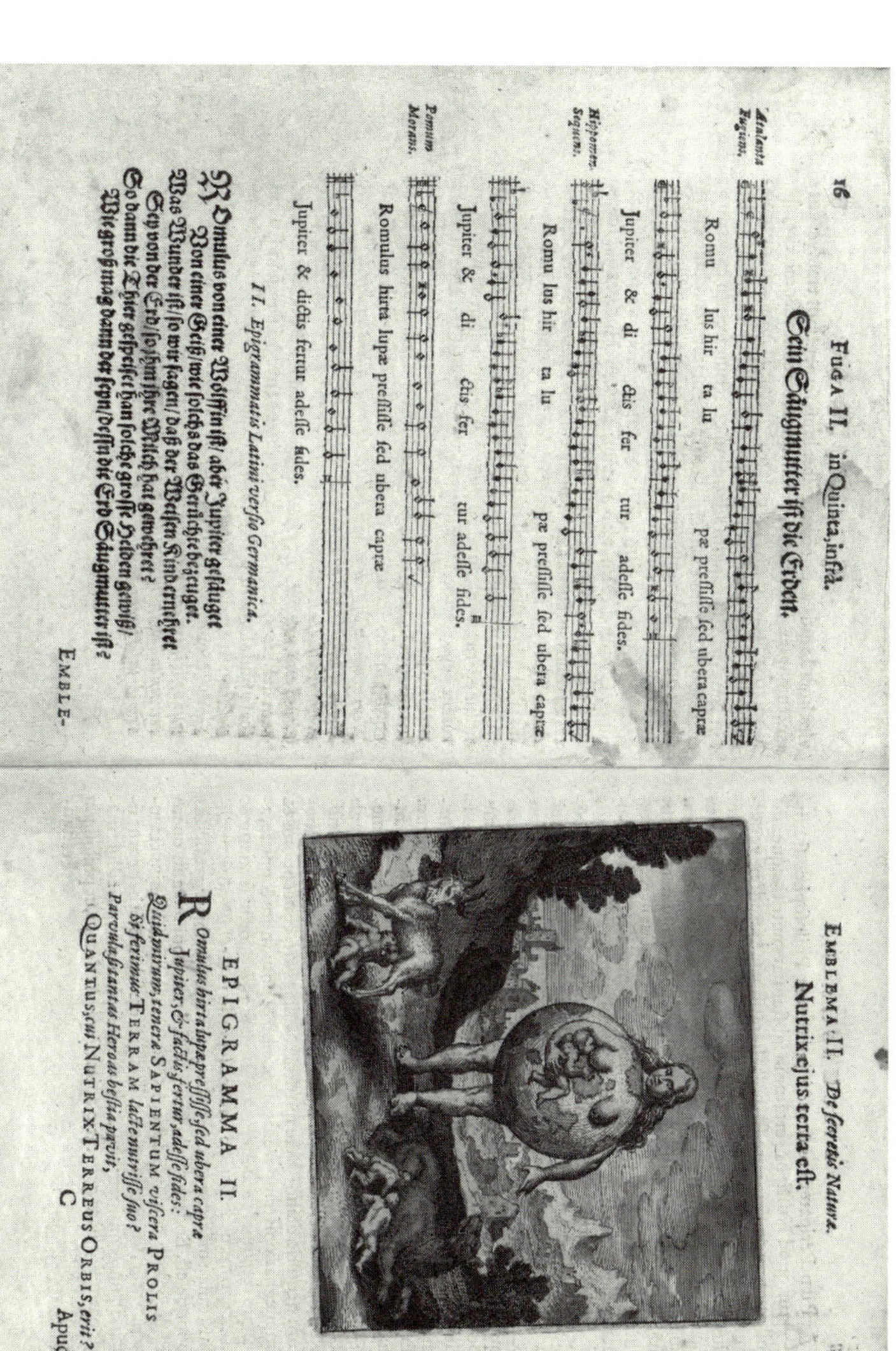

図 7-1. エンブレム第 2「地球は乳母」
マイアー『逃げるアタランタ』(1618 年) から

がす。彼女はリンゴを拾うために立ちどまり、ヒポメネスに追いぬかれる。三つのリンゴを巧みに使用して彼は勝利し、アタランタと結婚する。[3] マイアーの楽曲ではソプラノが逃げるアタランタ、テノールが追いかけるヒポメネス、そしてバスが足どりを遅らせるリンゴを表現する。

これらの図像の源泉は過去のテクスト群にあるが、マイアーは独自の結びつけや暗喩、意味をくわえている。[4] エピグラムはあまりに複雑なので、読者の誰ひとりとして全部の源泉や暗喩、語呂あわせを理解したものはいないだろう。添付された音楽がどのように図像と結びつくのか正確には理解できないが、幾つかの仮説が提唱されている。[5]

『逃げるアタランタ』は知的・人文主義的な幅ひろい領域をキミアと結びつけようとするマイアーの意図をあらわし、一六世紀のエンブレム書の伝統を継承している。このジャンルにおける代表作は、イタリアのアルチャーティ（Andrea Alciati, 1492–1550）による大人気を博した著作だろう。初期近代をとおして、彼の寓意的なエンブレム集はくり返し再版される。[6] 基本的な構成はモットー・図像・エピグラムからなり、この要素は『賢者たちのバラ園』にすでに見出せる。ここで例示する図像が文脈となるテクストからひき離されたなら、キミア書に見出せるウロボロスと誤解されるだろう（図7—2）。しかしアルチャーティの著作はキミア的ではなく、道徳についての金言集なのだ。それにもかかわらず、アルチャーティやマイアーといったエンブレム作家たちによって採用された修辞表現と形式は、キミア書にみられるものと非常に似ている。彼らが想定していた読者層も、人文主義的な教育をうけた知識人たちだった。したがって一七世紀のキミア的なエンブレム書の氾濫は、キミアの伝統内だけでの展開ではなく、あらゆる種類のエンブレムにたいする当時の広範な熱狂と密接に関連していると理解すべきだ。

エンブレムの人気は、初期近代人たちの知的遊戯への関心にもとづいていた。暗喩や比喩の背後に隠された意味を結合して謎解きをするゲームだ。パリの月刊誌『メルキュール・ガラン』*Mercure galant*といった一七世紀の大衆誌も、寓意的な韻文とエンブレム的な図像による「謎解き」を掲載している。雑誌は読者が自身の解釈を投稿するよう勧め、最良の解釈を翌月号で紹介した。現代でこれに対応するのは、クロスワード・パズルや数独といった「頭脳パズル」だろう。重要なことは、現代のものが図像表現の多義性を利用したり、知的・道徳的なメッセージを暗号化したりしない点で、これこそが初期近代の「謎解き」に不可欠な要素だった。したがってもっとも単純なレベルでは、マイアーの著作は一七世紀初頭の知識人たちにとっての「頭脳パズル」だったのだろう。『逃げるアタランタ』の扉は、本書が「眼と知性に［…］、耳と心の娯楽に適している」と宣伝している。つまり、博学なパズルや知的な娯楽の書物として紹介されている。

しかし『逃げるアタランタ』の狙いはもっと高いところにあった。洗練された人文主義者かつ詩人として、マ

（3）オウィディウス『変身物語』第一〇巻第五六〇―七〇七行。

（4）第二四番のエンブレムはウァレンティヌスの第一の鍵に依存しているが、マイアーはヒントを読者にあたえる。エピグラムの最終行は「王はライオンの心臓によって讃えられる」とある。天文学的な知識によると、これはシシ座で光輝いている恒星「ライオンの心臓」Cor leonisを想起させる。同星は「レグルス」、つまり「小さな王」を意味する別名をもち、キミアの文脈ではアンチモン合金をさす。これがエンブレムによって象徴される操作で生成される物質だ。

（5）Jacques Rebotier, "La musique cachée de l'*Atalanta fugiens*," *Chrysopoeia* 1（1987）, 56-76. キミアと音楽についてはChristoph Meinel, "Alchemie und Musik," in Meinel（1986）, 201-228; Jacques Rebotier, "La *Musique de Flamel*," in Kahn & Matton（1995）, 507-546を参照。

（6）エンブレムについてはJohn Manning, *The Emblems*（London: Reaktion Books, 2002）が素晴らしい。アルチャーティは暗喩的な詩だけを制作し、あとから寓意的な図像がくわえられた。Manning（2002）, 38-43. 人文主義的・文学的なエンブレムの研究は、残念ながらキミアに言及しない。Alison Adams & Stanton J. Linden（eds.）, *Emblems and Alchemy*（Glasgow: Glasgow Emblem Studies, 1998）.

Ex literarum ſtudiis immortalitatem acquiri.

EMBLEMA CXXXII.

NEPTVNI tubicen (cuius pars vltima cetum
Aequoreum facies indicat eſſe deum)
Serpentis medio Triton comprenditur orbe,
Qui caudam inſerto mordicus ore tenet.
Fama viros animo inſignes, præclaraq́; geſta
Proſequitur; toto mandat & orbe legi.

図 7–2. エンブレム第 132「読書から不死を獲得せよ」
アルチャーティ『エンブレム集』(1577 年) から

イアーは詩行や音楽、知的遊戯、そして美しい図像を使って、キミアを自由学芸や芸術と結びつけようとする。彼の目的は読者のための娯楽ではなく、当時の人文主義者たちの関心に訴えることで、薄汚く危険な実践と考えられていたキミアの地位を高めることだった。マイアーはいう――

誰でも神的な自然に近づくほど、知性によって探究される精妙で素晴らしく希少な事物に嬉しがり歓喜する[…]。われわれの知性を開花させる目的で、神は自然界に無限の秘密を隠した[…]。キミアの秘密は、そのなかでも最下層にあるのではなく、神的な事物の探究につづく貴重なものだ。(7)

知識人たちはキミアに関心をもつべきなのだ。古典や歴史、神話、数学や詩学、天文学、音楽や神学、そしてキミアにたいする鋭敏な知識が、『逃げるアタランタ』を読み、眺め、聞き、そして「楽しむ」ための本質的な前提となる。読者のもつ知識が幅ひろいほど理解はふかくなり、理解がふかいほど喜びは大きくなる。書物に隠された意味の探究は、自然界に神的に隠された秘密の探究と並行する。マイアーによれば、キミアによって探究はより効果的におこなわれるという。

錬金術は中世の大学制度に足場を確立できず、大学の外に知的環境を確立しようとしたルネサンス期の人文主義者たちとも協働できなかった。初期の人文主義者たちは、錬金術を断罪する傾向にある。(8)一四世紀初頭のイタ

(7) Michael Maier, *Atalanta fugiens* (Oppenheim, 1618b), 6.

(8) Jean-Marc Mandosio, "La place de l'alchimie dans les classifications des sciences et des arts à la Renaissance," *Chrysopoeia* 4 (1990–1991), 199–282; Sylvain Matton, "L'influence de l'humanisme sur la tradition alchimique," *Micrologus* 3 (1995), 279–345.

リアでは、詩人ダンテ（Dante Alighieri, 1265–1321）が錬金術師たちを詐欺師や贋金製造者とともに地獄の第八圏という深層におく。『神曲』の地獄めぐりで、ダンテは一二九三年に処刑された知人の霊魂と出会い、拷問された霊魂は彼にいう――「私がカポッキオの影だとわかるはずだ。彼は錬金術で金属を偽造した。そしてお前は思いだすことになる。私がどれほど素晴らしく自然を真似るサルだったのかを」[9]。ここでダンテは、偽物づくりの不道徳性を強調する。彼の生前に発布された教皇ヨハネス二二世の禁令にみられるように、彼は錬金術を詐欺や贋金づくりと結びつけている。『神曲』にみられる断罪された霊魂は、自然を不器用に猿真似し、その所産の貧しい似像をつくっているだけなのだ。それはロジャー・ベイコンが主張したような自然の所産を凌駕するところまで到達するものではない。同様に文人ペトラルカ（Francesco Petrarca, 1304–1374）は『幸運と不運の救済について』*De remediis utriusque fortunae* で、クリソペアを無為で無価値な実践だと非難し、それが生成できるものは「煙や灰、汗、ため息、戯言、詐欺、堕落」だけだとする[10]。

キミアには見出せない洗練された言語と古典テクストに関心をもっていたことから、後代の人文主義者たちも彼らと似た態度をとる。しかし一六世紀末までに、幾人かがそれまで無視された領域の知識と実践を「人文主義化」することに挑戦する。ドイツのアグリコラ（Georg Agricola, 1494–1555）の作品は適切な例となるだろう。ギリシア語とラテン語を修め、鉱山町で医師として活動した彼は、ルネサンス期の知的世界に鉱山業と冶金学を紹介しようと試みる。彼の浩瀚な『デ・レ・メタリカ』*De re metallica* は、鉱山での探鉱や掘削、鉱石の精錬、その他の作業を百科全書的に記述している。アグリコラは鉱夫たちのために手引書を執筆しようとしたのではなく、学識ある人文主義的な領域とすることで鉱山業を体系化し、その地位を向上させようとする。技術についての彼の記述はしばしば不正確だが、粗野なドイツ語の鉱山用語を学識あるギリシア・ラテン語に置換しようと試みる。古代ギリシア・ローマの著作家たちに頻繁に言及することで、鉱山業を古代の遺産と結びつけている。また収録されている大判で美しい図像群は、書物を視覚的にも魅力的なものにしている。[11] 豪華で高価な判型は、特権ある人々を読者層として狙っていたことを示唆する。鉱夫や冶金師、技師が手引書として所有することは、想定されていない。それは、炉のそばで『逃げるアタランタ』をひも解くクリソペアの実践家がほとんど存在しなかったのと同様だ。

イタリアのアウグレッロ（Giovanni Aurelio Augurello, 1441–1524）は、アグリコラと同様の操作をクリソペアにほどこす。人文主義者の詩人でペトラルカを崇敬する彼は、一五一五年に『クリソペア』と題した長編詩を出版する。[12] その体裁は古代ローマの詩人ウェルギリウス（Vergilius, 70–19 BC）の『農耕詩』を真似ており、『農耕詩』は洗練されたラテン語の韻文によって農業に上品さを付与していることで有名だ。アウグレッロは同様に、クリソペアを古典的な言語や様式、そして博識な暗喩で飾りあげ、作品を教皇レオ十世（Leo X, 1475–1521）に捧げる。自身も有名な人文主義者である教皇は、ほとんど証拠はないが、詩人に褒美として空の財布を贈ったという。彼のクリソペアの知識なら、財布をみたすことができるという含意だ。アウグレッロのクリソペアの理解は、彼が

（9）ダンテ『神曲』第二九歌、原基晶訳（講談社学術文庫、二〇一四年）、上巻四三六―四三七頁。

（10）Francesco Petrarch, *Remedies for Fortune Fair and Foul*, tr. Conrad H. Rawski (Bloomington: Indiana University Press, 1991), I: 299–301.

（11）Georg Agricola, *De re metallica*（Basel, 1556）= G・アグリコラ『デ・レ・メタリカ』三枝博音訳（岩崎学術出版社、一九六八年）。Helmut Wilsdorf, *Georg Agricola und seine Zeit* (Berlin: Deutsche Verlag der Wissenschaften, 1956); Hans Prescher, *Georgius Agricola: Persönlichkeit und Wirken für den Bergbau und das Hüttenwesen des 16. Jahrhunderts* (Weinheim: VCH, 1985); Owen Hannaway, "Georgius Agricola as Humanist," *Journal of the History of Ideas* 53 (1992), 553–560 も参照。

（12）Zweder R. W. M. van Martels, "Augurello's *Chrysopoeia* (1515): A Turning Point in the Literary Tradition of Alchemical Texts," *Early Science and Medicine* 5 (2000), 178–195.

一連の関連書に没頭していた事実を示すが、実際の錬金作業をしたことはなかっただろう。『クリソペア』は大きな人気を博し、後代のキミストたちの知識の源泉となる。彼らは、賢者の石を調整するためのヒントを見出すべくこの作品を熟読するだろう。

クリソペアを古典と結びつけるために、アウグレッロは古代ギリシア・ローマの神話を暗号化されたキミアの操作として解釈する。イアソンとアルゴー船の乗員たちが黄金の羊皮を探求する神話は、金属変成についての寓意となる。同様にヘラクレスの労苦やウェヌスの愛も、隠されたキミアの知見だと解釈される。神話をキミア的な寓意として読解することは標準的な作法となり、『逃げるアタランタ』だけでなく、マイアーの『もっとも秘密な秘密』*Arcana arcanissima* でより顕著となる。[13] 幾人かは、神話のキミア的な解釈が古代人たちを異端の誹りから救う唯一の方法だとさえ主張する。

古代との結びつけや寓意的な解釈は裏目にでることもある。時代が進むにつれて、キミストたちは想定できるすべてを寓意として解釈し、多くの古代人をキミアの達人とみなすようになる。この操作は、詩人のホメロスやオウィディウス（Ovidius, 43 BC-17/18 AD）、その他の古代人だけではなく、中世の叙事詩や聖書にまで拡張される。しかし聖書の再解釈は、カトリック勢とプロテスタント勢の厳しい反応をまねく。カトリック勢は聖書の伝統的な理解に、プロテスタント勢は聖書の字義どおりの読解に執着していたからだ。[14] 英国のスプラット（Thomas Sprat, 1635-1713）は一六六七年に出版された『王立協会の歴史』で、キミストたちの実践を批判する――「彼らは性急に秘密を追求するあまり、その足跡のなんらかをモーセやソロモン、ウェルギリウスの書物に見出せると信じている」。[15]

オランダのブールハーフェ（Herman Boerhaave, 1668-1738）は一七一八年のライデン大学での就任演説で、「不敬な」キミストたちの恥辱に言及する――

これらの狂乱した人々が自制をし、キミアの三原質や四元素によって聖書を解釈する試みを放棄するのを、私はどんなに望んでいることか(16)。

聖書の章句が実験室での操作を内包しているなら、聖書の登場人物たちはクリソペアを実践したに違いない。モーセが黄金の子ウシを燃やして、イスラエルの民にその灰をまいた水を飲ませたとき、彼はエジプトで獲得し

---

(13) Michael Maier, *Arcana arcanissima* (London, 1613). 多くのキミア書が同様な議論を展開する。Vincenzo Percolla, *Auriloquio*, ed. Carlo Alberto Anzuini (Paris: SEHA, 1996); Pierre-Jean Fabre, *Hercules piochymicus* (Toulouse, 1634); Antoine-Joseph Pernety, *Dictionnaire mytho-hermétique* (Paris, 1758); idem, *Les fables égyptiennes et grecques dévoilées* (Paris, 1758) を参照。ギリシア神話の再解釈には一四世紀の Bonus (1702), II: 42-43 の例がある。Sylvain Matton, "L'interprétation alchimique de la mythologie," *Dix-huitième siècle* 27 (1995), 73-87 も参照。

(14) Sylvain Matton, "Une lecture alchimique de la Bible: les *Paradoxes chimiques* de Francois Thybourel," *Chrysopoeia* 2 (1988), 401-422; Didier Kahn, "L'interprétation alchimique de la Genèse chez Joseph Du Chesne dans le contexte de ses doctrines alchimiques et cosmologiques," in *Scientiae et artes: Die Vermittlung alten und neuen Wissens in Literatur, Kunst und Musik*, ed. Barbara Mahlmann-Bauer (Wiesbaden, Harrassowitz, 2004), 641-692; Peter Forshaw, "Vitriolic Reactions: Orthodox Responses to the Alchemical Exegesis of Genesis," in *The Word and the World: Biblical Exegesis and Early Modern Science*, ed. Kevin Killeen & Peter J. Forshaw (Basingstoke: Palgrave, 2007), 111-136.

(15) Thomas Sprat, *A History of the Royal Society of London* (London, 1667), 37.

(16) Herman Boerhaave, *Sermo academicus de chemia suos errores expurgante* (Leiden, 1718), repr. in *Elementa chemiae* (Paris, 1733), II: 64-77: 66 = E. Kegel-Brinkgreve & Antonie M. Luyendijk-Elshout (eds.), *Boerhaave's Orations* (Leiden: Brill, 1983), 193-213: 195. また John C. Powers, *Inventing Chemistry: Herman Boerhaave and the Reform of the Chemical Arts* (Chicago: University of Chicago Press, 2012) も参照。

た知識から飲用金を調整したのではないのか。ソロモン王の偉大な叡智は金属変成さえも包含していたに違いなく、遠方のオフルからもたらされた黄金とは、じつは賢者の石によって調整されたのではないのか。[17]

古代ユダヤの族長と異教徒たちを系譜に追加することは、キミアに欠けていた由緒正しい起源と地位をあたえる。[18] 伝説的なヘルメスをその創始者とみなす考えはアラビア世界ですでに流布し、ノアやモーセ、ヨハネといった聖書の登場人物を達人とみる解釈は中世ヨーロッパで出現したが、初期近代人はさらに歩を進める。[19] 一七世紀をとおして幾つものキミアの歴史書が起源をどんどん過去へと遡らせ、キリスト教徒および異教徒の古代人たちを達人とみなしていく。キミアそのものが「ヘルメス的な知」の一部となり、その起源はヘルメスだけではなく、「古代の叡智」prisca sapientia と呼ばれる体系まで遡れることになる。この叡智は神によってユダヤの族長たち、あるいは最初の人間アダムにあたえられ、継承されているという。[20] しかしそれは不幸にも時代とともに損傷し、異教徒たちの神話は元来の叡智が劣化して誤解されたものであり、再解釈の必要があると考えられた。こうした無秩序な古代性の拡大は、もともとはキミアの地位の向上を目指したものだったが、あまりに遠く離れた素材まで読みこむことで、批判者たちの嘲笑の対象となる。

3　文学と芸術におけるキミア

詩人や画家、劇作家たちがキミアを発見するにつれ、彼らはその考えや図像、そして支離滅裂な評判を利用するようになる。彼らは「高貴なる技」がどのように同時代人たちに受容され、どれくらい基礎的な考えや操作が流布していたのかを教えてくれる。だから彼らの作品は、広範な文化を背景にしたキミアの姿を描きだすことを助けてくれる。

英国の文人チョーサー（Geoffrey Chaucer, c. 1343-1400）は『カンタベリー物語』で、ダンテやペトラルカに比べても独自の立場を表明する。「修道士の従者の話」は、破産と病気にいたる実験失敗のくり返しや、策略と偽変成剤で他人をだますペテン師の修道士について語る。しかしチョーサーは、金属変成が不可能だとは結論しない。むしろ彼にとって、それは特権ある知識であり、選ばれた人々だけが手をだせるものなのだ――

誰もこの技を探究すべきではない、
その目的と錬金術師たちの言葉を理解できないのなら。
もしそれでも探究するなら、
それはかなり馬鹿げた人間だ。

（17）『出エジプト記』第三二章第二〇節：『列王記上』第九章第二八節：『歴代誌下』第八章第一八節を参照。

（18）ローマ帝国末期に生きたゾシモスの古代性は、残念ながら十分ではない。クリソペアの支持者たちは『ギリシア錬金術文書』を強調したが、人文主義者たちはその洗練されていないギリシア語に大きな関心を示さなかった。Matton（1995）, 309-341を参照。

（19）Robert Halleux, "La controverse sur les origines de la chimie de Paracelse à Borrichius," in *Acta conventus neo-latini Turonensis*（Paris: Vrin, 1980）, II: 807-817: 809.

（20）Olaus Borrichius, *De ortu et progressu chemiae*（Copenhagen, 1668）, repr. in Manget（1702）, I: 1-37; idem, *Hermetis, Aegyptiorum et chemicorum sapientia ab Hermanni Conringi animadversionibus vindicata*（Copenhagen, 1674）; Hermann Conring, *De Hermetica Aegyptorum*（Helmstadt, 1648）を参照。古代の叡智はMartin Mulsow, "Ambiguities of the *Prisca Sapientia* in Late Renaissance Humanism," *Journal of the History of Ideas* 65（2004）, 1-13を、ニュートンの関心についてはMcGuire & Rattansi（1966）を参照。

なぜならこの技と知識は、
秘中の秘だからだ。

そこで結論をいおう――天の神は、
どのように賢者の石が発見できるのか、
錬金術師たちに語らせたがらない。
だから私の最良の忠告は「手をだすな」だ。(21)

チョーサーの主張は、探究者たちの大多数が特別な目的と用語を深く理解しないことから賢者の石の調整に失敗するというもので、断罪というよりも警告だ。彼は中世の錬金術書に精通しており、偽アルナウや他の権威たちを引用し、アル・ラージーの著作を敷衍(ふえん)している。彼を達人だとみなした後代の実践家もいる。(22)キミストたちは勘違いした読者が作業に関与しないように、チョーサーの警告に似たものを頻繁に書いている。一五世紀の英国のノートン（Thomas Northon, c. 1433-c. 1513）は、余暇や学識、資金、知性をもたないために失敗する人々を列挙して結論する――

わずかばかりの才覚では、
この作業に手を染めることなどできない。
そのためには深遠なる哲学を、
聖なるアルケミアの精妙な知識を必要とするからだ。(23)

視覚芸術もこうした警告をくり返している。一六・一七世紀のネーデルラントやフランドル地方の画家たちは、キミストを描いた多数の作品を制作する。それらは正確に描写されたガラスや金属、陶器、石製の器具であふれているが、「写真」のような再現ではなく、道徳的な教訓を示すことを目的としていた。[24]こうした教訓はときに不明瞭なものであり、初期近代のエンブレムと同様に観察者が解読しなければならない。

これらの作品の最初期のものは大ブリューゲル（Pieter Brueghel, 1525/30-1569）による一六世紀半ばの素描で、《アルヘミスト》*Alghemist* という題名がついている。オランダのガル（Philips Galle, 1537-1612）による一五五八年の版画で、彼の作品は広範に流布し大きな影響力をもつ（図7—3）。情景は家族の破滅を描くもので、画面中央に錯乱した嫁が空の財布をもち、夫のうしろで身ぶりをする。夫はキミストで、家族に残された最後の硬貨を坩堝に投げいれる。床にしゃがみこんだ道化師は、キミストを真似る物静かな解説者だろう。子供たちは空の食器棚で遊んでおり、父親の無謀な計画がもたらした貧困を強調する。

（21）チョーサー『カンタベリー物語』桝井迪生（岩波文庫、一九九五年）、下巻一三七—一三八頁。

（22）Edgar H. Duncan, "The Literature of Alchemy and Chaucer's *Canon's Yeoman's Tale*: Framework, Theme, and Characters," *Speculum* 43（1968）, 633-656; idem, "The Yeoman's Canon's 'Silver Citrinacioun,'" *Modern Philology* 37（1940）, 241-262.「チョーサー自身がキミアの達人だったことを示す」（467）ために、「修道士の従者の話」が Ashmole（1652）, 227-256 に収録されている。

（23）Thomas Norton, *Ordinall of Alchimy*, in Ashmole（1652）, 1-106: 7＝T・ノートン「錬金術式目」大橋喜之訳『ルネサンスの自然学』（名古屋大学出版会、二〇一七年）、下巻一一三頁。

（24）小テニールスの《キミスト》（口絵1）は、当時の実験室で頻繁におきた爆発を描いている。背景に描かれた子供の尻を拭いている女性が、キミストの無益な企てを皮肉まじりに表現している。

図 7–3. フィリップス・ガル《アルヘミスト》銅版画（1558 年）

後景では、空の大釜をかぶる年長の子供をふくめた家族全員が、父親の労苦の結果として救貧院に身をよせる。画面右側で着席する学者が意味するものは不明瞭だ。キミストのために指示を読みあげているのかも知れないし、絵画の説明として台無しになった人生を注視せよと身ぶりしつつ、登場人物たちとは独立に存在しているのかも知れない。ブリューゲルの素描画では、学者は本に大きく印刷されたal-ghemistという語を指さす。オランダ語の語呂あわせで、「すべては失われた」を意味している。[25] ガルの銅版画では、追加されたモットーが絵画の意味を断罪よりも警告へと誘導する。詩行には『エメラルド板』などの様式を真似て、「無知なものは運命をうけいれ、仕事に精をだすべきだ」と書かれている。したがってチョーサーの物語と同様に、キミアは万人のものではなく、人生における運勢を向上させる手段でもないし、近道でもないと主張しているようだ。才能をもたないものは別の道を進むべきであり、自分にあった仕事に励むべきなのだ。

多くの画家たちが《アルヘミスト》に感化され、キミアによって破滅する家族という心象は多様な変種を生みだす。オランダのファン・デ・フェンネ（Adriaen van de Venne, 1589–1662）による一六三二年の《豊かな貧困》は、家族の困窮に無関心な父親が炉にむかって作業する様子を描く（口絵8）。天を仰いでいる妻は、家族にのこされた最後の硬貨をさし示し、子供たちは食べ物を欲しがる。一七世紀後半のブラーケンブルフ（Richard

---

（25）この作品と芸術におけるキミアについてはLawrence M. Principe & Lloyd Dewitt, *Transmutations: Alchemy in Art*（Philadelphia: Chemical Heritage Foundation, 2002）, 11–12; A. A. A. M. Brinkman, *De Alchemist in de Printkunst*（Amsterdam: Rodopi, 1982）, 41–53を参照。Jane Russell Corbett, "Conventions and Change in Seventeenth-Century Depictions of Alchemists," in *Alchemy and Art*, ed. Jacob Wamberg（Copenhagen: Museum Tusculanum Press, 2006）, 249–271; A. A. A. M. Brinkman, *Chemie in de Kunst*（Amsterdam: Rodopi, 1975）も参照。Jacques van Lennep, *Art et alchimie*（Bruxelles: Meddens, 1966）は「古典」だが、時代遅れとなった解釈に依拠しているため注意が必要だ。

Brakenburgh, 1650-1702）も大型の作品《キミストの工房と遊ぶ子供たち》で、これらの要素をとりこんでいる（口絵9）。希望にみちたキミストは、妻にむかって「今度こそ本当にうまくいくぞ」と語るかのように紙に包まれた粉末をみせるが、妻は空気ポンプを無駄に押している年少の息子をさし示す。この子供は高価な時間と木炭を浪費しているだけではなく、ブリューゲルの素描画での道化師の役割をはたしている。彼の作品に精通している人間には明瞭な暗示だろう。家族を養えない父親は、悪い模範として子供の心を荒廃させる。父親の背後にたつ年長の息子は、ふいごを楽しそうに操作して父親の無益な活動に参加する。共通する教訓は、クリソペアによる富の追及は家族の破滅を招く点だ。これらの絵画における教えは「靴屋は自分の領分をわきまえろ」という古い格言に似ている。

一七世紀フランドル地方の小テニールス（David Teniers, 1610–1690）は、この分野ではもっとも多作家だ。興味ぶかいことに、彼はキミアを違った角度から描きだす。キミストのベルトにさがっている膨らんだ財布は、ブリューゲルやその追従者たちにたいする反論だろう（口絵10）。そこには家族の破滅や飢える子供たち、愚行や切迫する大惨事もない。工房の乱雑さにもかかわらず、キミストは勤勉さと生産性を示している。さらに小テニールスは、キミストとしての自画像さえ描いている。おそらく画家とキミストの双方に共通する創造性と生産性という主題を強調するためだろう。画家は単純な素材を結合させて貴重な芸術を生みだし、キミストは単純な物質を結合させて価値ある製品を生みだす。

少しだけ年少のヴァイク（Thomas Wijck, 1616–1677）も小テニールスと同様に、立派な存在としてキミストを描く。自画像のような作品で、キミストは学者に帰せられる特徴を備えている（口絵11）。彼は身だしなみが良く、蒸留器に注意を払いながら書物に囲まれて座り、書類を読んでいる。当時の習慣にしたがって、書簡の束が窓辺にぶらさげられている。情景は、混沌と破滅のかわりに平和と静寂にみちている。ブリューゲル流の解釈への意識的な反論として構想された別の作品でも、ヴァイクは面白いほど調和のある室内の情景を描く（口絵12）。母親と子供たちが夕食を準備している一方で、父親は書斎で作業しており、そこには食卓と炉を共有する蒸留器がある。

これらの絵画は、初期近代の社会がキミアにあたえた曖昧な評価を反映している。軽率で愚かな人々に破滅や貧困、不品行をまねく偏執狂的な営みという解釈と同時に、勤勉さや学識、技術を要する生産的な営みという描写が存在する。

4　演劇におけるキミア

一七世紀の劇作家たちは、キミストを不器用な人やペテン師として滑稽に描いている。英国のベン・ジョンソン（Ben Jonson, c. 1572-1637）による一六一〇年の『キミスト』は、もっとも良く知られた例だろう。(26) 主人公の「精妙（サトル）」は早口の詐欺師で、彼の目的は卑金属からではなく、欲ぶかく愚かな人々の卑しい欲望から黄金を獲得することだ。彼は賢者の石を調整することを約束するが、完成はつねに遅れる。そして彼の甘言に騙された人々から金品を騙しとる。ジョンソンは「エンブレム的」な宮廷仮面劇も書いており、その幾つかは『キミスト』と同時期のもので、キミア的な考えと修辞表現を利用する。また『キミストたちに立証された水銀』は、同時代のポーランド人キミストであるセンディヴォギウスから大きな影響をうけている。ジョンソンは『キミスト』でキ

(26)　エリザベス・ステュワート朝の演劇と文学とキミアの関係についてはStanton J. Linden, *Darke Hieroglyphicks: Alchemy in English Literature from Chaucer to the Restoration* (Lexington: University Press of Kentucky, 1996) を参照。

ミアの用語や表現を茶化しているが、それらに非常に親しんでいた[27]。
　同じく英国のコングリーヴ（William Congreve, 1670–1729）の『老独身者』では、ひとりの登場人物が人々から金品を騙しとることを勧められる。彼にあたえられた助言は、「キミアを使えば砂塵から金を抽出できる」だった。その連れの「信頼（フェイス）」は、「私はキミストと同じくらい貧しく勤勉でありましょう」と応える。同時代の絵画と同様に、ここでは貧困と勤勉という対立する主題が結合されている。同様な対立の結合が『世のならわし』にも見出される。この作品では、恋の病におちた女性が「賢者の石を投入するキミストのように胸は希望でみち、頭は不安であふれている」という[28]。こうしたキミアやその実践への言及は、観客たちがキミストという人物像や作業を知っていたことを示すだろう。

　キミアの色合いをもつ風刺とユーモアは、一六九四年にパリの劇場のために書かれた喜劇『ふいご吹き』にも見出せる。この題名は、坩堝をのせた炉をふいごで吹きつづけるキミストたちを侮蔑とともに表現している。『ふいご吹き』は賢者の石を調整しようとする隣人たちが主人公だが、彼らは鼻先でおこる恋のかけひきには疎い。会話はキミアをめぐる語呂あわせや暗喩でみちている（図7―4）。賢者の石が完成するところで、雑多な仲間たちが「投入」を目撃するために集合し、「高貴なる技」の美徳を讃える歌を合唱する――

(27) Edgar H. Duncan, "The Alchemy in Jonson's *Mercury Vindicated*," *Studies in Philology* 39 (1942), 625–6371; idem, "Jonson's Alchemist and the Literature of Alchemy," *Proceedings of the Modern Language Association* 61 (1946), 699–710; Stanton J. Linden, "Jonson and Sendivogius: Some New Light on *Mercury Vindicated*," *Ambix* 24 (1977), 39–54.

(28) 投入日は、賢者の石の能力を確認する初日を意味する。William Congreve, *Way of the World, in The Complete Plays of William Congreve*, ed. Herbert Davis (Chicago: University of Chicago Press, 1967), 46, 431.

図 7-4.『ふいご吹き』(1695 年)の第 3 幕から

煙にみちた炉や器具があり、中央後ろには「賢者の石」を育てる「賢者たちの卵」がおかれ、化学器具がトロフィのように後景の壁を飾っている

キミアはなんと素晴らしいのか！
その驚異的な作用で、
われわれを神々と比肩させる、
エリクシルと飲用金をとおして。
もっとも卑劣な貧困や、
われわれを襲う老化、
不治の病。
そして避けられない運命、
すべてが無比の賢者の石からの
奇跡的な作用を感じる。
キミアの技はなんと素晴らしいのか！
その力はなんと驚異的なのか！(29)

5　詩におけるキミア

劇作家たちはキミストを滑稽な姿で描くが、詩人たちはキミアに由来する考えを肯定的にも否定的にも利用する。シェイクスピア（William Shakespeare, 1564-1616）は『ソネット集』の第三三番で、金属変成の能力にもとづいて上品に歌う――

光まばゆい朝が、
王者の眼差しを投げかけて山の峰々をはげまし、
黄金の顔をみせて緑色の牧場に接吻をおくり、
天上のアルケミアによって鉛色の流れを変える。

同時期にジョン・ダン（John Donne, 1572-1631）は、キミストたちが経験する希望と失敗を利用して、誇張された楽観主義と達成されない花婿の希望を描いている――

おお、詐欺師よ、
エリクシルを入手できたキミストは誰一人としていない。
香水か医薬が偶然にも生じるなら、
多産な容器を讃えるだけだ。
恋人たちもまた豊かな快楽を夢みるが、
手にするのは冬のような夏の夜だけだ。[30]

（29）"Que la chimie est admirable," in [Michel Chilliat], *Les souffleurs, ou la pierre philosophale d'Arlequin*（Paris, 1694）, 114-115, 121. 初版は九曲の楽譜を収録しているが、その他の多くの版にはない。フランスとイタリアの演劇とキミアを *Chrysopoeia* 2-1（1988）が特集している。

（30）John Donne, "Loves Alchymie," in *The Complete English Poems of John Donne*, ed. C. A. Patrides（London: Dent, 1985）, 86. Cf. Jocelyn Emerson, "John Donne and the Noble Art," in *Textual Healing: Essays in Medieval and Early Modern Medi-*

6 「偽キミスト」の肖像

芸術や文学、演劇におけるキミストの肖像の二分化は、第四章でみたように一八世紀に錬金術と化学が分離される基盤づくりに貢献する。失敗や詐欺をめぐる物語は驚くほど長生きする紋切型のイメージを定着させ、キミストたちはそれに飲みこまれてしまう。したがってこの問題は注目に値するだろう。

詐欺師としての「偽キミスト」の描写はながい伝統をもち、中世のイスラム世界に出現したあと、一八世紀における道徳的な攻撃で頂点をむかえる。否定的な心象の拡散に貢献したのは批判者や風刺家ばかりではなく、クリソペアの実践家たちだった。彼らは巧妙な詐欺にたいする不用心を警告し、評判の悪い人々から自分たちを切り離そうとした(31)。

富をもたらす約束をはたせずに、支援者たちを裏切って断罪されたキミストについての逸話も多数ある。これらの大半は真実だが、彼らの全員を現代的な意味での詐欺師と考えるのは間違いだ。不幸な彼らの多くは、金属の品質向上のための操作を開発し、採鉱や精錬の効率を高めようとした実践家であり、全員が賢者の石のような高尚な主題に関与したわけではない。おそらく小規模な実験の結果をうけて、彼らは将来の成功を確信しつつ王侯貴族の支援者たちと法的な契約を結ぶ。こうした契約をした人々は「企業家的なキミスト」と呼ばれる(32)。彼らの契約書は、支援者がどれだけの住居や仕事場、原料を提供するかを提示し、提出されるべき生成物と期日などを明記している。操作が失敗に終われば、契約の不履行となる。こうした契約が多く結ばれたドイツ語圏では、これは「欺瞞（ぎまん）」Betrügerei と呼ばれ、しばしば「詐欺」と訳される。彼らの全員が不誠実だったわけではないが、結果的に「達成できないことを約束した」人々となる。支配者でもある支援者を騙すことは死罪につながり、失敗したキミストたちの処刑は圧倒的にドイツ的な現象だ。英国やフランスではほとんど記録されておらず、この相違は法体系の違いに帰されるべきだろう。

企業家的なキミストの大多数は、学術書を執筆する人々ではない。良い教育をうけた著作家たちは、彼らを偽称者や詐欺師、あるいは偽キミストとして批判し、自身が計画する操作についての理論的な基盤をもたない「実践の商人」だと考えた。道徳的な評価は疑わしいが、この分類は正しいだろう。スターキーやヴァレンティヌスのような高度な理論化と実験構想から、彼らの「経験的」な営みを区別するのは妥当といえる。しかし両集団とも初期近代のキミアの重要な側面を代表している[33]。炉のそばで汗をかき、仲間と処方を交換するけれども書物を執筆しなかった人々は、実際に書物を出版した人々よりも多数だった。キミアの知的な発展に参加しなかったとしても、彼らは当時の社会でより目立ち、キミアをめぐる民衆的な心象の誕生により大きな責任があるはずだ。

---

cine, ed. Elizabeth Lane Furdell（Leiden: Brill, 2005）, 195–221; Edgar Hill Duncan, "Donne's Alchemical Figures," *English Literary History* 9（1942）, 257–285.

（31） Michael Maier, *Examen fucorum pseudo-chymicorum detectorum et in gratiam veritatis amantium succincte refutatorum*（Frankfurt, 1617）; Heinrich Khunrath, *Treuhertzige Warnungs-Vermahnung*（Magdeburg, 1597）を参照。前者については Wolfgang Beck, "Michael Maiers *Examen Fucorum Pseudo-chymicorum*: eine Schrift wider die falschen Alchemisten," Ph.D. diss.（Technische Universität München, 1992）; Robert Halleux, "L'alchimiste et l'essayeur," in Meinel（1986）, 277–291 を参照。

（32） この用語や「契約キミア」の豊かな公文書、偽キミストについては Tara Nummedal, *Alchemy and Authority in the Holy Roman Empire*（Chicago: University of Chicago Press, 2007）を参照。

（33） William Eamon, "Alchemy in Popular Culture: Leonardo Fioravanti and the Search for the Philosopher's Stone," *Early Science and Medicine* 5（2000）, 196–213; Tara Nummedal, "Words and Works in the History of Alchemy," *Isis* 102（2011）, 330-337 を参照。

王侯や貴族の宮廷は企業家的なキミストだけではなく、多様なキミストたちにとって支援をうける中心的な場所だった。フランスでは国王アンリ四世（Henri IV, 1553-1610）の宮廷がパラケルスス主義者たちであふれ、自分たちの医学と君主を新時代の象徴とみなす。また医薬水をキミア的に生成する蒸留所が、スペインのエル・エスコリアル宮殿やイタリアのトスカーナ大公コジモ一世（Cosimo I, 1519-1574）の宮殿からドイツ各地の宮廷まで、ヨーロッパ中で稼働しはじめる。鉱物や金属からの生成物を品質向上させる工房も、そこかしこに建設される。「学識ある」ヘッセン＝カッセル方伯モーリッツ（Moritz von Hessen-Kassel, 1572-1632）は、ケミアトリアについての最初の教授職を創設するだけではなく、宮廷キミストの集団を自ら指揮している。一七世紀をとおしてキミストたちは、プラハやウィーンにおかれた神聖ローマ帝国の宮廷にあつまり、金属変成の公開実演をおこなう。すべての次元においてキミアは、孤独な工房や私的な研究室に隔離されていたのではなく、注目を集める存在として初期近代の宮廷文化に組みこまれていた(34)。

7　キミアと宗教

宗教書の著作家や説教師たちもキミアを利用する(35)。宗教的・道徳的な発想と、キミアの純化や向上の考えには親和性があり、聖書は心の試練と純化を火による貴金属の精錬と比較している(36)。また宗教改革者ルター（Martin Luther, 1483-1546）はクリソペアに懐疑的だったが、キリスト教の原理を寓意化する点ではキミアを讃えた(37)。中心的な操作である蒸留は、粗雑で卑しい要素から純粋で揮発性、つまり「霊性」をもつ要素を分離することから、信仰書における比喩として頻繁に採用される。フランスの司教カミュ（Jean-Pierre Camus, 1584-1652）は、「霊性的なキミア」を実践するために述べている――

われわれのもつ善悪の思慮や感情、悪癖や美徳のすべてを混ぜあわせて、われわれの理解という蒸留器にいれよう。そしてそれを炉のうえにおくように、永遠の火の記憶と想起のうえにおく。この火による思考は混乱した要素を、野心の喧騒や欲望の大地、虚栄心の風、熱望の水、そして無遠慮の空気へと分離するだろう。それはすべての狂乱を消散し、地上における欲望の残渣や沈殿物を破壊して、美しく完全に星辰的な考えを抽出するだろう［…］。そしてわれわれの悪癖や罪悪のすべてを溶解して、敬虔さと信仰の第五精髄が霊魂から抽出される［…］。これらは洗練されたキミアではないか。(38)

（34） Bruce T. Moran, *The Alchemical World of the German Court*（Stuttgart: Steiner, 1991）; Pamela H. Smith, *The Business of Alchemy: Science and Culture in the Holy Roman Empire*（Princeton: Princeton University Press, 1994）; Jost Weyer, *Graf Wolfgang von Hohenlohe und die Alchemie: Alchemistische Studien in Schloss Weikersheim 1587–1610*（Thorbecke: Sigmaringen, 1992）; Mar Rey Bueno, *Los señores del fuego: Destiladores y espagíricos en la corte de los Austrias*（Madrid: Corona Borealis, 2002）; Alfredo Perifano, *L'alchimie à la cour de Côme Ier de Médicis: savoirs, culture et politique*（Paris: Champion, 1997）; Didier Kahn, "King Henry IV, Alchemy, and Paracelsianism in France（1589–1610）," in Principe（2007）, 1-11.

（35） Sylvain Matton, "Thématique alchimique et litterature religieuse dans la France du XVIIe siècle," *Chrysopoeia 2*（1998）, 129-208; Matton（2009）, 661-737; Sylvia Fabrizio-Costa, "De quelques emplois des thèmes alchimiques dans l'art oratoire italien du XVIIe siècle," *Chrysopoeia* 3（1989）, 135-162.

（36） 『ペテロの第一の手紙』第一章第七節；『箴言』第一七章第三節と第二七章第二一節；『知恵の書』第三章第六節；『ヨブ記』第二三章第一〇節を参照。

（37） Sylvain Matton, "Remarques sur l'alchimie transmutatoire chez les théologiens réformés de la Renaissance," *Chrysopoeia* 7（2000–2003）, 171–194: 172–175.

パラケルスス主義の医学やスパギリア、クリソペア、そして一連の実験操作が、カトリックとプロテスタントの両陣営による無数の説教や書物に見出される。キミア書の著作家たちが宗教的・神学的な書物から考えや心象を比喩として拝借したのと同様に、宗教家たちはキミアから考えや心象を自由に拝借する。[39] ジュネーヴの司教サールのフランソワ（François de Sales, 1567–1622）は、人間を変化させる愛の力について訴える――「聖なる畏怖すべきキミアよ！　投入の神的な力よ！　それはわれわれの気持ちや感情、行為の諸金属を星辰的な愛のもっとも純粋な金へと変成させる」。また同時期の別の説教家は、神の恩寵を「すべてを黄金に変成する真の賢者の石」と呼ぶ。[40]

キミアに由来する考えを修辞表現や比喩として宗教で利用する、あるいはその逆は単刀直入で理解しやすい。しかしキミアと宗教の関係は非常に複雑であり、その相互作用の力学は本書の各章における多様な文脈で観察してきたとおりだ。それはキミアだけではなく、初期近代人たちの世界観に光をあてるためにも決定的に重要でもある。この複雑な問題を解明する出発点は、キミストたちがくり返し主張した「秘密の知」の神的な起源と地位だろう。

8　「神の賜物」としてのキミア

キミストたちは、賢者の石の調整法やその他の秘密についての知識を「神の賜物」donum Dei と呼ぶ。英国のノートンは、つぎのように宣言して『錬金術式目』を説きおこす――

眼をみはる大いなる技、
それこそ尊いアルケミアによる染色だ。
素晴らしい知識、隠された哲学、
全能なる神からの格別な恩寵と賜物である。(41)

この著作には、師から秘密を授かる弟子が描かれている図像が添えられている(42)(図7―5)。座っている師は弟子に「聖なる印のもとに神の賜物をうけとるのだ」と伝え、弟子は「私は聖なる秘密を守ります」と応える。画面の上方にはハトとして描かれた聖霊が飛翔し、旧約聖書の『詩篇』第四五篇第七行と第二七篇第一四行を記した垂れ幕をもつ天使たちが配置されている。この情景には、神的な啓示としてのクリソペアという含意がある。大多数の現代人は、どんな自然の知識も「聖なるもの」や「神の賜物」とは呼ばないことから、こうした表現や図像はクリソペアを特別なものとして際立たせる。それは他の知識とは決定的に異なり、宗教的なものに近い。こうした神的な起源や神聖な特徴をもつという主張は、錬金術が心霊的で超自然的かつ宗教的な実践だという考えを補強するために、一九世紀半ばから盛んに利用されてきた。しかし上記の表現は、作者の意図にもとづいて

(38) Matton (1998), 149.
(39) Matton (2000–2003); John Slater, "Rereading Cabriada's *Carta*: Alchemy and Rhetoric in Baroque Spain," *Colorado Review of Hispanic Studies* 7 (2009), 67–80: 73–75.
(40) Matton (2009).
(41) Norton (1652), 13＝ノートン（二〇一七年）、下巻一一一五頁。Cf. John Reidy, "Thomas Norton and the *Ordinall of Alchimy*," *Ambix* 6 (1957), 59–85.
(42) 手稿は大英図書館の追加 MS 10302 で、出版されたものとは構図が興味ぶかい点で異なる。

図 7-5. 師から秘密を授かる弟子は、それを守ると誓う

『英国化学劇場』（1652 年）のノートン『錬金術式目』から

歴史学的に正しい文脈において理解されるべきだ。

第一に、キミアの秘密とは一種の「トポス」なのだ。トポスとは文学的な約束事で、初期近代のキミストの大多数によって当然のように利用される。本書の第二章は、こうした約束事がジャービル文書における「秘伝伝授」の様式とともに発展したことを分析した。この様式は中世ヨーロッパに継承され、書物に尊敬すべき権威の雰囲気づけをするために利用される。こうした模倣は、「神の思しめしのままに」insha'allahというアラビア語の慣用句に呼応するラテン語の表現を挿入することを促進させる。奇妙なことだが、キリスト教徒のテクストに見出せる宗教色は、実際にはイスラム教徒による敬虔さの表現に由来するのだ。後代の著作家たちは修道会に所属していたり、敬虔な世俗人だったりしたことから、こうしたトポスを発展させる。それらの表現を挿入するのは、ほとんど無意識的な行為となる。

第二に、「神の賜物」という表現は、知識の地位をあつかう中世とルネサンス期の神学や法学の文献で使用される専門用語だ。たとえばトマス・アクィナスはすべての知識が神の賜物であると主張するが、これは「知識は神の賜物であり、売ることはできない」Scientia donum Dei est, unde vendi non potestという法令を暗示している。[43] この法令は、教師が生徒に支払いをもとめるのは合法かという倫理的な問いから生じており、答えは否というのが共通認識だった。その背景には、つぎのような考えがある——知識は神の賜物であり、知識を授かったものにそれを売る権利はなく、知識という霊的な財産を金品のために売ることは罪悪なのだ。キミストたちは、

(43) トマス・アクィナス『神学大全』第一部の二、第一一二問第五項と第二部の二、第九問。この問題の法的・道徳的な文脈については Gaines Post, Kimon Giocarinis & Richard Kay, "The Medieval Heritage of a Humanistic Ideal: 'Scientia donum dei est, unde vendi non potest,'" *Traditio* 11 (1955), 195–234; Gaines Post, "Master's Salaries and Student-Fees in Mediaeval Universities," *Speculum* 7 (1932), 181–198 を参照。

こうした背景に気づいていただろう。この用語によって、彼らはすべての知識の究極的な源泉を明示し、知識の賜物を正しく利用する義務を強調する[44]。

第三に、もっとも重要な点として、現代人は初期近代の人々が考えもしなかったところに断絶を見出そうとする。この場合は科学と宗教だ。現代人は、二領域ができれば十分な距離をもって、双方のあるべき場所に棲みわけされることを望む。現代人の多くが、こうした考えは本質的に「正常」だと確信し、キミアを神の賜物とみなす実践家たちを「異常」な人々とみる傾向がある。しかし現代人の認識にこそ、説明が必要とされる――一般に信じられている科学と宗教の棲みわけが、いつ、どこで、誰の手で存在するようになったのか。神を創造主と考える初期近代の人々は、万物を神の賜物と理解し、多くのものが「あらゆる良い贈り物、あらゆる完全な賜物は上方から、光の父からくだってくる」という新約聖書の『ヤコブの手紙』第一章第一七節を知っていた。現代人は、神的な働きや存在が日常生活からかけ離れたもので、映画監督セシル・デミル（Cecil B. DeMill, 1881-1959）の作品にみられる雷と稲妻にみちた場面のような例外的な現象だと想像しがちだ。しかし初期近代の人々にとって、神意の作用と存在は普遍的で日常的なものであり、親しみさえあるものだった。

だからスターキーの実験ノートにおける操作の正確な日時や使用された原料の重量、それらを加熱した時間についての詳細な記録のそばに、つぎのような記述を見出すとき、現代人にとっての科学と宗教の心地よい棲みわけは破壊されてしまう――

一六五六年三月二〇日、ブリストルにて。神は私にアルカエストについてのすべての秘密をあたえてくれた。神に永遠の祝福と名誉と栄光あれ[45]。

ここでスターキーは、まるで驚くべきではない現象のように、淡々と神の賜物の到来を記録している。この記録はそれがどのように到来したかを詳述しないが、別の実験ノートは「神の同意による」divino nutu とされる一連の実験を記述し、さらに「多くの失敗をしたが、ついに神は私を真の技術へと導いてくださった」としている。[46] スターキーは実験室でえられた知識が神の賜物だと述べるが、それは事物の背後で神が精妙な仕方でつねに存在し、発見へと導いてくれるということを意味している。神が大げさに雲のなかから話しかけるわけではなく、キミストがトランス状態に陥ったわけでもない。スターキーの実験ノートは、「みつけた！（エウレカ）」という叫びで象徴される発見の不思議な知的洞察の直後に、神に感謝するキミストの姿を描きだしている。神意の遍在と摂理をつねに意識しながら勤勉に作業し、神を知識の究極的な源泉だとする考え方は、神性を日常世界の一部、つまり平凡なものにしてしまうと考えられるかも知れない。しかし別の考え方があり、それは初期近代の人々の観点と合致する——超越するものとの断絶のない静的な絆へと導くことで、神性は人間と世界を神意と結びつける。

こうした観点は、人間と自然、そして神性を多様なレベルで連結させる「絆の網」にもとづいて成立する。[47] 初期近代の人々の「結ばれた世界」という視座は、英国のフラッド（Robert Fludd, 1574-1637）が構想した複雑な図

（44）『マタイの福音書』第一〇章第八節における「神からただでいただいたのだ、ただであたえよ」という教えとの関係はどうであれ、教えることに金銭的な対価を求めることが禁じられたからといって、誰にでも自由に教えられたわけではない。Carla Hesse, "The Rise of Intellectual Property, 700 BC-AD 2000: An Idea in the Balance," *Daedalus* 131（2002）, 26-45 を参照。

（45）Starky（2004）, 175.

（46）Starky（2004）, 43, 67-69, 113, 190, 302 を参照。Newamn & Principe（2002）, 197-205 も参照。

（47）初期近代における「結ばれた世界」については、プリンチーペ（二〇一四年）、第二章［および『知のミクロコスモス：中世・ルネサンスのインテレクチュアル・ヒストリー』（中央公論新社、二〇一四年）も参照］。

像によって視覚化されるだろう。医師・哲学者だった彼は、当時の著名な知識人たちと論争をしたことで知られ、賢者の石をふくめたキミアについても広範に著述している[48]。この洗練された銅版画は、マイアーの著作にも作品を提供した大版画家メリアンによって一六一七年に制作されている（図7―6）。

画面中央に地球がおかれ、そこに座るサルが描かれている。自然の働きを真似する「自然のサル」と呼ばれ、人間の技術を象徴する。サルの身丈は、人間のさまざまな知識をあらわす四重円と同じ高さにある。地球からみて最初の円は「鉱物界で自然を向上させる技術」を記述し、蒸留についての表記で示されるキミアで代表される。卑金属を金に変成し、毒物を医薬に還元し、無益なものを有益なものに変化させることで鉱物の不完全さを修正する技術という意味だ。第二の円は「植物界で自然を助ける技術」を示し、農業と果樹の接木で代表される。さらに「動物界で自然を補助する技術」がつづき、医学や養蚕、卵の人工孵化、養蜂のためにハチを古代の迷信にしたがって「ウシの死骸から自然発生させる」ことが描かれている。これらの技術は、自然を向上させるという意図をキミアと共有する。第四の円は有用性に縛られない「より自由な技芸」にあてられ、すべての要素が数学的な基礎をもつ——天文学や音楽、時間計測、絵画、築城術などだ。

自然のサルと四重円で表象される人間活動の領域は、宇宙と必然的に結ばれている。自然のサルは上方の女性

（48） Allen G. Debus, *Robert Fludd and His Philosophical Key* (New York: Science History Publications, 1979); François Fabre, "Robert Fludd et l'alchimie: le *Tractatus Apologeticus integritatem societatis de Rosea Cruce defendens*," *Chrysopoeia* 7 (2000-2003), 251-291; Johannes Rösche, *Robert Fludd: Der Versuch einer hermetischen Alternative zur neuzeitlichen Naturwissenschaft* (Göttingen: V&R, 2008) を参照。医学者ハーヴェイ（William Harvey, 1578-1657）との関係は Allen G. Debus, "Robert Fludd and the Circulation of the Blood," *Journal of the History of Medicine and Related Sciences* 16 (1961), 374-393 を参照。

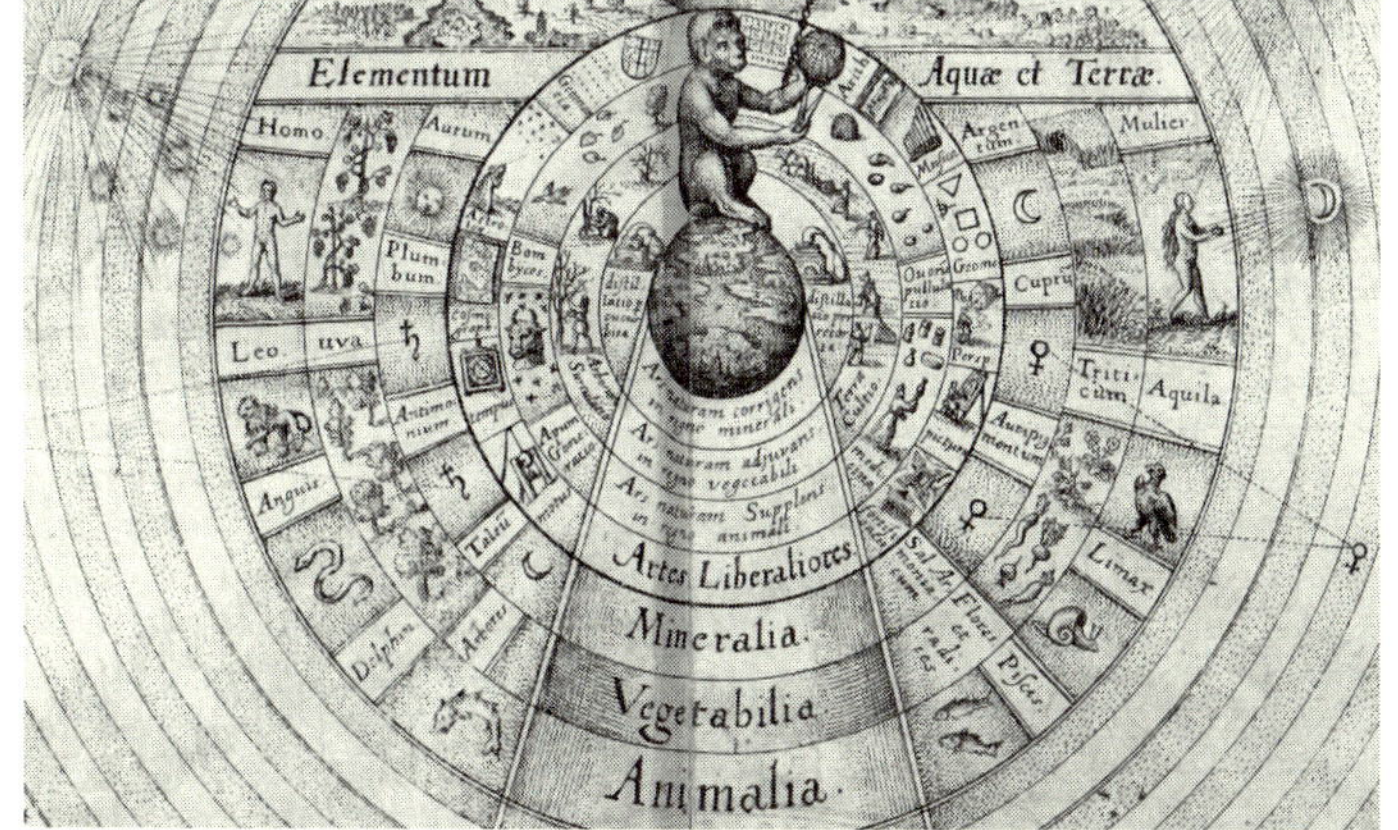

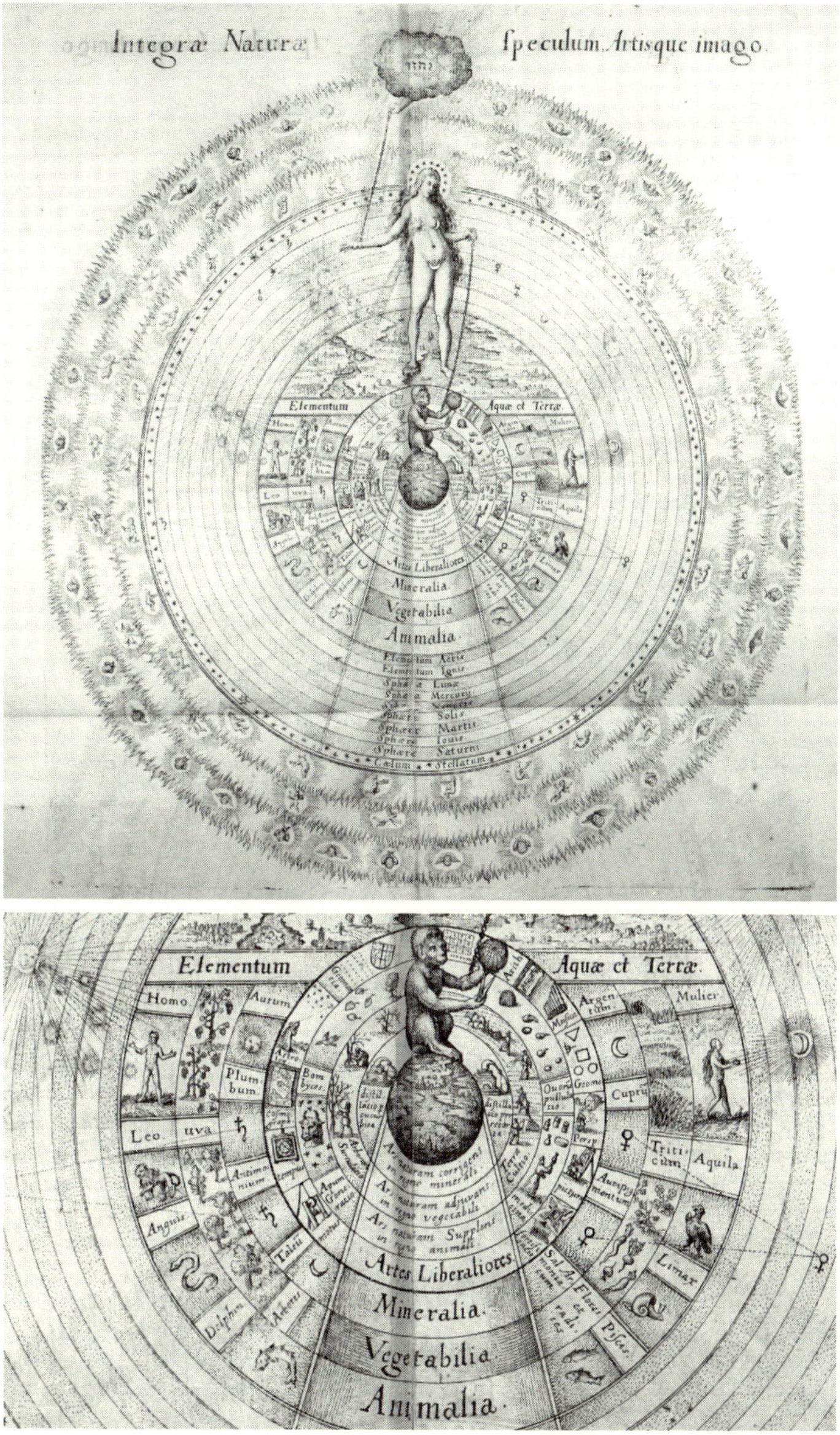

図 7-6. 自然の鏡と人間の技術

フラッド『両宇宙誌』(1617 年) から

に鎖でつながれており、この女性は自然を意味し、人間の技術を支配する。彼女の領域にある諸円は、内側から鉱物や金属、植物、動物、人間を包含する。地上界からさらに上方をみると、天動説にもとづいた宇宙観により、地球のまわりを回転する七惑星と星辰の諸円がある。ここでフラッドは、幾つかの対応を記している。左側では二本の直線で土星が鉱物の円にある鉛とアンチモンに、右側には金星が銅と石黄に対応している。左側におかれた太陽は両腕をひらいて温・乾の影響をうける男性と結ばれ、右側に描かれた女性は月から冷・湿の影響をうけて身体内で月齢を反映させる。

重要なことに、自然をあらわす女性像は人間の技術と完全に独立しているわけではない。彼女は画面上方の雲からでている手と鎖でつながれ、この雲は星辰で囲まれた宇宙の外側にいる諸天使の上方に位置し、ヘブライ語の「神聖四文字（テトラグラマトン）」が記されている。これらの四文字は発音不能とされる神の名前を示す。したがってこのエンブレムは、人間の営為が自然と鎖でつながれ、自然は神の手と結ばれていることを象徴する。こうして宇宙全体は、相互に結ばれて作用する複雑な体系となる。この観点では、最下位の円に描かれているキミストの実験室での作業は、農夫や医師、天文学者の仕事と同様に、つねに神の意思と摂理に結ばれており、神の賜物と導きに依存している。

密接に相互作用する宇宙の像は、西洋文化にふかく根ざした多様な源泉に由来する。新プラトン主義が強調する「自然の階梯」の考えでは、生命のない物質から超越した一者までの全存在が階層的に結ばれる。アリストテレスは包括的な自然哲学を構築し、運動や原因、性質についての考えを自然の多様な領域に一貫して適用した。占星術や「上方のものは下方のものに」という『エメラルド板』で表明されたマクロコスモスとミクロコスモスの照応のように、星辰の地上への影響という考えは何世紀にもわたって支持され、潮汐や四季の変化、北極星をさす磁石といった事例から自明だと理解された。こうした相互作用は地上の存在と天上の存在を密接に結びつけるが、もっとも強力だったのはキリスト教におけるつぎの観念だろう――全知全能で摂理ある唯一の創造神という考えは、被造物の統一性に反映され、世界が唯一の調和ある総体だということを示す。ギリシア語の「コスモス」は、世界が完全に独立している唯一の「知性」から生まれた高度に秩序のある総体であることを意味する。[49]

こうした壮大な背景にもとづけば、ドイツのクーンラートの世界観をより良く理解することができる。彼の広範な関心と活動は、初期近代の思考の枠組みにおけるキミアと宗教の関連を例示するだろう。彼はクリソペアや他の領域の知識を増大するために、夢や幻視で神的な啓示をうける神働術の価値を認め、賢者の石についての知識は神の賜物だと明言する。しかしそれは、なにを実際に意味したのだろうか。クーンラートは、賜物がふたつの秘密からなるという。第五章で議論したように、正しい原料の知識と実践的な操作についての知識だ。これらの秘密は本当に神の賜物だとくり返しつつ、彼はつづける――

親愛なる古代の賢者たちは、彼らの書物に容易に見出せるように、こうした知識と実践を獲得した。神自身からの神的な霊感や秘密の幻視、善良な聖霊の啓示によって。あるいは別の賢者や教師の教えから。あるいは自然の光をとおしての注意ぶかい読書や、真の書物である世界における自然の驚くべき作用を観察・思考することで。[50]

(49) Peter J. Forshaw, "Alchemy in the Amphitheatre: Some Considerations of the Alchemical Content of the Engravings in Heinrich Khunrath's *Amphitheatre of Eternal Wisdom* (1609)," in Wamberg (2006), 195-220 をはじめとする一連の研究を参照。

(50) Heinrich Khunrath, *Lux in tenebris* (s.l., 1614), 3-4.

この一覧をゆっくりと読みなおしてみよう。クーンラートは、現代人なら徹底的に区別する事柄をそのまま並列させている。神的な啓示と幻視が、人間による教授や書物からの学習、そして広範な世界の注意ぶかい観察と肩をならべる。これらの要素を結びつけるのは、神が知識の究極的な源泉だという考えだ。すべての知識は神に由来するのであり、直接的なものであろうと、天使的な幻視をとおしての間接的で超自然的なものであろうと、人間の教師の声や書物の言葉、被造物の観察をとおしての間接的で自然的なものであろうと、伝達される方法に区別はない。現代人なら神的な働きは特別なものに分類するだろうが、それはクーンラートやスターキー、フラッドにとって知識を獲得するための一手段にすぎない。あるいはもっと適切に表現すると、神的な働きは知識を獲得するすべての手段の基礎となる――「あらゆる良い贈り物、あらゆる完全な賜物は上方から、光の父からくだってくる」という『ヤコブの手紙』の一節のとおりだ。こうした世界観は、初期近代の人々が神意の遍在を日常的に意識していたことから生まれたものであり、現代人が失ってしまったものなのだ。それを再獲得しないかぎり、われわれは彼らの思考を本当には理解できない。

この世界観の痕跡は、現代の言語表現にも見出せる。突然ある問題への解答が閃いたとき、「霊感があった」という。現代人は、この表現がもつ神学的な含意をすでに忘却してしまっている。しかしなぜ創造的な考えは「どこかからやってくる」のか。初期近代の人々なら、それは全被造物の偉大なる源泉に由来するというだろう。だから希少な知識の獲得は本当に神の賜物なのだ。こうした賜物は雷や雷鳴、幻視に包まれて到来する必要はなく、静かに読書をしているとき、師の話を注意ぶかく聞いているとき、自然の働きを観想しているとき、あるいは坩堝にむかって作業しているときにも到来する。

自然と神、人間のあいだに存在する関係は、さらに驚くべき機能をになうこともある。賢者の石についてのクーンラートの議論は、実際に存在する証拠群からはじまる。彼はまず賢者の石を所有した過去の人々による「くり返される体験」に言及し、つぎにその体験を支える理論に触れ、「正しく哲学するキミストたちの共通認識」と呼ぶ。そして彼は第三の証拠を示し、「もっとも説得力あるもの」だとする——

> ［それは］イエス・キリストと賢者の石の素晴らしい調和であり、われわれの眼前に無益にではなく、本当に神によって示された。自然における賢者の石の可能性について、キリスト教徒の心がこの証言だけを正しく考慮するか、それを教授されるのなら、それは神聖なる星辰的な賢者の石が天地創造のときから自然界に存在することを必然的に証明するだろう。[51]

ここでクーンラートは、キリストが賢者の石の真実性を保証すると主張する。彼は一体なにを語っているのだろうか。そしてこの論理の跳躍はどのように正当化されるのか。彼は、偽アルナウやルペシッサのヨハネス、『賢者たちのバラ園』によって中世末期から展開されたキリストと賢者の石を結びつける寓意に依拠している。賢者の石の調整では、準備された原料が賢者の卵のなかで「死」と呼ばれる黒色の段階まで加熱される。さらなる加熱は「復活」と比較される過程で、精妙な賛美された物質へと「再生」する。この完成された賢者の石は、卑金属の欠陥や不完全さを「治療」できる。それはまるで地に堕ちた不完全な人類と被造物を治癒することで、復活したキリストが世界を救済するのと同じなのだ。

クーンラートにとって、キリストと賢者の石の「類比的な調和」harmonia analogica と呼ばれる比較は、たんなる比喩や寓意、修辞表現にまさるものであり、「証言し、証拠を示し、確証する力」をもっている。キリスト

（51）Khunrath (1614), 9-10.

と賢者の石の類比は、救世主キリストと彼の特別な能力が物質界で呼応している賢者の石とその特別な能力を保証するという具合に、ひとつの存在の確実性から別の存在の確実性を示す証拠として機能する。これは一方で「上方のものは下方のものに」という究極の原理を表現し、他方で比喩と類比の理解についての現代人と初期近代人の大きな相違をさし示す。現代人にとって比喩や類比は人間精神の所産だが、初期近代人にとっては世界のなかに実在し、いつか発見されるべき真の絆なのだ。

クーンラートよりも約三〇〇年前に、ボヌスは同様な主張をしていた。しかし彼は賢者の石からキリストへと遡り、賢者の石の観察からキリスト以前の達人たちが救世主の処女懐胎を予見したと述べる。[52] クーンラートに近い時代ではボイルが同様に、もとの原料が操作の最終段階で回収されるという実験室での観察を、終末における身体の復活というキリスト教神学の教義の根拠とする。[53] 他の著作家たちも反復発生の現象にもとづいて同様な主張をおこなう。英国のブラウン卿（Thomas Browne, 1605–1682）は、つぎのように語る――

［賢者の石は］神性について多くのことを教え、不滅の精気と霊魂の不滅の実体がこの肉体という家の内部に潜伏し、しばらくのあいだ眠りにつくという信念を私にあたえてくれた。[54]

フランスのファーブル（Pierre-Jean Fabre, 1588–1658）は医師・キミストであり、クリソペアをふくむキミアの諸側面について多くの著作を執筆した。一六三二年に出版された彼の『キリスト教徒のキミスト』*Alchymista christianus* は、神学的な教義を説明するためにキミアを広範に使用した点で注目に値する。この書物の目的は「キリスト教信仰の可能なかぎり多数の真実をキミアからの類比」によって説明し、「キミアの技でキリスト教徒たちの教義や生涯、美徳」を示すことにある。[55] これは一九世紀にヒッチコックが提起する解釈に似ているようにみえるが、根本的な違いがある。ファーブルはキミアを神学的な寓意そのものに還元するのではなく、実験室での操作や観察が神学的な真実と相互に関連すると考える。創造主はすべての被造物に自身の類比的・寓意的な像を埋めこみ、人間はそれらをキミアによって発見できる。だからキミアは神学的な真実を補強する。こうした世界観は「ふたつの書物」の考えに依拠している。この考えは教父アウグスティヌス（Augustinus, 354-430 AD）によって表明され、初期近代の神学者や自然哲学者たちに幅ひろく受容されていた。それによると、神は聖書の文字と自然の事物というふたつの方法で自身を人間に啓示する。前者は「聖なる書物」であり、後者は「自然の書物」だ。したがってキミアによる自然界の探究は、「神性の偉大さ」を発見することに直結する。

こうした観点はキミアに特有なものではなく、同様の見解や主張は初期近代における知の営みのどこにでも存在する。たとえば——

（52）本書の第三章第五節を参照。

（53）Robert Boyle, *Some Physico-Theological Considerations about the Possibility of the Resurrection*（1675）, repr. in Boyle（1999-2000）, VIII: 295-317. 同様の考えが五世紀の教父ガザのアエネアス（Aeneas, ?-c. 518）にも見出せる。Aeneas, *Theophrastus*, in *Patrologia graeca*, ed. J. P. Migne（Paris, 1868）, LXXXV: 871-1003: 983-984, 992; Matton（1998）, 180-190 を参照。

（54）Thomas Browne, *Religio medici*, in *Works of Sir Thomas Browne*, ed. Geoffrey Keynes（Chicago: University of Chicago Press, 1964）, I: 50.

（55）Pierre-Jean Fabre, *Alchymista christianus*（Toulouse, 1632）; idem, *L'alchimiste chrétien*, ed. & tr. Frank Grenier（Paris: SEHA, 2001）. 後者は仏訳をともなったリプリント版だ。引用はこの著作の題名から抽出した。ファーブルの *Manuscriptum ad Fredericum* は明解なテクストで、一七世紀のクリソペアの理論を理解するために有益だ。Bernard Joly, *La rationalité de l'alchimie au XVIIe siècle*（Paris: Vrin, 1992）にテクストの校訂と仏訳、注解が収録されている。

創造主たる神の似像である天球には三領域があり、聖なる三位一体の三位格を象徴している。中心は父、表面は子、両者間の空間は精霊の象徴となる。こうして太陽が中心に、諸恒星の天球が表面に、諸惑星の体系が中間の領域につくられ、世界の主要な部分が創造された。(56)

これは「キミア的」な言説ではなく、現代の物理学や天文学でも教えられている惑星運動の法則で名高い天文学者ケプラー（Johannes Kepler, 1571-1630）の言葉だ。ケプラーは、世界の中心におかれた太陽の周りを地球がまわるというコペルニクスの説を支持する。そしてここでは、観測される証拠ではなく、クーンラートの表現をかりるなら「類比的な調和」を利用して、物的な宇宙と不可視の創造主のあいだの絆を強調する。父なる神はすべての永遠性の源泉であり、その物的な象徴、あるいは世界における類比・比喩としての太陽は中心に存在しなければならず、地球をふくむ全惑星を照らして不可視の力で導く。つまり、神に帰される諸特性が太陽を中心におく世界の体系を保証する。こうして類比的な調和は、事物がみせる姿の理由を説明する。実際、ケプラーは「類比の糸をたどって自然の神秘の迷宮にはいる」という。(57)

すべての知識の連結、自然や神と人間の相互作用、そして類比の証拠としての能力は、イエズス会士キルヒャーの著作にも見出せる。一六四一年の『マグネス』*Magnes* のエンブレム的な扉はこれらすべての連結を表現し、それを「すべては隠された絆で静かに結ばれる」Omnia nodis arcanis connexa quiescunt と要約している（図7―7）。天文学や哲学、光学、音楽、神学、医学といった多様な知識の名前をかかげるエンブレムが円形に配置され連鎖し、内部におかれた三つの円と鎖でつながる。三つの円は、天動説において月の軌道の上方にある天上界、地球をふくめた月の軌道下にある月下界、そして人間をあらわすミクロコスモスに対応している。これら三つの世界は鎖でつながり、それらと同時に接触する中心の円が「始原的な世界」mundus archetypusとして存在する。始原的な世界は神の知性であり、宇宙に存在可能なすべての事物の雛形(ひながた)をふくんでいる。

キルヒャーにとって、眼にみえない連結あるいは「隠された絆」は、鉄にたいする磁石の不可視な力によって象徴される。(58)『マグネス』は磁石とその作用の徹底した記述からはじまり、静電引力や太陽の方角をむくヒマワリ、共振現象、動植物の共感と反感、諸惑星の運動など、「磁石的」な作用をもつ事物へと議論を拡大する。キルヒャーの記述は、現代人はもちろん初期近代人の幾人かにとっても奇妙な仕方で、ひとつの例からつぎの例へとゆっくりと上昇していく。そして物的な宇宙の境界をこえて、すべての現象を不可視で避けがたい神の愛へと結びつける。神の愛はすべてをつなぐ真に唯一の力であり、磁石のように被造世界の全体をその源泉へとひきよせる。この考えによれば、メモ書きを冷蔵庫の扉に貼りつける磁石の作用をみるたびに、現代人は神の愛を目撃できるのだ！

初期近代の人々にとって、類比や比喩ははるかに大きな意味をもっている。それらは事物に織りこまれた真の絆であり、世界のなかに本当に存在する。比喩や類比は多層的で多義的な高度に相互依存した世界を構成しており、そうした初期近代人たちの世界観は類比的な調和でみちている。全知全能な唯一の神によって創造された世

---

(56) Johannes Kepler, *Epitome of Copernican Astronomy*, in *Ptolemy, Copernicus, Kepler: Britanica Great Books* (Chicago: Encyclopedia Britannica, 1952), XVI: 853-854.

(57) J・ケプラー『宇宙の調和』第五巻第一〇章、岸本良彦訳(工作舎、二〇〇九年)、五一九頁。

(58) Mark A. Waddell, "Theatres of the Unseen: The Society of Jesus and the Problem of the Invisible in the Seventeenth Century," Ph.D. diss. (Johns Hopkins University, 2006)［および山田(二〇一七年)、九七―九八頁；榎本恵美子『天才カルダーノの肖像：ルネサンスの自叙伝、占星術、夢解釈』(勁草書房、二〇一三年)；菊地原(二〇一三年)、第六章も参照］。

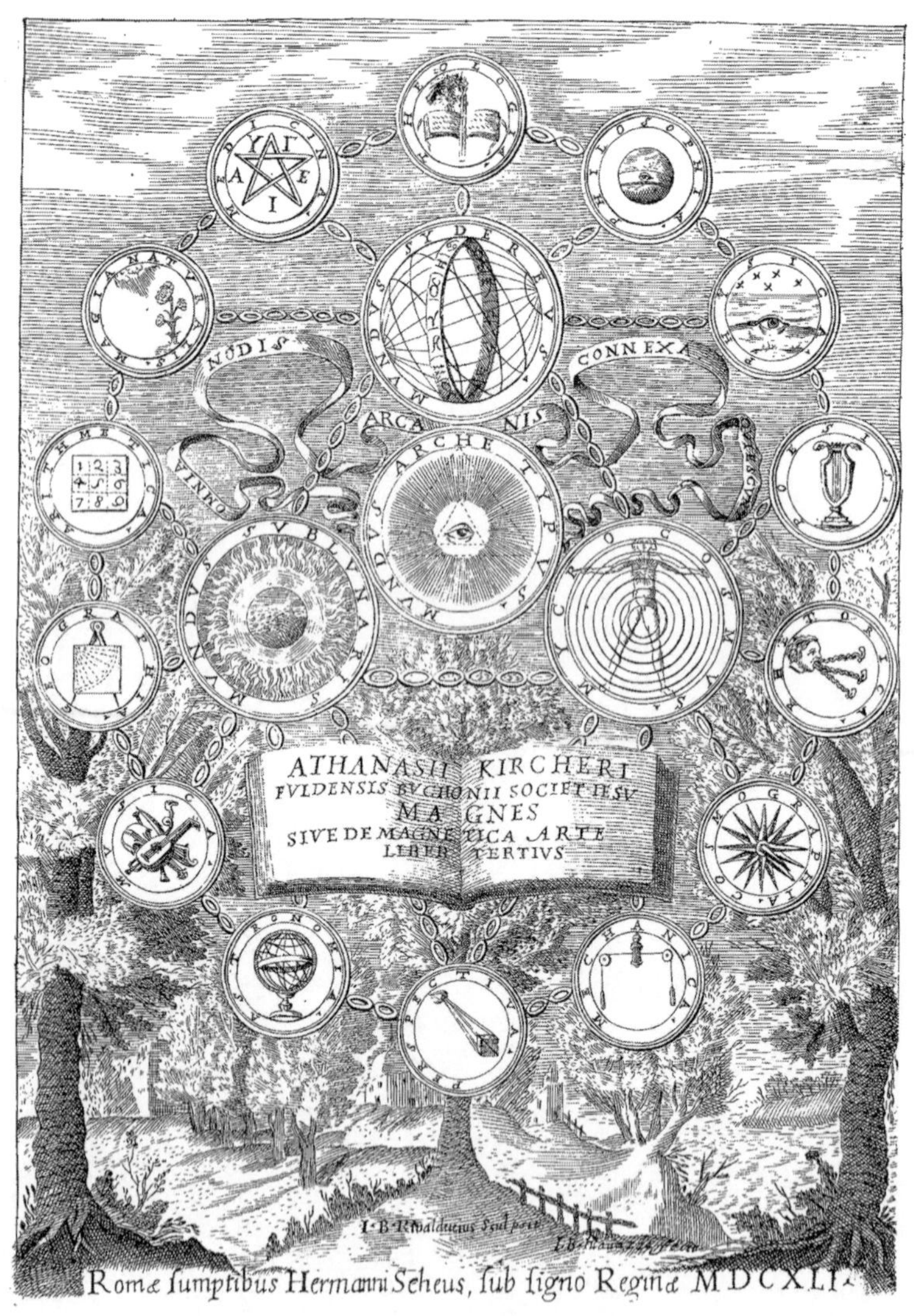

図 7-7. キルヒャー『マグネス』（1641 年）の扉

すべての知識、そして自然・人間・神の結びつきを表現している

界は、どこにでも意味や目的を隠しもっており、それらは天と地を、神と人間を可視的かつ不可視的に結びつけ、多様な方法で発見・解釈される。一組の類比による相似は、詩的な人間精神の所産ではなく、天地創造の設計図における一本の線を意味する。

この点に留意すると、われわれは初期近代の人々の世界観や、賢者の石についてのクーンラートの言説をより良く理解できるだろう。世界に存在するとされる連結と呼応の総体は、すべての事物の多層的で多義的な意味を補強する。当時の絵画や文学、音楽は多層的な意味と寓意への愛にもとづいており、それらの意味や寓意は表層に見出されるのではなく、観察者によって徐々に解読されるべきものなのだ。初期近代の教養人たちは、絵画や文学、演劇に多層的な意味があることを期待し、それらを発見することに喜びを見出していた。重要なことに、当時の自然哲学者たちも人間の生産物だけではなく、神による被造物、つまり自然そのものに多義的な意味が大きな度合いで存在していると期待していた。究極的な職人である神は、多層的・多義的かつ寓意的・象徴的な意味を内包したバロック的な傑作として世界を創造したのであり、自然界の観察は個別の対象を超越した意味をもつ。

キミアと神性との関係は密接だが、初期近代で唯一の特別なものではなかった。ケプラーやキルヒャーの例が示すとおり、同様の関係は他の自然探究の領域にも見出せる。この密接な関係は、キミストたちの敬虔さに起因するというよりも、当時の多くの知識人たちが共有していた統一的な世界観の発現なのだ。宗教との関係はキミアを「科学」とは異なるものと感じさせるが、それは現代科学と比較した場合にかぎられる。ケプラーやボイル、ニュートンが歴史的な文脈におかれた場合には、彼らの活動でさえ現代的な科学の定義に合致しなくなる。しかし彼らも、キミアとともにあった当時の「自然哲学」の枠組みには違和感なく合流する。それは人間や自然、神を包含する相互に連結された世界を総合的に研究する学問だからだ(59)。初期近代の知的な営みの目標は、世界に埋めこまれた連結を発見し利用することであり、現代科学が研究対象を分解し、独立したものとして研究するのとは異なる。こうした統一的な世界観から眺めると、現代の物理学者たちが探究する壮大な統一理論は素晴らしい発想だが、究極的には狭量なものに思える。あまりに少数の要素に集中して、非常に多くの事柄を無視しているからだ。キミアが現代人の眼に奇妙に映るのは、自然哲学が科学へと狭められていく以前に存在した、知の営みの大きな背景を反映しているからだ。そして今日の科学の方法論として現代人に伝達されなかった観点を採用しているからなのだ。

キミアの力強さと多様性、その他の知識の領域との関係を分析したあとでは、それが初期近代の文化に大きな影響をあたえたのは驚くべきことではないと理解できる。人間活動の多様な分野において、キミアは芸術家や著作家、神学者や自然哲学者たちの想像力に火をつけた。彼らと非常に多くの観点や目標を共有していたからだ。キミアとその特異なイメージや考え方が正しい歴史的な文脈において理解されたなら、近代以前の世界についても、さらに多くのことを教えてくれるに違いない。あまりに多くのテーマが、研究されずに手つかずでのこされている。

(59) 自然哲学のふたつの定義についてはWalter Pagel, "The Vindication of Rabbish," *Meddlesex Hospital Journal* 45 (1945), 42-45, repr. in idem, *Religion and Neoplatonism in Renaissance Medicine* (London: Variorum, 1985), 1-14: 11を参照。Dennis Des Chene, *Physiologia: Natural Philosophy in Late Aristotelian and Cartesian Thought* (Ithaca: Cornell University Press, 1996), 3:「自然学や形而上学、神学が出会い、それぞれの主張を調和できる」領域なのだ。

エピローグ

平凡なものを貴重なものに変化させることは、人間の想像力をかきたてる。クリソペアをはじめとする錬金術の試みは、この魅力を具現化している。しかし錬金術はたんなる造金、あるいは物質を他の物質に変化させる以上のものであり、約二千年前のギリシア・エジプト世界での誕生から現代にいたるまで、多様な文化環境において展開し、さまざまな潮流を生む。無数の実践家たちが、種々の理由から異なる目的のために幾多の手法で探究する。黄金期にある初期近代のキミアはその典型だ。

本書で概観した理論と実践の幅ひろさから理解できるように、「錬金術とはなにか」という根本的な問いに答えるのは難しい。どんな単純な解答も満足のいくものではない。どの時代においても、「高貴なる技」の多様性とダイナミズムを認識することが、歴史学的に正確な姿を示してくれるだろう。しかし実践や目標、実践家たちが多様である一方で、比較的に安定していた特徴も指摘できる。

なによりもまず、錬金術は頭と手に依存する営みだと理解することが重要だろう。つまり理論的かつ実践的であり、テクストと実験操作の双方にもとづくのだ。ふたつの要素はつねに相互作用している。ゾシモスの霊魂と身体、ジャービルの水銀と硫黄、ゲベルのミニマ、パラケルススの三原質、スコラ学派の第一質料と実体形相、ファン・ヘルモントの種子など、物質の構成についての一連の理論は錬金術の目標を支え、実験室での作業を導く。実験室や自然界での観察は実践家たちの経験の中核をなし、これらの理論を誕生させ成長させる。こうした理論の存在とそれが実践にはたした役割は、「錬金術は失敗のくり返しからなる経験的な料理にすぎない」という古い偏見を否定するだろう。

実験室での操作と結果は、テクストによって明瞭にも不明瞭にも記述され、寓意やエンブレムをとおして隠され、かつ開示される。残存する器具や生成物が実験操作の証拠となり、錬金術師たちは思索の世界だけに生きていたという主張や、彼らの目的は物質的なものではなかったという誤解を退けるだろう。錬金術師たちは過去の書物を精査して実践に移し、自らの経験にもとづいて再解釈し、さらに気づいた点を追加している。彼らには、書斎にこもるだけの理論家から処方の体験家まで幅ひろい種類の人間が存在したが、「高貴なる技」の核心は理論と実践の相互作用でありつづける。もともと別個であった知識人と職人の世界をまたいで、錬金術は世界とその可能性を探究するものとして繁栄し、その目標には知識と実践が同時に存在している。

錬金術は、実践的な作業を強調する生産的な営みだ。新しい物質を生成し、概知の物質を変化させ、その品質を向上させることが目標となる。実践家たちが調整しようと試みた物質は、賢者の石やアルカエスト、飲用金といった「至高の秘密」から、医化学的・薬学的な生成物、さらには高収率な金属や高品質の合金、顔料、ガラス、染料、化粧品にまでおよぶ。これらのうちの幾つかだけに焦点をあわせる人々もいれば、より多くのもの、あるいはすべてに傾注する人々もいる。こうした物質的な関心は、学者たちの嘲笑をさそうこともあるが、錬金術に職人的な活動に比肩する特殊性をあたえ、物質を分析・同定・操作する手法を発達・集積させ、「ハウツー」知識の宝庫となった。

生産的な営みは物質的な次元だけにとどまらず、自然界についての知識を生みだすことも狙いとなる。物質を変化させることは、その物質を知り、隠された本質と構造について理論化し、特性を理解することが要求される。

たとえば錬金術師たちは経験にもとづいて、化学変化の核心にあり、観察された現象を説明できる不可視の微粒子が存在するという仮説を提出する。また実験で使われた物質の重量が保存されることに気づき、操作をより良く管理するために利用する。そして諸物質と特性を目録化し、自然界の豊かさと多様性を記録する。要するに、彼らは自然を理解し、その働きを発見・観察して利用し、それらの説明を洗練させ、自然の隠された秘密を見出そうとした。

重要なことだが、現代人と同様に初期近代の人々にとっても、自然界はそれほど容易に把握できるものではない。人間と神、そして自然が多層的に相互依存する多義的な意味にみちた世界では、錬金術師たちの観察と発見は、現代の化学者たちのものよりも、はるかに広範な視野と応用度をもっていた。こうした広範な視野において神学と自然の真実が相互に反映され、自然の探究は神の探究とほぼ等しくなる。だから錬金術は、知識と文化における多様な領域で作用する多価性をもっていた。錬金術が自然の探究者だけではなく、現代にいたるまでの芸術家や著作家たちに霊感をあたえたのは不思議ではない。彼らはその主張や約束、言語のなかに、各人にとっての重要な意味を見出すことができた。だから錬金術は科学や医学、技術だけではなく、芸術や文学、神学、哲学、宗教、その他の領域の歴史の一部となる。このように文化的に多様な関連とその多価性が錬金術を特徴づけている。これは当時の天文学や自然誌、その他の自然哲学的な探究にもあてはまり、狭く規定されている現代科学から区別される。

自然哲学の構成要素である錬金術は、なによりも科学の歴史の一部であり、世界を知り、理解し、利用するという人類の試みの記録なのだ。継承されたテクストの難解さにくわえ、錬金術の目的や実践家たちについての誤解は、この結びつきを長期にわたって不明瞭なものにしてきた。しかし現在の研究は、錬金術と現代科学の違いを無視することなく、それらの連続性を復元しようとしている。理論的な思索とともに、錬金術師たちは実践的な作業を強調したが、それは実験の文化を促進し、分析や統合といった調査の手法を発展させる。これらの要素は、現代科学の活動でも決定的な役割をはたす。金や銀、宝石や医薬などを調整するという願望は、自然の働きを向上させる人間技術の可能性を擁護するものだ。したがって錬金術と化学には、いかなる明確な「断絶」も存在しない。もちろん目標や理論、世界観、さらに社会的・職業的な仕組みや文化的な立場はゆっくりと変化したが、物質を理解し、有益な目的のために物質の変化を誘導することは、錬金術と化学の共通性と連続性を担保している。

ゾシモスからジャービルまで、ジャービルからスターキーまでの距離と比較して、スターキーから現代の化学者までの距離は、本当にそれほど大きいのか熟考すべきかも知れない。文化的な前提はさておき、これらの人物は皆が相手の考えや理論に当惑するだろう。しかし相違とともに、彼らは物質世界を理解し、それを操作する願望の伝統のなかに自分たちを結びつける共通性も認識するだろう。もちろんケメイアやアル・キミア、アルケミア、キミア、そして化学の実践家たちに提唱・支持されてきた考えの多くは、それぞれ正しくないと示されてきた。しかし科学とは、眼前に存在する事実群の単純な集合ではなく、特定の時代と場所に根ざす観察者たちが語る世界についての「進行形」の物語であり、キミストたちはこの物語の重要な「語りべ」なのだ。

錬金術史の先駆者である歴史家F・S・テイラー（Frank Sherwood Taylor, 1897–1956）は一九五二年に人気ある『錬金術師』を執筆したが、この分野の研究がとても不完全な状態にあることから、自身の著作を謙虚に「中間報告」でしかないとしている。われわれは六〇年後の現在、はるかに幅ひろく深化した理解を有している。精力的な研究者たちの集団が休むことなく知識を拡大しつづけ、錬金術は真面目な学術研究の世界にふたたび迎えいれられた。しかし本書のこの最終行を書いている最中にも、私は幾多の図書館や公文書館で垣間みた書物や手稿の何万という頁群を思いだす。それらの文献は、何世紀にもわたって誰にも注意ぶかく読まれることはなかった。また私の書棚を一瞥するだけでも、威圧的な大型書たちが眼にはいる。こうした初期近代の細かい文字で組まれた書物の多くが、研究者たちの眼と手によって息を吹きかえし、われわれの物語の一部となるのを待っている。「技はながく、人生はみじかい」Ars longa, vita brevis といわれる。錬金術の秘密が本書で、あるいはその他の書物で開示されてしまうことに危惧する必要はない。われわれが学ぶべきことはあまりに多く、「高貴なる技」が教えてくれることもまた多いのだ。

謝辞

私は二〇〇八年にオレゴン州立大学のホーニング客員教授として招聘される栄誉をうけ、連続講演をおこなったが、そこでの会話から本書の構想が生まれた。最初の手稿を読んでくれたP・ファーバーとM・J・ネイの両氏のコメントと激励は、この計画の展開と継続にとって決定的だった。なによりもまず、彼らとホーニング財団に謝意を表明したい。

膨大な時間がかかった本書の執筆中に、多くの友人や同僚が無数の手稿の一部や全体を読んで、寛大にも彼らの知見や専門知識を共有してくれた。D・ダニエル、P・フォーショー、R・ジェファース、B・ハルム、W・J・ハーネグラフ、D・カーン、K・D・クンツ、M・マルティノン＝トレス、M・マルテッリ、B・モーラン、W・R・ニューマン、M・J・オスラー、A・フィリップス、J・ランプリング、S・T・スキファノ、J・ヴォーケル、そしてジョンズ・ホプキンズ大学の二〇一一年春学期における私の大学院セミナー「虐げられた学問」の生徒たちの批判や助言、忍耐づよい協力に非常に感謝している。

さまざまな図書館や博物館が、しばしば唯一しか存在しない収蔵品やテクストからの図版を提供してくれた。科学史インスティテュート（旧ケミカル・ヘリテイジ財団）のJ・ヴォーケル、A・シールズ、M・ガップ、ウィスコンシン大学図書館のS・ストラヴィンスキーとJ・ローゼンシールド、ジョンズ・ホプキンズ大学図書館のE・ヘイヴンス、コーネル大学図書館のD・カーソンの各氏にも、その親切な対応に感謝したい。

高貴なる技、錬金術、あるいはキミアの探究——解題にかえて

ヒロ・ヒライ

本書はLawrence M. Principe, *The Secrets of Alchemy*（Chicago: University of Chicago Press, 2013）の全訳だ。発表以来、世界的な成功をおさめている原著に副題はないが、読者への配慮から「再現実験と歴史学から解きあかされる『高貴なる技』」という副題をくわえた。

著者は、アメリカ東海岸ボルチモアのジョンズ・ホプキンズ大学のシングルトン前近代ヨーロッパ研究所の所長で、科学史の教授であると同時に化学の教授でもある。その業績は、アメリカはいうにおよばず、世界各国のさまざまな学会から表彰され、現在もっとも成功している科学史家の一人といって良いだろう。数ある著作のなかでも、本邦では『科学革命』（丸善出版、二〇一四年）がすでに紹介されている。[1] これは非常にかぎられた紙幅で科学革命という大きなテーマを論じた画期的な入門編だ。それにたいして本書は、三〇年にわたる研究の集大成となっている。

著者の出発点は、一九八七年のデビュー論文「錬金術における化学的な翻訳と不純物の役割」であり、この研

（1）原著は *The Scientific Revolution: A Very Short Introduction*（Oxford: Oxford University Press, 2011）だ。ちなみに著者は、父方の祖父がイタリアからの移民であり、イタリア式に「プリンチーペ」と長音で発音することに誇りをもっている。

究分野では非常に珍しく実験室での再現操作を一七世紀初頭のテクストの分析と密接に絡めている。[2] ここでの成果は、本書の要でもある第六章のもとになる。つづいて著者は、科学革命期の英国で活躍したロバート・ボイルの未公刊の手稿群にラテン語の対話篇を発見し、その分析結果を出版する。それが最初の著書『達人志望：ロバート・ボイルと錬金術の探究』（一九九八年）という衝撃作だ。[3] さらに刊行計画が進んでいたボイルの新全集と書簡集の編集に大きく関与したのち、著者は錬金術研究において現在の双璧をなすW・R・ニューマンとコンビを組む。そしてアメリカ出身のキミストであるスターキーとボイルの共同作業をあつかった『火で試される錬金術：スターキー、ボイル、そしてヘルモント主義キミアの命運』（二〇〇二年）を発表し、スターキーの残存する貴重な実験ノートや書簡を集成した『ジョージ・スターキーの錬金術的な実験ノートと書簡』（二〇〇四年）を出版する。[4] これらの成果に先立って、二人は本書の議論に決定的な役割をはたす二本の論文を発表している。「錬金術vs化学：歴史学的な誤りの語源学的な起源」（一九九八年）と「錬金術の歴史学における幾つかの問題」（二〇〇一年）だ。[5] 一番目の論文は、初期近代における「高貴なる技」を錬金術と化学に区分することで生じる歴史学上の諸問題を指摘し、双方を包含する知の伝統を当時の綴り「キミア」という用語で表現することを提唱する。[6] この提案は専門家たちに歓迎され、それから二〇年近くがたった現在、キミアは学術用語として一般的に知られるようになった。二番目の論文は、現代社会に幅ひろく流布している錬金術にたいする多様な誤解・誤信を、とくに一八世紀から現代にいたる流れのなかで分析している。これは、本書の第四章の土台になっている。

また著者は、フィラデルフィアにある科学史インスティテュート（旧ケミカル・ヘリテイジ財団）の相談役としても数々の貢献をし、二〇〇六年には大型の国際会議を主催して、その成果は論文集『キミストとキミア』（二〇〇七年）としてまとめられた。[7] 本書の原著は、科学史インスティテュートの叢書『シンテシス』*Synthesis* の一冊となっている。本書を彩る図版にも、同研究所の所蔵品を大いに利用している。

『科学革命』と本書の執筆に並行して、著者はパリの科学アカデミーにおけるキミストたちの活動を研究している。その成果は、つぎの著作『ヴィルヘルム・ホンベルクとキミアの変容』（近刊予定）でまとめられるだろう。(8) 第一作がロンドンの王立協会にふかく関与したボイルを中心とする人々の「高貴なる技」についての関心と活動を描いたものだとすれば、今作はパリの科学アカデミーにおける隠された錬金術の実践についての書物となるだろう。科学史研究における衝撃度は、第一作と同様に大きいはずだ。科学革命の推進力となったロンドンの王立協会とパリの科学アカデミーの双方で、会員たちが賢者の石を探究していたことが明確になれば、従来の歴

（2）Lawrence M. Principe, "Chemical Translation and the Role of Impurities in Alchemy: Examples from Basil Valentine's *Triumph-Wagen*," *Ambix* 34 (1987), 21-30.

（3）Lawrence M. Principe, *The Aspiring Adept: Robert Boyle and His Alchemical Quest* (Princeton: Princeton University Press, 1998).

（4）William R. Newman & Lawrence M. Principe, *Alchemy Tried in the Fire: Starkey, Boyle, and the Fate of Helmontian Chymistry* (Chicago: University of Chicago Press, 2002); idem (eds.), *The Alchemical Laboratory Notebooks and Correspondence of George Starkey* (Chicago: University of Chicago Press, 2004).

（5）William R. Newman & Lawrence M. Principe, "Alchemy vs. Chemistry: The Etymological Origins of a Historiographic Mistake," *Early Science and Medicine* 3 (1998), 32-65; Lawrence M. Principe & William R. Newman, "Some Problems in the Historiography of Alchemy," in *Secrets of Nature: Astrology and Alchemy in Early Modern Europe*, ed. William Newman & Anthony Grafton (Cambridge, MA: MIT Press, 2001), 385-434.

（6）「キミア」chymia は錬金術と化学を恣意的に区別せず、双方を包含する知の伝統をさす。

（7）Lawrence M. Principe (ed.), *Chymists and Chymistry: Studies in the History of Alchemy and Early Modern Chemistry* (Sagamore Beach, MA: Science History Publications, 2007).

（8）Lawrence M. Principe, *Wilhelm Homberg and the Transmutations of Chymistry* の近刊が待たれる。

史観を大きく揺さぶるに違いない。

著者が本書のなかで何度もくり返しているように、錬金術は頭と手の両方を駆使する営みであり、理論と実践の密接な相互作用からなりたつ。この伝統の歴史を研究する学者にとっても、理論だけでは解明できないことが非常に多く、実践だけに集中しても見通しは獲得しにくい。理論と実践の双方に深い理解をもつことが重要であり、歴史と科学の両分野に秀でている著者の異才は、まさに錬金術史を研究するのに最適だろう。

本書の第一章では、まず西洋における錬金術の起源をあつかう。とくに紀元後三〇〇年ごろにギリシア文化が支配的なエジプトで活動したゾシモスに光をあてて鋭い洞察力を発揮し、「高貴なる技」の核となるクリソペアが依拠する考えや実践が説明される。[9] 第二章では、ギリシア的なエジプトで生まれた「ケメイア」のアラビア語圏での受容と展開をあつかう。[10] 有名なジャービル問題に焦点をあわせ、ジャービルに帰される著作群から文字どおりに第五精髄を抽出している。[11] そして第三章では、「アル・キミア」の中世ヨーロッパにおける変容をあつかう。[12] ジャービル問題のヨーロッパ版であるゲベル問題を解説し、この仮面に隠された人物の理論と実践における鍵をおさえる。つづくルペシッサのヨハネスから偽ルルスや『賢者たちのバラ園』にいたる叙述の巧みさには驚愕させられる。一八世紀から現代までの錬金術の「再解釈」をあつかう第四章は、他に類を見出せない鮮やかさで、現代に流布するさまざまな誤解の原因をひも解いてくれる。とくに錬金術は、神秘主義だという一九世紀に生まれた大きな誤信をその根本から正している。

本書の核心にあたる第五章から第七章は、黄金期である初期近代の「キミア」をあつかう。まず第五章では、一見して混乱にみちている賢者の石と金属変成をめぐる多様な考えを手際よく整理して解説する。これは他の専門家たちの議論にも見出せない、第一人者による貴重な分析だ。つづくパラケルスス主義と「ケミアトリア」についての考察も、非常に有益なものとなっている。[13] 著者の原点そのものでもある第六章では、初期近代のキミアに典型的な高度に暗号化されたテクストを分析し、そこに隠されている実際の化学操作や物質の反応を、まるで探偵のように解読している。最後に第七章では、初期近代のキミアがどのように当時の知の枠組みや宗教と関係し、芸術や文学、演劇などに影響をあたえたのかを描きだし、当時の知識人たちの世界観・宗教観をキミアという例をもちいて解釈する。驚くことに筆者の分析は、神意が眼にみえないかたちで日常的に遍在すると信じていたルネサンスや初期近代の人々の心性にまでおよぶ。錬金術に直接の関心をもたずとも、ルネサンス・バロックの文化に興味をもつ人間すべてにとって非常に刺激的な議論となっている。

本書でくり返し主張されることに、いかなる歴史現象もテクストも「それぞれに固有の文脈において分析してこそ、歴史学的に正しい理解をえられる」という点がある。そこで少し大きな文脈に著者の業績を位置づけてみよう。錬金術あるいはキミアの歴史研究は一九九〇年代までおもにヨーロッパで細々と展開し、アメリカではA・G・ディーバスがほぼ孤軍奮闘ながら、パラケルスス主義について探究していた[14]。九〇年代には、ヨーロッパ各地で大型の国際会議が開かれ、それらをもとにした論文集が出版されて、各国に分散していた研究者たちが交流をふかめ、たがいの活動から大きな刺激をうける。これが本書で語られる錬金術の「第三の復活」の起源だ。

---

(9) 「クリソペア」chrysopoeia は、造金術のこと。
(10) 「ケメイア」chemeia は、錬金術の古代ギリシア語名。
(11) 「第五精髄」quinta essentia は、広義には事物の選びぬかれたエッセンス（本質）を意味する。
(12) 「アル・キミア」al-kimiyā' は、錬金術の中世アラビア語名。
(13) 「ケミアトリア」chemiatria は、化学的な手法を採用する医学・薬学のラテン語名。
(14) 拙論「西欧中世・近世化学史の研究動向」『科学史研究』第四〇巻（二〇〇一年）、六五―七四頁。A・G・ディーバス『近代錬金術の歴史』川﨑勝・大谷卓史訳（平凡社、一九九九年）も参照。

ヨーロッパ側の中心人物は、ベルギーのリェージュを本拠地とするR・アレウだった[15]。上述のニューマンは彼に師事し、ゲベル問題を解決する大発見とともに頭角をあらわす。こうした流れのなかで出現したのが、著者の『達人志望』ということになる。当時、錬金術の研究にたいしては大きな偏見がのこっており、真面目な歴史家たちの集まる国際会議においても、無理解者の嘲笑に出会うことは少なくなかった。しかし本書が指摘するとおり、現在では科学史において錬金術は注目の的であり、非常に「熱い」テーマとなっている。この変化にたいする著者とニューマンの双璧による貢献は、はかり知れない。

この流れに与する重要な最近作を簡単に紹介しよう。第一章で議論される偽デモクリトスについては、M・マルテッリによる『偽デモクリトスの四書』（二〇一四年）がある[16]。ギリシア語の原典テクストだけではなく、シリア語に翻訳されて残存している断片も考慮している点で注目に値する。第四章と第五章に登場するリバヴィウスは、パラケルスス主義者たちを批判しつつも、伝統的なクリソペアを擁護し、その地位を高めようとした重要人物だ。彼についての決定的な研究書が、B・T・モーランによる『リバヴィウスと錬金術の変容』（二〇〇七年）となる[17]。第七章で言及される「企業家的キミスト」については、T・ニューメデイルの『神聖ローマ帝国における錬金術と権威』（二〇〇七年）が詳しく、キミアによる改良計画を提案した人々と当時の政治権力の関係をあつかっている[18]。上記のニューマンによる野心作『プロメテウスの野望：錬金術と完璧な自然の探究』（二〇〇四年）と『原子と錬金術：キミアと科学革命の経験的な起源』（二〇〇六年）は大成功をおさめ、他の領域の研究への影響も大きい[19]。とくに前者は幅ひろい読者の関心に訴えるものだろう。また彼は、ニュートンの錬金術についての集大成的な研究書『錬金術師ニュートン：科学、謎そして自然の秘められた火の探究』（近刊予定）を準備している[20]。

一九九四年に、私は博士論文を執筆するために「第三の復活」の震源地であるベルギーのリェージュにわたり、現地の指導教官にたいして世界中からよせられる研究動向に触れられる幸運をえた。かなり早い段階でニューマンの研究を知り、自分もこの大きな運動のなかにあることを実感した。そうしたなかで、科学革命の巨人ボイルが錬金術に傾注していた事実を詳述する著者の『達人志望』からうけた衝撃は忘れられない。仲間のあいだで「ラリー」という呼称で親しまれている著者に実際に出会ったのは、九九年に私の第二指導教官の招聘で彼が北フランスのリール大学を訪れたときだった。そして二〇〇五年にフランスのボルドーで開催されたボイルの自然哲学についての国際会議で再会し、出版されたばかりの私の著作を手渡せたのは感慨ぶかい。つづいて二〇〇六年のフィラデルフィアでの国際会議に招待され、私の発表も彼が編纂する論文集に収録される[21]。それ以来、著者とは国際会議などで頻繁に顔をあわせるようになる。だから本書の邦訳計画がもちあがった二〇一三年に、著者

---

(15) Robert Halleux, *Les textes alchimiques* (Turnhout: Brepols, 1979) と一九八〇年代の一連の研究を参照。

(16) Matteo Martelli (ed.), *The Four Books of Pseudo-Democritus* (London: Routledge, 2014).

(17) Bruce T. Moran, *Andreas Libavius and the Transformation of Alchemy: Separating Chemical Cultures with Polemical Fire* (Sagamore Beach, MA: Science History Publications, 2007).

(18) Tara Nummedal, *Alchemy and Authority in the Holy Roman Empire* (Chicago: University of Chicago Press, 2007).

(19) William R. Newman, *Promethean Ambitions: Alchemy and the Quest to Perfect Nature* (Chicago: University of Chicago Press, 2004); idem, *Atoms and Alchemy: Chymistry and the Experimental Origins of the Scientific Revolution* (Chicago: University of Chicago Press, 2006).

(20) William R. Newman, *Newton the Alchemist: Science, Enigma, and the Quest for Nature's Secret Fire* は、かなりの大部になる予定だという。

(21) Hiro Hirai, *Le concept de semence dans les théories de la matière à la Renaissance: de Marsile Ficin à Pierre Gassendi* (Turnout: Brepols, 2005); idem, "Kircher's Chymical Interpretation of the Creation and Spontaneous Generation," in Principe (2007), 77-87.

自身が私を翻訳者に指名したのは自然な流れだったと思う。しかし実際の出版は非常に遅れてしまったことを、著者ならびに本邦の読者諸氏にもお詫びしなければならない。

邦訳版の作成にあたって多くの人々に助けられたことを、この場を借りて感謝したい。東京大学大学院の加藤聡君には、訳出の終わった全原稿に眼をとおして表記の不統一などを指摘していただいた。彼の細心かつ丁寧なコメントから多くのことを学んだ。毎回のように図版の調整はクレア・ヒライさんの手によるものだ。今回は幾つかのチャートも作成いただいた。彼女の勤務先である科学史インスティテュートにも、高解像度の図版の入手でお世話になった。幾つかのカラー図版は、原著に収録されたものよりも高品質の特殊カメラで撮影され、非常に高画質なものとなっている。邦訳版を辛抱づよく待っていただいた読者諸氏への特典となるだろう。勁草書房の関戸詳子さんには、素晴らしい書物が読者に届くよう最善の配慮をしていただいた。今回も美しい装丁は、岡澤理奈さんによるデザインだ。

原著は博識で多言語にわたる複雑な内容であるからこそ、文体や表現はできるだけ平易になるように心がけた。自分が本邦でうけた科学教育が、こんなにも役立つとは考えもしなかったが、高度な現代化学の用語の理解には不備があるかも知れない。さらに訳文の確認には細心の注意を傾けたが、著者特有のユーモアにあふれた表現を訳しそんじている部分もあるだろう。読者諸氏には寛容をもって臨んでいただければ幸いだ。

二〇一八年五月　フィラデルフィアにて

A・グラフトン　榎本恵美子・山本啓二訳
カルダーノのコスモス
ルネサンスの占星術師

ルネサンスの科学と文化を映す鏡とも言える博学の天才カルダーノ。その占星術師としての活躍に焦点を当て、彼の生きた時代と社会のなかで占星術が持っていた意味を探る。

四〇〇〇円／A5判／三六八頁　（2007・12）

ISBN978-4-326-10175-7

D・グタス　山本啓二訳
ギリシア思想とアラビア文化
初期アッバース朝の翻訳運動

アッバース朝はギリシアの科学・哲学をなぜ、どのようにしてアラビア世界に導入したのか。社会的・イデオロギー的要因から解明する。

三八〇〇円／A5判／二八〇頁　（2002・12）

ISBN978-4-326-20045-0

J・マレンボン　中村　治訳
初期中世の哲学
480–1150

西欧文明の起源をたずね、プラトン、アリストテレスの受容を契機とする中世初期、ボエティウス、スコトゥス、アベラルドゥスの論理学／自然学／文法学／神学をさぐる。

四〇〇〇円／A5判／二九六頁　（1992・5）

ISBN978-4-326-10094-1

J・マレンボン　加藤雅人訳
後期中世の哲学
1150–1350

中世大学の制度、学問の方法（論理学）、テキスト（アリストテレスやギリシャ、アラビア、ユダヤの哲学）の分析から入り、トマス、スコトゥス、オッカムの知識認識に迫る。

四〇〇〇円／A5判／二九六頁　（1989・7）

ISBN978-4-326-10080-4

北詰裕子
コメニウスの世界観と教育思想
17世紀における事物・言葉・書物

17世紀の思想家、コメニウスの教育思想と背景にある世界観を、テクストを分析し再解釈する。学校や教科書はいかなる意味において「教育」を成り立たせているのか問い直す。

七二〇〇円／A5判／四〇四頁　（2015・1）

ISBN978-4-326-25100-1

勁草書房刊

＊表示価格は 2018 年 8 月現在。消費税は含まれておりません。

クリストフ・ポンセ著、ヒロ・ヒライ監修、豊岡愛美訳

ボッティチェリ《プリマヴェラ》の謎

ルネサンスの芸術と知のコスモス、そしてタロット

妖精クロリスと西風の神ゼピュロス、春の女神フローラと愛の女神ウェヌス、三女神を矢で狙うクピードー、学知の神メルクリウス。これらの人物は何を意味しているのか？　何のために描かれたのか？　秘密の鍵をにぎるのは一枚のタロット・カード《恋人》。愛と詩情あふれるルネサンスの「知のコスモス」を豊かに描きだす快著！

本体 2,600 円＋税／ A5 判／ 144 頁
ISBN978-4-326-80057-5（2016 年 1 月）

bibliotheca hermetica 叢書
鍊金術の秘密
再現実験と歴史学から解きあかされる「高貴なる技」

2018年 8 月25日　第 1 版第 1 刷発行

著　者　ローレンス･M･プリンチーペ
訳　者　ヒ　ロ　・　ヒ　ラ　イ
発行者　井　村　寿　人

発行所　株式会社　勁（けい）草（そう）書　房
112-0005　東京都文京区水道2-1-1　振替　00150-2-175253
（編集）電話　03-3815-5277／FAX　03-3814-6968
（営業）電話　03-3814-6861／FAX　03-3814-6854
本文組版 プログレス・三秀舎・松岳社

ISBN978-4-326-14830-1　　Printed in Japan

http://www.keisoshobo.co.jp

略歴

著者：ローレンス・M・プリンチーペ（Lawrence M. Principe）
ジョンズ・ホプキンズ大学シングルトン前近代ヨーロッパ研究所所長、科学史教授、化学教授。アメリカを代表する科学史家。1988年にインディアナ大学にて化学、1996年にジョンズ・ホプキンズ大学にて科学史の博士号を取得。著作に *The Aspiring Adept: Robert Boyle and His Alchemical Quest*（Princeton University Press, 1998）; *Wilhelm Homberg and the Transmutations of Chymistry*（近刊）、共編著に *Alchemy Tried in the Fire: Starkey, Boyle, and the Fate of Helmontian Chymistry*（University of Chicago Press, 2002）; *Chymists and Chymistry*（Science History Publications, 2007）など。邦訳書に『科学革命』（丸善出版、二〇一四年）がある。

翻訳・解題：ヒロ・ヒライ
ルネサンス思想史。*Early Science and Medicine* 誌学術顧問。1999年より学術ウェブ・サイト bibliotheca hermetica（略称ＢＨ）を主宰。同年にフランスのリール第三大学にて哲学・科学史の博士号を取得。欧米各国の研究機関で研究員を歴任。現在、オランダ・ナイメーヘン大学研究員。著作に *Le concept de semence dans les théories de la matière à la Renaissance*（Brepols, 2005）; *Medical Humanism and Natural Philosophy*（Brill, 2011）、共編著に『知のミクロコスモス：中世・ルネサンスのインテレクチュアル・ヒストリー』（中央公論新社、2014年）など。2012年に第九回日本学術振興会賞を受賞。2013年より BH 叢書の編集主幹。

索　引

事項については、錬金術や金属変成、賢者の石、自然、硫黄、水銀などのきわめて頻繁にもちいられる語や、頻度の非常に低い語は省略した。

か　行

さ　行

た　行

な　行

は　行

ま 行

や　行

ら　行

文献一覧

原著では原典と研究文献を区分していないが，読者の利便を考慮して，原典・研究文献・補足の三区分とした.

1. 原典

Adelung (Johann Christoph), *Geschichte der menschlichen Narrheit; oder, Lebensbeschreibungen berühmter Schwarzkünstler, Goldmacher, Teufelsbanner, Zeichen- und Liniendeuter, Schwärmer, Wahrsager, und anderer philosophischer Unholden*, 7 vols. (Leipzig, 1785-1789).

Agricola (Georg), *De re metallica* (Basel, 1556) = G・アグリコラ『デ・レ・メタリカ』三枝博音訳（岩崎学術出版社，1968 年）.

Albertus Magnus, *Opera omnia*, ed. August Borgnet, 37 vols. (Paris, 1895).

——, *"Libellus de alchimia" Ascribed to Albertus Magnus* (Berkeley: University of California Press, 1958).

——, *Book of Minerals*, tr. Dorothy Wyckoff (Oxford: Clarendon, 1967) = アルベルトゥス・マグヌス『鉱物論』沓掛俊夫訳（朝倉書店，2004 年）.

Al-Jawbari, *La voile arraché*, tr. René R. Khawan, 2 vols. (Paris: Phèbus, 1979).

Anthony (Francis), *The apologie, or defence of ... aurum potabile* (London, 1616).

(Ps.-) Arnau de Villanova, *De secretis naturae*, ed. & tr. Antoine Calvet, in *Chrysopoeia* 6 (1997-1999), 154-206.

——, *Thesaurus thesaurorum et rosarium philosophorum*, in Manget (1702), I, 662-676.

——, *Tractatus parabolicus*, ed. & tr. Antoine Calvet, in *Chrysopoeia* 5 (1992-1996), 145-171.

Ashmole (Elias) (ed.), *Theatrum chemicum britannicum* (London, 1652).

Atwood (Mary Anne), *A Suggestive Inquiry into the Hermetic Mystery* (London: Saunders, 1850; repr. Belfast: Tait, 1918).

Balīnūs, *Sirr al-khalīqah wa ṣanʿāt al-ṭabīʿah*, ed. Ursula Weisser (Aleppo: Aleppo Institute for the History of Arabic Science, 1979).

——, "Le *De secretis naturae* du pseudo-Apollonius de Tyane: traduction latine par Hugues de Santalla du *Kitāb sirr al-ḫalīqa* de Balīnūs," ed. Françoise Hudry, in *Chrysopoeia* 6 (1997-1999), 1-153.

Baudrimont (Alexandre), *Traité de chimie générale et expérimentale* (Paris, 1844).

Becher (Johann Joachim), *Magnalia naturae* (London, 1680).

Beguin (Jean), *Tyrocinium chymicum* (Paris, 1612).

Berthelot (Marcellin) & C. E. Ruelle (eds.), *Collections des alchimistes grecs*, 3 vols.

(Paris, 1888).
Boerhaave (Herman), *Sermo academicus de chemia suos errores expurgante* (Leiden, 1718).
——, *Elementa chemiae*, 2 vols. (Paris, 1733).
——, *Boerhaave's Orations*, ed. E. Kegel-Brinkgreve & Antonie M. Luyendijk-Elshout (Leiden: Brill, 1983).
Bonus (Petrus), *Margarita pretiosa novella*, in Manget (1702), II: 1–80.
Borrichius (Olaus), *Conspectus scriptorum chemicorum celebriorum*, in Manget (1702), I: 38–53.
——, *De ortu et progressu chemiae* (Copenhagen, 1668), repr. in Manget (1702), I: 1–37.
——, *Hermetis, Aegyptiorum et chemicorum sapientia ab Hermanni Conringii animadversionibus vindicata* (Copenhagen, 1674).
Boyle (Robert), *Dialogue on Transmutation*, in Principe (1998), 223–295.
——, *Origine of Formes and Qualities* (London, 1666) = R・ボイル『形相と質の起源』赤平清蔵翻訳（朝日出版，1989 年）.
——, *The Works of Robert Boyle*, ed. Michael Hunter & Edward B. Davis, 14 vols. (London: Pickering & Chatto, 1999–2000).
——, *The Correspondence of Robert Boyle*, ed. Michael Hunter, Lawrence M. Principe & Antonio Clericuzio, 6 vols. (London: Pickering & Chatto, 2001).
Buddeus (Johann Franz), *Quaestionem politicam an alchimistae sint in republica tolerandi* (Magdeburg, 1702).
——, *Untersuchung von der Alchemie*, in Roth-Scholtz (1728), I: 1–146.
Cambriel (L. P. François), *Cours de philosophie hermétique ou d'alchimie* (Paris, 1843; repr. Paris: Editions traditionnelles, 1975).
Casaubon (Meric), *A True and Faithfull Relation* (London, 1659).
Chaucer (Geoffrey), *Canterbury Tales*, tr. David Wright (Oxford: Oxford University Press, 1985) = G・チョーサー『カンタベリー物語』桝井迪生訳（岩波文庫，1995 年）.
[Chilliat (Michel)], *Les souffleurs, ou la pierre philosophale d'Arlequin* (Paris, 1694).
Coelum philosophorum (Frankfurt-Leipzig, 1739).
Collesson (Jean), *Idea perfecta philosophiae hermeticae*, in Zetzner (1671), VI: 143–162.
Congreve (William), *The Complete Plays*, ed. Herbert Davis (Chicago: University of Chicago Press, 1967).
Conring (Hermann), *De Hermetica Aegyptorum* (Helmstadt, 1648).
——, *De Hermetica medicina* (Helmstadt, 1669).
Constantine of Pisa, *The Book of the Secrets of Alchemy*, ed. & tr. Barbara Obrist

(Leiden: Brill, 1990).
Cremer, Testamentum Cremeri, in Van Sande (1678), 531-544.
Cyliani, *Hermès dévoilé* (Paris, 1832; repr. Paris: Éditions traditionnelles, 1975).
Dante Alighieri, *La divina commedia*＝ダンテ・アリギエリ『神曲』原基晶訳（講談社学術文庫，2014 年），全三巻．
De auro potabili, in Zetzner (1671), VI: 382-393.
Del Rio (Martin), *Disquisitionum magicarum libri sex* (Ursel, 1606).
——, *Investigations Into Magic*, tr. P. G. Maxwell-Stuart (Manchester: Manchester University Press, 2000).
Digby (Kenelm), *A Choice Collection of Rare Chymical Secrets* (London, 1682).
——, *A Discourse on the Vegetation of Plants* (London, 1661).
Donne (John), "Loves Alchymie," in *The Complete English Poems of John Donne*, ed. C. A. Patrides (London: Dent, 1985).
Dorn (Gerard), *Physica Trismegesti*, in Zetzner (1659), I: 362-387.
Du Chesne (Joseph), *Ad veritatem Hermeticae medicinae* (Paris, 1604).
Duclo (Gaston), *De triplici praeparatione argenti et auri*, in Zetzner (1659), IV: 371-388.
Eliade (Mircea), *Metallurgy, Magic and Alchemy* (Paris: Geuthner, 1939).
——, *Forgerons et alchimistes* (Paris: Flammarion, 1956)＝M・エリアーデ『鍛冶師と錬金術師』大室幹夫訳（せりか書房，1986 年）．
Eymerich (Nicolas), *Contra alchemistas*, ed. Sylvain Matton, *Chrysopoeia* 1 (1987), 93-136.
Fabre (Pierre-Jean), *Alchymista christianus* (Toulouse, 1632).
——, *Hercules piochymicus* (Toulouse, 1634).
——, *L'alchimiste chrétien*, ed. & tr. Frank Grenier (Paris: SEHA, 2001).
Fanianus (Johannes Chrysippus), *De jure artis alchimiae*, in Zetzner (1659), I: 48-63.
Figuier (Louis), *L'alchimie et les alchimistes*, 2. ed. (Paris, 1856).
Flamel (Nicolas), *Exposition of the Hieroglyphicall Figures* (London, 1624; repr. New York: Garland, 1994).
Franck de Franckenau (Georg) & Johann Christian Nehring, *De palingenesia* (Halle, 1717).
Das Geheimnis aller Geheimnisse... oder der güldene Begriff der geheimsten Geheimnisse der Rosen- und Gülden-Kreutzer (Leipzig, 1788).
Geoffroy (Étienne-François), "Des supercheries concernant la pierre philosophale," *Mémoires de l'Académie royale des sciences* 24 (1722), 61-70.
Güldenfalk (Siegmund Heinrich), *Sammlung von mehr als hundert wahrhaftigen Transmutationgeschichten* (Frankfurt, 1784).

Helvetius (Johann Friedrich), *Vitulus aureus* (Amsterdam, 1667), repr. in Van Sande (1678), 815–863.

Hitchcock (Ethan Allen), *Remarks upon Alchymists* (Carlisle, PA, 1855; repr. New York: Arno Press, 1976).

——, *Remarks upon Alchemy and the Alchemists* (Boston, 1857; repr. New York: Arno Press, 1976).

Hoghelande (Ewald van), *Historiae aliquot transmutationis metallicae* (Cologne, 1604).

Ibn-Sīnā, *Avicennae de congelatione et conglutinatione lapidum*, in Manget (1702), I: 636–638.

——, *Avicennae de congelatione et conglutinatione lapidum, Being Sections of the Kitāb al-Shifā'*, ed. Eric J. Holmyard & D. C. Mandeville (Paris: Geuthener, 1927).

Ibn-Khaldūn, *The Muqaddimah: An Introduction to History*, 3 vols. (New York: Pantheon, 1958).

Jābir ibn-Hayyān, "*Liber Misericordiae* Geber: Eine lateinische Übersetzung des grösseren *Kitāb al-raḥma*," ed. Ernst Darmstaedter, *Archiv für Geschichte der Medizin* 17 (1925), 187–197.

——, *The Arabic Works of Jābir ibn Hayyān*, ed. Eric J. Holmyard (Paris: Geuthner, 1928).

——, *Textes choisis*, ed. Paul Kraus (Paris: Maisonneuve, 1935).

——, *Das Buch der Gifte*, ed. Alfred Siggel (Wiesbaden: Akademie der Wissenschaften und der Literature, 1958).

——, *Dix traités d'alchimie*, tr. Pierre Lory (Paris: Sinbad, 1983).

Jennings (Hargrave), *The Rosicrucians* (London, 1870).

John of Antioch, *Iohannes Antiocheni fragmenta ex Historia chronica*, ed. & tr. Umberto Roberto (Berlin: de Gruyter, 2005).

Johannes de Rupescissa, *Liber lucis*, in Manget (1702a), II: 84–87.

——, *De confectione veri lapidis philosophorum*, in Manget (1702b), II: 80–83.

——, *The Book of the Quinte Essence*, ed. F. J. Furnivall (London, 1866; repr. Oxford: Oxford University Press, 1965).

Jollivet-Castelot (François), *Comment on devient alchimiste* (Paris, 1897).

——, *La synthèse de l'or* (Paris: Daragon, 1909).

——, *La révolution chimique et la transmutation des métaux* (Paris: Chacornac, 1925).

——, *Synthèse des sciences occultes* (Paris, 1928).

Jung (Carl Gustav), "Die Erlösungsvorstellungen in der Alchemie," *Eranos-Jahrbuch* 4 (1936), 13–111.

——, "The Idea of Redemption in Alchemy," in *The Integration of the Personality*, ed. Stanley Dell (New York: Farrar & Rinehart, 1939), 205–280.

——, *Collected Works*, 20 vols. (London: Routledge, 1953–1979); IX–2, *Aion*＝C・G・

ユング『アイオーン』野田倬訳（人文書院，1990 年）; XII: *Psychology and Alchemy* = 同『心理学と錬金術』池田紘一・鎌田道生訳（人文書院，1976 年）; XIII: *Alchemical Studies*; XIV: *Mysterium Conjunctionis* = 同『結合の神秘』池田紘一訳（人文書院，1995 年）.

Kane (Robert), *Elements of Chemistry* (New York, 1842).

Kepler (Johannes), *Harmonices mundi* (Linz, 1619) = J・ケプラー『宇宙の調和』岸本良彦訳（工作舎，2009 年）.

Khunrath (Heinrich), *Trewhertzige Warnungs-Vermahnung* (Magdeburg, 1597).

——, *Lux in tenebris* (s.l., 1614).

Kircher (Athanasius), *Mundus subterraneus* (Amsterdam, 1665).

Lambsprinck, *De lapide philosophico*, in Van Sande (1678), 337–371.

Leibniz (Gottfried Wilhelm), "Œdipus chymicus," in idem, *Miscellanea Berolinensia* (Berlin, 1710), I: 16–21.

Lemery (Nicolas), *Cours de chymie* (Paris, 1683).

Lenglet du Fresnoy (Nicolas), *Histoire de la philosophie hermetique*, 3 vols. (Paris, 1742–1744).

Leo Africanus, *A Geographicall Historie of Africa* (London, 1600).

Le Pelletier (Jean), *L'Alkaest, ou le dissolvant universel de Van Helmont* (Rouen, 1706).

Ps.-Lullus (Raymundus), *Il* Testamentum *alchemico attribuito a Raimondo Lullo*, ed. Michela Pereira & Barbara Spaggiari (Firenze: Sismel, 1999).

Maier (Michael), *Arcana arcanissima* (London, 1613).

——, *Symbola aureae mensae duodecim nationum* (Frankfurt, 1617).

——, *Examen fucorum pseudo-chymicorum detectorum et in gratiam veritatis amantium succincte refutatorum* (Frankfurt, 1617).

——, *Tripus aureus* (Frankfurt, 1618a).

——, *Atalanta fugiens* (Oppenheim, 1618b).

Manget (Jean-Jacques) (ed.), *Bibliotheca chemica curiosa*, 2 vols. (Genève, 1702; repr. Bolognese: Forni, 1976).

Morhof (Daniel Georg), *De metallorum transmutatione epistola*, in Manget (1702), I: 168–192.

Morienus, *De compositione alchemiae*, in Manget (1702), I: 509–519.

——, *A Testament of Alchemy*, ed. & tr. Lee Stavenhagen (Hanover, NH: Brandeis University Press, 1974).

Norton (Thomas), *Ordinall of Alchimy*, in Ashmole (1652), 13–106 = T・ノートン「錬金術式目」大橋喜之訳，『ルネサンスの自然学』（名古屋大学出版会，2017 年），下巻 1107–1216 頁.

Paneth (Fritz), "Ancient and Modern Alchemy," *Science* 64 (1926), 409–417.

Pantheus, *Voarchadumia*, in Zetzner (1659), II: 495–549.

(Ps.-)Paracelsus, *De rerum natura*, in *Sämtliche Werke*, Abteilung 1: *Medizinische, wissenschaftliche und philosophische Schriften*, ed. Karl Sudhoff, 14 vols. (Berlin-Münich: Oldenbourg, 1922–1933: 1928), XII: 307–403.

Percolla (Vincenzo), *Auriloquio*, ed. Carlo Alberto Anzuini (Paris: SEHA, 1996).

Pernety (Antoine-Joseph), *Dictionnaire mytho-hermétique* (Paris, 1758).

——, *Les fables égyptiennes et grecques dévoilées* (Paris, 1758; repr. Paris: Table d'émeraude, 1982).

Petrarch (Francesco), *Remedies for Fortune Fair and Foul*, tr. Conrad H. Rawski, 5 vols. (Bloomington: Indiana University Press, 1991).

Philalethes (Eirenaeus) [George Starkey], *Introitus apertus ad occlusum regis palatium* (Amsterdam, 1667), repr. in Van Sande (1678), 647–699.

——, *Secrets Reveal'd, or An Open Entrance to the Shut-Palace of the King* (London, 1669).

——, *Ripley Reviv'd* (London, 1678).

Pike (Albert), *Morals and Dogma of the Ancient and Accepted Scottish Rite* (London, 1871).

Pluche (Noël Antoine), *Histoire du ciel*, 2 vols. (Paris, 1757).

Poisson (Albert), *Thèories et symboles des alchimistes* (Paris, 1891).

Price (James), *An Account of some Experiments on Mercury, Silver and Gold, made in Guildford in May, 1782* (Oxford, 1782).

Regardie (Israel), *The Philosopher's Stone: A Modern Comparative Approach to Alchemy from the Psychological and Magical Points of View* (London: Rider, 1938).

Reyher (Samuel), *Dissertatio de nummis quibusdam ex chymico metallo factis* (Kiel, 1690).

Richet (Georges), "La science alchimique au XXe siècle," in *La voile d'Isis* (Décembre, 1922).

Ripley (George), *Compound of Alchymie*, in Ashmole (1652), 107–193.

Rosarium philosophorum: Ein alchemisches Florilegium des Spätmittelalters, ed. Joachim Telle, 2 vols. (Weinheim: VCH, 1992).

Roth-Scholtz (Friedrich) (ed.), *Deutsches Theatrum Chemicum*, 3 vols. (Nürnberg, 1728).

Ruff (Andreas), *Die neuen kürzeste und nützlichste Scheide-Kunst oder Chimie theoretisch und practisch erkläret* (Nürnberg, 1788).

Sala (Angelo), *Processus de auro potabili* (Strasbourg, 1630).

Silberer (Herbert), *Hidden Symbolism of Alchemy and the Occult Art* (New York: Dover, 1971) = *Problems of Mysticism and Symbolism* (New York: Moffat, 1917).

Stahl (George Ernst), *Fundamenta chymiae dogmaticae* (Leipzig, 1723).

——, *Philosophical Principles of Universal Chemistry*, tr. Peter Shaw (London, 1730).

Starkey (George), *Liquor Alkahest* (London, 1675).

——, *The Alchemical Laboratory Notebooks and Correspondence of George Starkey*, ed. William R. Newman & Lawrence M. Principe (Chicago: University of Chicago Press, 2004).

Stoltzius von Stoltzenberg (Daniel), *Chymisches Lustgärtlein* (Frankfurt, 1624; repr. Darmstadt: Wissenschaftliche Buchgesellschaft, 1964).

Stone of the Philosophers, in *Collectanea chymica* (London, 1893), 55-120.

Tachenius (Otto), *Epistola de famoso liquore alcahest* (Venezia, 1652).

——, *Hippocrates chymicus* (London, 1677).

Tanckius (Joachim), *Promptuarium Alchemiae*, 2 vols. (Leipzig, 1610; 1614; repr. Graz: Akademische Druck, 1976).

Theophilus, *On Divers Arts*, tr. John G. Hawthorne & Cyril Stanley Smith (New York: Dover, 1979).

Tiffereau (Cyprien-Théodore), *Les métaux sont des corps composés* (Vaugirard, 1855), repr. in *L'or et la transmutation des métaux* (Paris, 1889).

——, *L'art de faire l'or* (Paris, 1892).

Valentinus (Basilius), *Ein kurtz summarischer Tractat... Von dem grossen Stein der Uhralten* (Eisleben, 1599).

——, *Chymische Schrifften*, 2 vols. (Hamburg, 1677; repr. Hildesheim: Gerstenberg, 1976).

——, *Von dem grossen Stein der Uhralten* (1599), repr. in Valentinus (1677), I: 1-112.

——, *Offenbahrung der verborgenen Handgriffe* (1626), repr. in Valentinus (1677), II: 319-338.

Van Helmont (Joan Baptista), *Opuscula medica inaudita* (Amsterdam, 1648a; repr. Bruxelles: Culture et Civilisation, 1966).

——, *Ortus medicinae* (Amsterdam, 1648b; repr. Bruxelles: Culture et Civilisation, 1966).

Van Sande (Hermann) (ed.), *Musaeum hermeticum* (Frankfurt, 1678; repr. Graz: Akademische Druck, 1970).

Ventura (Lorenzo), *De ratione conficiendi lapidis philosophici*, in Zetzner (1659), II: 215-312.

Waite (Arthur Edward), *Lives of the Alchemystical Philosophers* (London, 1888) = *Alchemists Through the Ages* (New York: Rudolf Steiner Publications, 1970).

——, *Azoth, or the Star in the East* (London, 1893; repr. Secaucus, NJ: University Books, 1973).

——, *The Secret Tradition of Alchemy* (New York: Knopf, 1926).

Wedel (Georg Wolfgang), "Programma vom Basilio Valentino," in Roth-Scholtz (1976), I: 669–680.

Westcott (William Wynn), *The Science of Alchymy* (London: Theosophical Publishing Society, 1893).

Wiegleb (Johann Christian), *Historisch-kritische Untersuchung der Alchimie* (Weimar, 1777; Leipzig: Zentral-Antiquariat der DDR, 1965).

Wieland (Christoph Martin), "Der Goldmacher zu London," *Teutsche Merkur* (Februar 1783), 163–191.

Zetzner (Lazarus), *Theatrum chemicum*, 6 vols. (Strasbourg, 1659–1663; repr. Torino: Bottega d'Erasmo, 1981).

Zosimos, *On the Letter Omega*, ed. & tr. Howard M. Jackson (Missoula: Scholars Press, 1978).

——, *Mémoires authentiques*, ed. Michèle Mertens (Paris: Les Belles Lettres, 2002).

2. 研究文献

Abrahams (Harold J.), "Al-Jawbari on False Alchemists," *Ambix* 31 (1984), 84–87.

Adams (Alison) & Stanton J. Linden (eds.), *Emblems and Alchemy* (Glasgow: Glasgow Emblem Studies, 1998).

Al-Hassan (Ahmad Y.), "The Arabic Original of the *Liber de compositione alchemiae*," *Arabic Sciences and Philosophy* 14 (2004), 213–231.

Anawati (Georges C.), "Avicenna et l'alchimie," in *Oriente e occidente nel medioevo: filosofia e scienze* (Roma: Accademia Nazionale dei Lincei, 1971), 285–345.

——, "L'alchimie arabe," in *Histoire des sciences arabes*, ed. Roshdi Rashed & Régis Morelon (Paris: Seuil, 1997), III : 111–142.

Aurnhammer (Achim), "Zum Hermaphroditen in der Sinnbildkunst der Alchemisten," in Meinel (1986), 179–200.

Bagliani (Agostino Paravicini), "Ruggero Bacone e l'alchimia di lunga vita: riflessioni sui testi," *Micrologus* 9 (2003), 33–54.

Baldwin (Martha), "Alchemy and the Society of Jesus in the Seventeenth Century: Strange Bedfellows?," *Ambix* 40 (1993), 41–64.

Baud (Jean-Pierre), *Le procès d'alchimie* (Strasbourg: CERDIC, 1983).

Beck (Wolfgang), "Michael Maiers *Examen Fucorum Pseudo-chymicorum*: eine Schrift wider die falschen Alchemisten," Ph.D. diss. (Technische Universität München, 1992).

Benson (Robert L.) et al. (eds.), *Renaissance and Renewal in the Twelfth Century* (Cambridge, MA: Harvard University Press, 1982; repr. Medieval Academy of America, 1991).

Benzenhöfer (Udo), *Johannes' de Rupescissa* Liber de consideratione quintae essentiae omnium rerum *deutsch* (Stuttgart: Steiner, 1989).

——, *Paracelsus* (Reinbek: Rowohlt, 1997).

Beretta (Marco), *The Alchemy of Glass: Counterfeit, Imitation, and Transmutation in Ancient Glassmaking* (Sagamore Beach, MA: Science History Publications, 2009).

Berthelot (Marcellin) et al., *La chimie au Moyen Âge*, 3 vols. (Paris, 1893).

Bidez (Joseph) et al. (eds.), *Catalogue des manuscrits alchimiques grecs*, 8 vols. (Bruxelles: Lamertin, 1924-1932).

Bignami-Odier (Jeanne), "Jean de Roquetaillade," *Histoire litteraire de la France* 41 (1981), 75-240.

Bolton (H. Carrington), "The Revival of Alchemy," *Annual Report of the Smithsonian Institution* (1897), 207-217.

——, "The Revival of Alchemy," *Science* 6 (1897), 853-863.

——, "Hysterical Chemistry," *Chemical News* 77 (1898), 3-5 & 16-18.

Bouyer (Louis), "Mysticism: An Essay on the History of a Word," in idem, *Understanding Mysticism* (Garden City: Image Books, 1980), 42-55.

Brinkman (A. A. A. M.), *Chemie in de Kunst* (Amsterdam: Rodopi, 1975).

——, *De Alchemist in de Printkunst* (Amsterdam: Rodopi, 1982).

Brunschwig (Jacques) & Geoffrey E. R. Lloyd (eds.), *Greek Thought: A Guide to Classical Knowledge* (Cambridge, MA: Belknap, 2000).

Bueno (Mar Rey), "La alquimia en la corte de Carlos II (1661-1700)," *Azogue* 3 (2000).

——, *Los señores del fuego: Destiladores y espagíricos en la corte de los Austrias* (Madrid: Corona Borealis, 2002).

Buntz (Herwig), "Das *Buch der heiligen Dreifaltigkeit*, sein Autor und seine Überlieferung," *Zeitschrift für deutsches Altertums und deutsche Literatur* 101 (1972), 150-160.

Burkhalter (Fabienne), "La production des objets en métal (or, argent, bronze) en Égypte Hellénistique et Romaine à travers les sources papyrologiques," in *Commerce et artisanat dans l'Alexandrie hellénistique et romaine*, ed. Jean-Yves Empereur (Athens: EFA, 1998), 125-133.

Burr (David), *The Spiritual Franciscans: From Protest to Persecution in the Century after St. Francis* (University Park, PA: Penn State University Press, 2001).

Caley (Earle Radcliffe), "The Leiden Papyrus X: An English Translation with Brief Notes," *Journal of Chemical Education* 3 (1926), 1149-1166.

——, "The Stockholm Papyrus: An English Translation with Brief Notes," *Journal of Chemical Education* 4 (1927), 979-1002.

Calvet (Antoine), "Alchimie et Joachimisme dans les *alchimica* pseudo-Arnaldiens," in Margolin & Matton (1993), 93–107.

——, "Un commentaire alchimique du XIVe siècle: le *Tractatus parabolicus* du ps.-Arnaud de Villaneuve," in *Le commentaire entre tradition et innovation*, ed. Marie-Odile Goulet-Cazé (Paris: Vrin, 2000), 465–474.

——, "Étude d'un texte alchimique latin du XIVe siècle: le *Rosarius philosophorum* attribué au médecin Arnaud de Villeneuve," *Early Science and Medicine* 11 (2006), 162–206.

——, "La théorie *per minima* dans les textes alchimiques des XIVe et XVe siècles," in López-Pérez et al. (2010), 41–69.

——, *Les œuvres alchimiques attribuées à Arnaud de Villeneuve: grand œuvre, médecine et prophétie au Moyen-Âge* (Paris: SEHA, 2011).

Cameron (H. Charles), "The Last of the Alchemists," *Notes and Records of the Royal Society* 9 (1951), 109–114.

Caron (Richard), "Notes sur l'histoire de l'alchimie en France à la fin du XIXe et au début du XXe siècle," in *Ésotérisme, gnoses et imaginaire symbolique*, ed. Richard Caron et al. (Leuven: Peeters, 2001), 17–26.

Chang (Ku-Ming [Kevin]), "Toleration of Alchemists as Political Question: Transmutation, Disputation, and Early Modern Scholarship on Alchemy," *Ambix* 54 (2007), 245–273.

——, "The Great Philosophical Work: Georg Ernst Stahl's Early Alchemical Teaching," in López-Pérez et al. (2010), 386–396.

Charet (Francis Xavier), *Spiritualism and the Foundations of C. G. Jung's Psychology* (Albany: SUNY Press, 1993).

Cockren (Archibald), *Alchemy Rediscovered and Restored* (London: Rider, 1940).

Cohen (I. B.), "Ethan Allen Hitchcock: Soldier-Humanitarian-Scholar, Discoverer of the 'True Subject of the Hermetic Art,'" *Proceedings of the American Antiquarian Society* 61 (1951), 29–136.

Copenhaver (Brian), *Hermetica: The Greek Corpus Hermeticum and the Latin Asclepius* (Cambridge: Cambridge University Press, 1992).

Corbett (Jane Russell), "Conventions and Change in Seventeenth-Century Depictions of Alchemists," in *Alchemy and Art*, ed. Jacob Wamberg (Copenhagen: Museum Tusculanum Press, 2006), 249–271.

Craven (James Brown), *Count Michael Maier, Doctor of Philosophy and Medicine, Alchemist, Rosicrucian, Mystic, 1568–1622* (Kirkwall: Peace & Sons, 1910).

Crisciani (Chiara), "Exemplum Christi e sapere: sull'epistemologia di Arnoldo da Villanova," *Archives internationales d'histoire des sciences* 28 (1978), 245–287.

——, *Il Papa e l'alchimia: Felice V, Guglielmo Fabri e l'elixir* (Roma: Viella, 2002).

Crisciani (Chiara) & Agostino Paravicini Bagliani (eds.), *Alchimia e medicina nel Medioevo* (Firenze: Sismel, 2003).

Cunningham (Andrew), "Paracelsus Fat and Thin: Thoughts on Reputations and Realities," in Grell (1998), 53-77.

Darmstaedter (Ernst), "Zur Geschichte des *Aurum potabile*," *Chemiker-Zeitung* 48 (1924), 653-655 & 678-680.

——, "*Liber Misericordiae* Geber: Eine lateinische Übersetzung des grösseren *Kitāb alrahma*," *Archiv für Geschichte der Medizin* 17 (1925), 187-197.

de Jong (H. M. E.), *Michael Maier's Atalanta fugiens: Sources of an Alchemical Book of Emblems* (Leiden: Brill, 1969).

Debus (Allen G.), "Robert Fludd and the Circulation of the Blood," *Journal of the History of Medicine and Related Sciences* 16 (1961), 374-393.

——, *The Chemical Philosophy: Paracelsian Science and Medicine in the Sixteenth and Seventeenth Centuries*, 2 vols. (New York: Science History Publications, 1977) = A・G・ディーバス『近代錬金術の歴史』川﨑勝・大谷卓史訳（平凡社, 1999年).

——, *Robert Fludd and His Philosophical Key* (New York: Science History Publications, 1979).

——, *The French Paracelsians* (Cambridge: Cambridge University Press, 1991).

Des Chene (Dennis), *Physiologia: Natural Philosophy in Late Aristotelian and Cartesian Thought* (Ithaca: Cornell University Press, 1996).

Demaitre (Luke M.), *Doctor Bernard de Gordon: Professor and Practitioner* (Toronto: Pontifical Institute of Medieval Studies, 1980).

DeVun (Leah), "The Jesus Hermaphrodite: Science and Sex Difference in Premodern Europe," *Journal for the History of Ideas* 69 (2008), 193-218.

——, *Prophecy, Alchemy, and the End of Time: John of Rupescissa in the Late Middle Ages* (New York: Columbia University Press, 2009).

Dobbs (Betty Jo Teeter), "Studies in the Natural Philosophy of Sir Kenelm Digby," *Ambix* 18 (1971), 1-25; 20 (1973), 143-163; 21 (1974), 1-28.

——, *The Foundations of Newton's Alchemy, or, Hunting of the Greene Lyon* (Cambridge: Cambridge University Press, 1975).

——, "Newton's Commentary on The Emerald Table of Hermes Trismegistus: Its Scientific and Theological Significance," in *Hermeticism and the Renaissance*, ed. Ingrid Merkel & Allen G. Debus (Washington, DC: Folger Shakespeare Library, 1988), 182-191.

——, *The Janus Faces of Genius* (Cambridge: Cambridge University Press, 1991).

Duncan (Edgar H.), "The Alchemy in Jonson's *Mercury Vindicated*," *Studies in Philology* 39 (1942), 625-637.

——, "Donne's Alchemical Figures," *English Literary History* 9 (1942), 257–285.

——, "Jonson's Alchemist and the Literature of Alchemy," *Proceedings of the Modern Language Association* 61 (1946), 699–710.

——, "The Literature of Alchemy and Chaucer's *Canon's Yeoman's Tale*: Framework, Theme, and Characters," *Speculum* 43 (1968), 633–656.

——, "The Yeoman's Canon's 'Silver Citrinacioun'," *Modern Philology* 37 (1940), 241–262.

Durocher (Alain) & Antoine Faivre (eds.), *Die templerische und okkultistische Freimaurerei im 18. und 19. Jahrhundert*, 4 vols. (Leimen: Kristkeitz, 1987–1992).

Duveen (Denis), "James Price (1752–1783), Chemist and Alchemist," *Isis* 41 (1950), 281–283.

Eamon (William), "Alchemy in Popular Culture: Leonardo Fioravanti and the Search for the Philosopher's Stone," *Early Science and Medicine* 5 (2000), 196–213.

Ebeling (Florian), *The Secret History of Hermes Trismegistus: Hermeticism from Ancient to Modern Times* (Ithaca: Cornell University Press, 2007).

Emerson (Jocelyn), "John Donne and the Noble Art," in *Textual Healing: Essays in Medieval and Early Modern Medicine*, ed. Elizabeth Lane Furdell (Leiden: Brill, 2005), 195–221.

Fabre (François), "Robert Fludd et l'alchimie: le *Tractatus Apologeticus integritatem societatis de Rosea Cruce defendens*," *Chrysopoeia* 7 (2000–2003), 251–291.

Fabrizio-Costa (Sylvia), "De quelques emplois des thèmes alchimiques dans l'art oratoire italien du XVIIe siècle," *Chrysopoeia* 3 (1989), 135–162.

Faivre (Antoine) (ed.), *René Le Forestier: la Franc-Maçonnerie templière et occultiste aux XVIIIe et XIXe siècles* (Paris: Aubier-Montaigne, 1970).

Festugière (André-J), *La révélation d'Hermès Trismégeste*, 4 vols. (Paris: Gabalda, 1942–1950; repr. Paris: Les Belles Lettres, 2006).

——, "Alchymia," in *Hermétisme et mystique païenne* (Paris: Les Belles Lettres, 1967), 205–229.

Figala (Karin) & Ulrich Neumann, "'Author, Cui Nomen Hermes Malavici': New Light on the Biobibliography of Michael Maier (1569–1622)," in Rattansi & Clericuzio (1994), 121–148.

——, "À propos de Michel Maier: quelques découvertes bio-bibliographiques," in Kahn & Matton (1995), 651–664.

Fischer (Hermann), *Metaphysische, experimentelle und utilaristiche Traditionen in der Antimonliteratur zur Zeit der 'wissenschaftlichen Revolution': Eine kommentierte Auswahl-Bibliographie* (Brunswick: Braunschweiger Veröffenlichungen zu Geschichte der Pharmazie und der Naturwissenschaften, 1988).

Forshaw (Peter J.), "Alchemy in the Amphitheatre: Some Considerations of the Alchemical Content of the Engravings in Heinrich Khunrath's *Amphitheatre of Eternal Wisdom* (1609)," in *Alchemy and Art*, ed. Jacob Wamberg (Copenhagen: Museum Tusculanum Press, 2006), 195-220.

——, "Vitriolic Reactions: Orthodox Responses to the Alchemical Exegesis of Genesis," in *The Word and the World: Biblical Exegesis and Early Modern Science*, ed. Kevin Killeen & Peter J. Forshaw (Basingstoke: Palgrave, 2007), 111-136.

Fowden (Garth), *The Egyptian Hermes: A Historical Approach to the Late Pagan Mind* (Princeton: Princeton University Press, 1986).

Fück (Johann W.), "The Arabic Literature on Alchemy According to An-Nadīm," *Ambix* 4 (1951), 81-144.

Ganzenmüller (Wilhelm), "Das Buch der heiligen Dreifaltigkeit," *Archiv der Kulturgeschichte* 29 (1939), 93-141.

Garber (Margaret), "Transitioning from Transubstantiation to Transmutation: Catholic Anxieties over Chymical Matter Theory at the University of Prague," in Principe (2007), 63-76.

Garbers (Karl) & Jost Weyer (eds.), *Quellengeschichtliches Lesebuch zur Chemie und Alchemie der Araber im Mittelalter* (Hamburg: Buske, 1980).

Ge (Hong), *Alchemy, Medicine, Religion in the China of AD 320* (Cambridge, MA: MIT Press, 1967).

Geffarth (Renko), *Religion und arkane Hierarchie: der Orden der Gold- und Rosenkreuzer als geheime Kirche im 18. Jahrhundert* (Leiden: Brill, 2007).

Geoghegan (Denis), "A Licence of Henry VI to Practise Alchemy," *Ambix* 6 (1957), 10-17.

Gilbert (R. A.), *A. E. Waite: Magician of Many Parts* (Wellingborough: Crucible, 1987).

——, *The Golden Dawn: Twilight of the Magicians* (San Bernardino, CA: Borgo, 1988).

Gmelins Handbuch der anorganischen Chemie (Leipzig-Berlin: Verlag Chemie, 1924-).

Goltz (Dietlinde), "Alchemie und Aufklärung: Ein Beitrag zur Naturwissenschaftsgeschichtsschreibung der Aufklärung," *Medizinhistorische Journal* 7 (1972), 31-48.

Grafton (Anthony), "Protestant versus Prophet: Isaac Casaubon on Hermes Trismegistus," *Journal of the Warburg and Courtauld Institutes* 46 (1983), 78-93 =A・グラフトン『テクストの擁護者たち』ヒロ・ヒライ監訳（勁草書房，2015年），第5章．

Grant (Edward), *The Foundations of Modern Science in the Middle Ages* (Cambridge:

Cambridge University Press, 1996) = E・グラント『中世における科学の基礎づけ』小林剛訳（知泉書館，2007 年）.

Grell (Ole Peter) (ed.), *Paracelsus: The Man and His Reputation, His Ideas and Their Transformation* (Leiden: Brill, 1998).

Gruman (Gerald J.), *A History of Ideas about the Prolongation of Life* (Philadelphia: American Philosophical Society, 1966; repr. New York: Arno Press, 1977).

Guerrero (José Rodríguez), "Some Forgotten Fez Alchemists and the Loss of the Peñon de Vélez de la Gomera in the Sixteenth Century," in López-Pérez et al. (2010), 291-309.

Gutas (Dimitri), *Greek Thought, Arabic Culture: The Graeco-Arabic Translation Movement in Baghdad and Early 'Abbasid Society* (London: Routledge, 1998) = D・グタス『ギリシア思想とアラビア文化：初期アッバース朝の翻訳運動』山本啓二訳（勁草書房，2002 年）.

Halleux (Robert), *Le problème des métaux dans la science antique* (Paris: Les Belles Lettres, 1974).

——, *Les textes alchimiques* (Turnhout: Brepols, 1979).

——, "La controverse sur les origines de la chimie de Paracelse à Borrichius," in *Acta conventus neo-latini Turonensis* (Paris: Vrin, 1980), II: 807-817.

——, *Les alchimistes grecs, I: Papyrus de Leyde, Papyrus de Stockholm, Recettes* (Paris: Les Belles Lettres, 1981a).

——, "Les ouvrages alchimiques de Jean de Rupescissa," *Histoire litteraire de la France* 41 (1981b), 241-277.

——, "Albert le Grand et l'alchimie," *Revue des sciences philosophiques et théologiques* 66 (1982), 57-80.

——, "Le mythe de Nicolas Flamel, ou les méchanismes de la pseudépigraphie alchimique," *Archives internationales de l'histoire des sciences* 33 (1983), 234-255.

——, "L'alchimiste et l'essayeur," in Meinel (1986), 277-291.

——, "Theory and Experiment in the Early Writings of Johan Baptist Van Helmont," in *Theory and Experiment*, ed. Diderik Batens (Dordrecht: Rediel, 1988), 93-101.

——, "La réception de l'alchimie arabe en Occident," in *Histoire des sciences arabes*, ed. Roshdi Rashed & Régis Morelon (Paris: Seuil, 1997), III: 143-154.

Hallum (Benjamin C.), "The *Tome of Images*: An Arabic Compilation of Texts by Zosimos of Panopolis and a Source of the *Turba Philosophorum*," *Ambix* 56 (2009), 76-88.

——, "Zosimus Arabus," Ph.D. diss. (Warburg Institute, 2008).

Hanegraaff (Wouter J.), *Esotericism and the Academy: Rejected Knowledge in Western*

Culture (Cambridge: Cambridge University Press, 2012).
Hanegraaff (Wouter J.) et al. (eds.), *The Dictionary of Gnosis and Western Esotericism*, 2 vols. (Leiden: Brill, 2005).
Hannaway (Owen), "Georgius Agricola as Humanist," *Journal of the History of Ideas* 53 (1992), 553-560.
Harkness (Deborah), *John Dee's Conversations with Angels: Cabala, Alchemy, and the End of Nature* (Cambridge: Cambridge University Press, 1999).
Hartog (P. J.) & E. L. Scott, "Price, James (1757/8-1783)," in *Oxford Dictionary of National Biography* (Oxford: Oxford University Press, 2004).
Haskins (Charles Homer), *The Renaissance of the Twelfth Century* (Cambridge, MA: Harvard University Press, 1927) = C・H・ハスキンズ『十二世紀のルネサンス：ヨーロッパの目覚め』別宮貞徳・朝倉文市訳（講談社学術文庫，2017 年）.
Hesse (Carla), "The Rise of Intellectual Property, 700 BC-AD 2000: An Idea in the Balance," *Daedalus* 131 (2002), 26-45.
Hirai (Hiro), *Le concept de semence dans les théories de la matière à la Renaissance: de Marsile Ficin à Pierre Gassendi* (Turnout: Brepols, 2005).
——, "Kircher's Chymical Interpretation of the Creation and Spontaneous Generation," in Principe (2007), 77-87.
Hoffmann (Klaus), *Johann Friedrich Böttger: Vom Alchemistengold zum weissen Porzellan* (Berlin: Neues Leben, 1985).
Holmyard (Eric J.), "The Emerald Table," *Nature* 112 (1923a), 525-526.
——, "Jābir ibn-Hayyān," *Proceedings of the Royal Society of Medicine, Section of the History of Medicine* 16 (1923b), 46-57.
——, *Alchemy* (Harmondworth: Penguin Books, 1957) = E・J・ホームヤード『錬金術の歴史：近代化学の起源』大沼正則監訳（朝倉書店，1996 年）.
Howe (Ellic), *The Magicians of the Golden Dawn* (New York: Weiser, 1978).
—— (ed.), *The Alchemist of the Golden Dawn: The Letters of the Reverend W. A. Ayton to F. L. Gardner and Others 1886-1905* (Wellingborough: Aquarian, 1985).
Hunter (Michael), "Alchemy, Magic, and Moralism in the Thought of Robert Boyle," *British Journal for the History of Science* 23 (1990), 387-410.
——, *Robert Boyle By Himself and His Friends* (London: Pickering, 1994).
Hunter (Michael) & Lawrence M. Principe, "The Lost Papers of Robert Boyle," *Annals of Science* 60 (2003), 269-311.
Husson (Bernard), *Transmutations alchimiques* (Paris: Editions J'ai Lu, 1974).
Jantz (Harold), "Goethe, Faust, Alchemy, and Jung," *German Quarterly* 35 (1962), 129-141.
Johnson (Rozelle Parker), *Compositiones variae: An Introductory Study* (Urbana:

University of Illinois Press, 1939).
Joly (Bernard), *La rationalité de l'alchimie au XVIIe siècle* (Paris: Vrin, 1992).
——, "L'alkahest, dissolvant universel, ou quand la thèorie rend pensible une pratique impossible," *Revue d'histoire des sciences* 49 (1996), 308-330.
——, "L'ambiguïté des Paracelsiens face à la médecine galénique," in *Galen on Pharmacology: Philosophy, History and Medicine*, ed. Armelle Debre (Leiden: Brill, 1997), 301-322.
——, "La rationalité de l'Hermétisme: la figure d'Hermès dans l'alchimie à l'âge classique," *Methodos* 3 (2003), 61-82.
Kahn (Didier) (ed.), *La table d'émeraude et sa tradition alchimique* (Paris: Les Belles Lettres, 1994).
——, "Les débuts de Gérard Dorn," in Telle (1994), 59-126.
——, "L'interprétation alchimique de la Genèse chez Joseph Du Chesne dans le contexte de ses doctrines alchimiques et cosmologiques," in *Scientiae et artes: Die Vermittlung alten und neuen Wissens in Literatur, Kunst und Musik*, ed. Barbara Mahlmann-Bauer (Wiesbaden, Harrassowitz, 2004), 641-692.
——, *Alchimie et Paracelsianisme en France (1567-1625)* (Genève: Droz, 2007).
——, "King Henry IV, Alchemy, and Paracelsianism in France (1589-1610)," in Principe (2007), 1-11.
——, "Alchemical Poetry in Medieval and Early Modern Europe: A Preliminary Survey and Synthesis. Part I: Preliminary Survey," *Ambix* 57 (2010), 249-274.
Kahn (Didier) & Sylvain Matton (eds.), *Alchimie: art, histoire et mythes* (Paris: SEHA, 1995).
Karpenko (Vladimir), "Coins and Medals made of Alchemical Metal," *Ambix* 35 (1988), 65-76.
——, *Alchemical Coins and Medals* (Glasgow: Adam Maclean, 1998).
——, "Alchemistische Münzen und Medaillen," *Anzeiger der Germanischen National-museums* (2001), 49-72.
——, "Systems of Metals in Alchemy," *Ambix* 50 (2003), 208-230.
Kauffman (George B.), "The Mystery of Stephen H. Emmens: Successful Alchemist or Ingenious Swindler?" *Ambix* 30 (1983), 65-88.
Keyser (Paul T.), "Greco-Roman Alchemy and Coins of Imination Silver," *American Journal of Numismatics* 7-8 (1995), 209-233.
Kibre (Pearl), "Alchemical Writings Attributed to Albertus Magnus," *Speculum* 17 (1942), 511-515.
——, "Albertus Magnus on Alchemy," in *Albertus Magnus and the Sciences*, ed. James A. Weisheipl (Toronto: Pontifical Institute of Mediaeval Studies, 1980), 187-202.

Klein-Francke (Felix), "Al-Kindi," in *The History of Islamic Philosophy*, ed. Seyyed Hossein Nasr & Oliver Leaman (New York: Routledge, 1996), 165-177.

Klosa (Achim), *Johann Christian Wiegleb (1732-1800): Ein Ergobiographie der Auflärung* (Stuttgart: Wissenschaftlische Buchgesellshaft, 2009).

Kraus (Paul), *Jābir ibn Hayyān: contribution à l'histoire des idées scientifiques dans l'Islam*, I: *Le corpus des écrits jābiriens* (*Mémoires de l'Institute d'Égypte* 44 (1943); repr. Hildesheim: Olms, 1989).

——, *Jābir ibn Hayyān: contribution à l'histoire des idées scientifiques dans l'Islam*, II: *Jābir et la science grecque* (*Mémoires de l'Institute d'Égypte* 45 (1942); repr. Paris: Les Belles Lettres, 1986).

Lapidus, *In Pursuit of Gold: Alchemy in Theory and Practice* (New York: Weiser, 1976).

Leibenguth (Erik), *Hermetische Poesie des Frühbarock: Die* Cantilenae intellectuales *Michael Maiers* (Tübingen: Niemeyer, 2002).

Lemay (Richard), "L'authenticité de la Préface de Robert de Chester à sa traduction du *Morienus*," *Chrysopoeia* 4 (1990-1991), 3-32.

Lenz (Hans Gerhard), *Triumphwagen des Antimons: Basilius Valentinus, Kerckring, Kirchweger* (Elberfeld: Humberg, 2004).

Levey (Martin), *Chemistry and Chemical Technologies in Ancient Mesopotomia* (Amsterdam: Elsevier, 1959).

Lindberg (David C.), *The Beginnings of Western Science* (Chicago: University of Chicago Press, 1992/2007).

Linden (Stanton J.), "Jonson and Sendivogius: Some New Light on *Mercury Vindicated*," *Ambix* 24 (1977), 39-54.

——, *Darke Hieroglyphicks: Alchemy in English Literature from Chaucer to the Restoration* (Lexington: University Press of Kentucky, 1996).

Lloyd (Geoffrey E. R.), *Greek Science after Aristotle* (New York: Norton, 1973).

López-Pérez (Miguel), Didier Kahn & Mar Rey-Bueno (eds.), *Chymia: Science and Nature in Medieval and Early Modern Europe* (Newcastle-upon-Tyne: Cambridge Scholars Publishing, 2010).

Lory (Pierre), *L'Élaboration du Élixir Suprême* (Damascus: Institut français de Damas, 1988).

Luca (Alfred) & John R. Harris. *Ancient Egyptian Materials and Industries* (London: Arnold, 1962).

Lüthy (Christoph), "The Fourfold Democritus on the Stage of Early Modern Europe," *Isis* 91 (2000), 442-479.

Malcolm (Noel), "Robert Boyle, Georges Pierre des Clozets, and the Asterism: New Sources," *Early Science and Medicine* 9 (2004), 293-306.

Mandosio (Jean-Marc), "La place de l'alchimie dans les classifications des sciences et des arts à la Renaissance," *Chrysopoeia* 4 (1990–1991), 199–282.

Manning (John), *The Emblems* (London: Reaktion Books, 2002).

Margolin (Jean-Claude) & Sylvain Matton (eds.), *Alchimie et philosophie à la Renaissance* (Paris: Vrin, 1993).

Martelli (Matteo), "L'opera alchemica dello Pseudo-Democrito: un riesame del testo," *Eikasmos* 14 (2003), 161–184.

——, "Chymica Graeco-Syriaca: osservationi sugli scritti alchemici pseudo-Democritei nelle tradizioni greca e sirica," in *'Uyūn al-Akhbār: studi sul mondo Islamico*, ed. D. Cevenini & S. D'Onofrio (Bologna: Il Ponte, 2008), 219–249.

——, "'Divine Water' in the Alchemical Writings of Pseudo-Democritus," *Ambix* 56 (2009), 5–22.

—— (ed.), *Pseudo-Democrito: scritti alchemici, con il commentario di Sinesio* (Paris: SEHA, 2011a).

——, "Greek Alchemists at Work: 'Alchemical Laboratory' in the Greco-Roman Egypt," *Nuncius* 26 (2011b), 271–311.

—— (ed.), *The Four Books of Pseudo-Democritus* (London: Routledge, 2014).

Martin (Craig), "Alchemy and the Renaissance Commentary Tradition on *Meteorologica* IV," *Ambix* 51 (2004), 245–262.

Martin (Luther H.), "A History of the Psychological Interpretation of Alchemy," *Ambix* 22 (1975), 10–20.

Martinón-Torres (Marcos), "Some Recent Developments in the Historiography of Alchemy," *Ambix* 58 (2011), 215–237.

Martinón-Torres (Marcos) & Thilo Rehren, "Alchemy, Chemistry and Metallurgy in Renaissance Europe: A Wider Context for Fire Assay Remains," *Historical Metallurgy* 39 (2005), 14–31.

——, "Post-Medieval Crucible Production and Distribution: A Study of Materials and Materialities," *Archaeometry* 51 (2009), 49–74.

Martinón-Torres (Marcos), Thilo Rehren, & I. C. Freestone, "Mullite and the Mystery of Hessian Wares," *Nature* 444 (2006), 437–438.

Martinez Oliva (Juan Carlos), "Monetary Integration in the Roman Empire," in *From the Athenian Tetradrachm to the Euro*, ed. P. L. Cottrell et al. (Aldershot: Ashgate, 2007), 7–23.

Marx (Jacques), "Alchimie et palingénésie," *Isis* 62 (1971), 274–289.

Matton (Sylvain), "Une lecture alchimique de la Bible: les *Paradoxes chimiques de* Francois Thybourel," *Chrysopoeia* 2 (1988), 401–422.

——, "L'influence de l'humanisme sur la tradition alchimique," *Micrologus* 3 (1995), 279–345.

——, "L'interprétation alchimique de la mythologie," *Dix-huitième siècle* 27 (1995), 73-87.

——, "Thématique alchimique et litterature religieuse dans la France du XVIIe siècle," *Chrysopoeia* 2 (1998), 129-208.

——, "Remarques sur l'alchimie transmutatoire chez les théologiens réformés de la Renaissance," *Chrysopoeia* 7 (2000-2003), 171-194.

——, *Scolastique et alchimie* (Paris: SEHA, 2009).

McGuire (James E.) & P. M. Rattansi, "Newton and the Pipes of Pan," *Notes and Records of the Royal Society of London* 21 (1966), 108-143.

McIntosh (Christopher), *Eliphas Lévi and the French Occult Revival* (London: Rider, 1975).

——, *The Rose Cross and the Age of Reason: Eighteenth Century Rosicrucianism in Central Europe and its Relationship to the Enlightenment* (Leiden: Brill, 1992).

Mehrens (A. F.), "Vues d'Avicenne sur l'astrologie et sur le rapport de la responsabilité humaine avec le destin," *Muséon* 3 (1884), 383-403.

Meinel (Christoph) (ed.), *Die Alchemie in der europäischer Kultur- und Wissenschafts-geschichte* (Wiesbaden: Harrassowitz, 1986).

——, "Alchemie und Musik," in Meinel (1986), 201-228.

Mellor (Joseph W.), *A Comprehensive Treatise on Inorganic and Theoretical Chemistry* (London: Longmans, 1922-1937).

Mercier (Alain), "August Strindberg et les alchimistes français: Hemel, Vial, Tiffereau, Jollivet-Castelot," *Revue de littérature comparée* 43 (1969), 23-46.

Merkur (Dan), "Methodology and the Study of Western Spiritual Alchemy," *Theosophical History* 8 (2000), 53-70.

Mertens (Michèle), "Graeco-Egyptian Alchemy in Byzantium," in *The Occult Sciences in Byzantium*, ed. Paul Magdalino & Maria Mavroudi (Genève: La Pomme d'Or, 2006), 205-230.

Möller (Horst), "Die Gold- und Rosenkreuzer, Struktur, Zielsetzung und Wirkung einer anti-aufklärerischen Geheimgesellschaft," in *Geheime Gesellschaften*, ed. Peter Christian Ludz (Heidelberg: Schneider, 1979), 153-202.

Moran (Bruce T.), *The Alchemical World of the German Court* (Stuttgart: Steiner, 1991).

——, *Distilling Knowledge: Alchemy, Chemistry, and the Scientific Revolution* (Cambridge, MA: Harvard University Press, 2005).

——, *Andreas Libavius and the Transformation of Alchemy: Separating Chemical Cultures with Polemical Fire* (Sagamore Beach, MA: Science History Publications, 2007).

——, "Alchemy and the History of Science: Introduction," *Isis* 102 (2011), 300-304.

Morrison (Mark S.), *Modern Alchemy: Occultism and the Emergence of Atomic Theory* (Oxford: Oxford University Press, 2007).

Mulsow (Martin), "Ambiguities of the *Prisca Sapientia* in Late Renaissance Humanism," *Journal of the History of Ideas* 65 (2004), 1-13.

Needham (Joseph), *Science and Civilisation in China*, V: *Chemistry and Chemical Technology* (Cambridge: Cambridge University Press, 1974-1983).

Neumann (Ulrich), "Michel Maier (1569-1622) 'Philosophe et médecin,'" in Margolin & Matton (1993), 307-326.

Newman (William R.), "New Light on the Identity of Geber," *Sudhoffs Archiv* 69 (1985), 79-90.

——, "Genesis of the *Summa perfectionis*," *Archives internationales d'histoire des sciences* 35 (1985), 240-302.

——, "Newton's *Clavis* as Starkey's *Key*," *Isis* 78 (1987), 564-574.

——, "Technology and Alchemical Debate in the Late Middle Ages," *Isis* 80 (1989), 423-445.

——, *The* Summa Perfectionis *of the Pseudo-Geber* (Leiden: Brill, 1990).

——, *Gehennical Fire: The Lives of George Starkey, an American Alchemist in the Scientific Revolution* (Cambridge, MA: Harvard University Press, 1994).

——, "The Philosophers' Egg: Theory and Practice in the Alchemy of Roger Bacon," *Micrologus* 3 (1995), 75-101.

——, "The Homunculus and His Forebears: Wonders of Art and Nature," in *Natural Particulars: Nature and the Disciplines in Renaissance Europe*, ed. Anthony Grafton & Nancy Siraisi (Cambridge, MA: MIT Press, 1999), 321-345.

——, *Promethean Ambitions: Alchemy and the Quest to Perfect Nature* (Chicago: University of Chicago Press, 2004).

——, *Atoms and Alchemy: Chymistry and the Experimental Origins of the Scientific Revolution* (Chicago: University of Chicago Press, 2006).

Newman (William R.) & Lawrence M. Principe, *Alchemy Tried in the Fire: Starkey, Boyle, and the Fate of Helmontian Chymistry* (Chicago: University of Chicago Press, 2002).

——, "Alchemy vs. Chemistry: The Etymological Origins of a Historiographic Mistake," *Early Science and Medicine* 3 (1998), 32-65.

Nicholson (Paul T.) & Ian Shaw (eds.), *Ancient Egyptian Materials and Technology* (Cambridge: Cambridge University Press, 2000).

Noll (Richard), *The Jung Cult* (Princeton: Princeton University Press, 1994).

——, *The Aryan Christ* (New York: Random House, 1997).

Nummedal (Tara), *Alchemy and Authority in the Holy Roman Empire* (Chicago: University of Chicago Press, 2007).

——, "Words and Works in the History of Alchemy," *Isis* 102 (2011), 330-337.

Obrist (Barbara), *Les débuts de l'imagerie alchimique* (Paris: Le Sycomore, 1982).

Opsomer (Carmélia) & Robert Halleux, "L'alchimie de Théophile et l'abbaye de Stavelot," in *Comprendre et maîtriser la nature au Moyen Âge*, ed. Guy Beaujouan (Genève: Droz, 1994), 437-459.

Osler (Margaret J.), *Reconfiguring the World: Nature, God, and Human Understanding from the Middle Ages to Early Modern Europe* (Baltimore: Johns Hopkins University Press, 2010).

Pagel (Walter), "The Vindication of Rabbish," *Meddlesex Hospital Journal* 45 (1945), 42-45, repr. in idem, *Religion and Neoplatonism in Renaissance Medicine* (London: Variorum, 1985), 1-14.

——, *Paracelsus: An Introduction to Philosophical Medicine in the Era in the Renaissance* (Basel: Karger, 1958).

——, *Joan Baptista Van Helmont* (Cambridge: Cambridge University Press, 1982).

Papathanassiou (Maria K.), "Stephanus of Alexandria: On the Structure and Date of His Alchemical Work," *Medicina nei Secoli* 8 (1996), 247-266.

——, "L'Œuvre alchimique de Stephanos d'Alexandrie," in *L'alchimie et ses racines philosophiques: la tradition grecque et la tradition arabe*, ed. Cristina Viano (Paris: Vrin, 2005), 113-133.

——, "Stephanos of Alexandria: A Famous Byzantine Scholar, Alchemist and Astrologer," in *The Occult Sciences in Byzantium*, ed. Paul Magdalino & Maria Mavroudi (Genève: La Pomme d'Or, 2006), 163-203.

Pereira (Michela), "Sulla tradizione testuale del *Liber de secretis naturae seu de quinta essentia* attribuito a Raimondo Lullo," *Archives internationales d'histoire des sciences* 36 (1986), 1-16.

——, "La leggenda di Lullo alchimista," *Estudios lulianos* 27 (1987), 145-163.

——, *The Alchemical Corpus Attributed to Raymond Lull* (London: Warburg Institute, 1989).

——, "Un tesoro inestimabile: elixir e *prolongatio vitae* nell'alchimiae del '300," *Micrologus* 1 (1992), 161-187.

——, "*Medicina* in the Alchemical Writings attributed to Raimond Lull," in Rattansi & Clericuzio (1994), 1-15.

——, "Teorie dell'elixir nell'alchimia latina medievale," *Micrologus* 3 (1995), 103-148.

Perifano (Alfredo), "*Theorica et practica* dans un manuscrit alchimique de Sisto de Boni Sexti da Norcia, alchimiste à la cour de Côme Ier de Médicis," *Chrysopoeia* 4 (1990-1991), 81-146.

——, *L'alchimie à la cour de Côme Ier de Médicis: savoirs, culture et politique* (Paris: Champion, 1997).

Plessner (Martin), "Neue Materialien zur Geschichte der *Tabula Smaragdina*," *Der Islam* 16 (1928), 77–113.
——, "Hermes Trismegistus and Arab Science," *Studia Islamica* 2 (1954), 45–59.
——, "The Place of the *Turba Philosophorum* in the Development of Alchemy," *Isis* 45 (1954), 331–338.
——, *Vorsokratische Philosophie und griechische Alchemie* (Wiesbaden: Steiner, 1975).
Porto (Paulo Alves), "'Summus atque felicissimus salium': The Medical Relevance of the Liquor Alkahest," *Bulletin of the History of Medicine* 76 (2002), 1–29.
Post (Gaines), "Master's Salaries and Student-Fees in Mediaeval Universities," *Speculum* 7 (1932), 181–198.
Post (Gaines), Kimon Giocarinis & Richard Kay, "The Medieval Heritage of a Humanistic Ideal: 'Scientia donum dei est, unde vendi non potest,'" *Traditio* 11 (1955), 195–234.
Powers (John C.), "'Ars sine Arte': Nicholas Lemery and the End of Alchemy in Eighteenth-Century France," *Ambix* 45 (1998), 163–189.
——, *Inventing Chemistry: Herman Boerhaave and the Reform of the Chemical Arts* (Chicago: University of Chicago Press, 2012).
Prescher (Hans), *Georgius Agricola: Persönlichkeit und Wirken für den Bergbau und das Hüttenwesen des 16. Jahrhunderts* (Weinheim: VCH, 1985).
Priesner (Claus), "Johann Thoelde und die Schriften des Basilius Valentinus," in Meinel (1986), 107–118.
Principe (Lawrence M.), "Chemical Translation and the Role of Impurities in Alchemy: Examples from Basil Valentine's *Triumph-Wagen*," *Ambix* 34 (1987), 21–30.
——, *The Aspiring Adept: Robert Boyle and His Alchemical Quest* (Princeton: Princeton University Press, 1998).
——, "Diversity in Alchemy: The Case of Gaston 'Claveus' DuClo, a Scholastic Mercurialist Chrysopoeian," in *Reading the Book of Nature: The Other Side of the Scientific Revolution*, ed. Allen G. Debus & Michael Walton (Kirksville: Sixteenth Century Press, 1998), 181–200.
——, "D. G. Morhof's Analysis and Defence of Transmutational Alchemy," in *Mapping the World of Learning: The Polyhistor of Daniel Georg Morhof*, ed Françoise Wacquet (Harrassowitz: Wiesbaden, 2000), 138–153.
——, "Apparatus and Reproducibility in Alchemy," in *Instruments and Experimentation in the History of Chemistry*, ed. Frederic L. Holmes & Trevor Levere (Cambridge, MA: MIT Press, 2000), 55–74.
——, "Georges Pierre des Clozets, Robert Boyle, the Alchemical Patriarch of Antioch, and the Reunion of Christendom: Further New Sources," *Early Science*

and Medicine 9 (2004), 307–320.

——, "Reflections on Newton's Alchemy in Light of the New Historiography of Alchemy," in *Newton and Newtonianism: New Studies*, ed. James E. Force & Sarah Hutton (Dordrecht: Kluwer, 2004), 205–219.

——, "Van Helmont," in *Dictionary of Medical Biography* 3 (2006), III: 626–628.

——, "A Revolution Nobody Noticed?: Changes in Early Eighteenth Century Chymistry," in *New Narratives in Eighteenth-Century Chemistry*, ed. Lawrence M. Principe (Dordrecht: Springer, 2007), 1–22.

—— (ed.), *Chymists and Chymistry: Studies in the History of Alchemy and Early Modern Chemistry* (Sagamore Beach, MA: Science History Publications, 2007).

——, "Transmuting Chymistry into Chemistry: Eighteenth-Century Chrysopoeia and its Repudiation," in *Neighbours and Territories: The Evolving Identity of Chemistry*, ed. José Ramón Bertomeu-Sánchez et al. (Louvain-la-Neuve: Mémosciences, 2008), 21–34.

——, "Revealing Analogies: The Descriptive and Deceptive Roles of Sexuality and Gender in Latin Alchemy," in *Hidden Intercourse: Eros and Sexuality in the History of Western Esotericism*, ed. Wouter J. Hanegraaff & Jeffrey J. Kripal (Leiden: Brill, 2008), 208–229.

——, "Alchemy Restored," *Isis* 102 (2011a), 305–312.

——, *The Scientific Revolution: A Very Short Introduction* (Oxford: Oxford University Press, 2011b) =L・M・プリンチーペ『科学革命』菅谷暁・山田俊弘訳（丸善出版，2014 年）.

——, *Wilhelm Homberg and the Transmutations of Chymistry* (forthcoming).

Principe (Lawrence M.) & Lloyd Dewitt, *Transmutations: Alchemy in Art* (Philadelphia: Chemical Heritage Foundation, 2002).

Principe (Lawrence M.) & William R. Newman, "Some Problems in the Historiography of Alchemy," in *Secrets of Nature: Astrology and Alchemy in Early Modern Europe*, ed. William Newman & Anthony Grafton (Cambridge, MA: MIT Press, 2001), 385–434.

Prinke (Rafal T.), "Beyond Patronage: Michael Sendivogius and the Meanings of Success in Alchemy," in López-Pérez et al. (2010), 175–231.

Pumphrey (Stephen), "The Spagyric Art: Or, the Impossible Work of Separating Pure from Impure Paracelsianism: A Historiographical Analysis," in Grell (1998), 21–51.

Putscher (Marielene), "Das *Buch der heiligen Dreifaltigkeit* und seine Bilder in Handschriften des 15. Jahrhunderts," in Meinel (1986), 151–178.

Rampling (Jennifer), "Establishing the Canon: George Ripley and His Alchemical Sources," *Ambix* 55 (2008), 189–208.

——, "The Catalogue of the Ripley Corpus: Alchemical Writings attributed to George Ripley," *Ambix* 57 (2010), 125–201.

——, "The Alchemy of George Ripley, 1470–1700," Ph.D. diss. (Clare College, University of Cambridge, 2010).

——, "Alchemy and 'Paractical Exgesis' in Early Modern England," *Osiris* 29 (2014), 19–34.

Ranking (G. S. A.), "The Life and Works of Rhazes (Abu Bakr Muhammad bin Zakariya ar-Razi)," in *Proceedings of the XVII International Congress of Medicine* (London, 1913), sec. 23: 237–268.

Rattansi (Piyo) & Antonio Clericuzio (eds.), *Alchemy and Chemistry in the 16th and 17th Centuries* (Dordrecht: Kluwer, 1994).

Ray (Praphulla Chandra), *A History of Hindu Chemistry*, 2 vols. (London: Williams and Norgate, 1907–1909).

Read (John), *Prelude to Chemistry: An Outline of Alchemy, Its Literature and Relationships* (London: Bell and Sons, 1936).

Rebotier (Jacques), "La musique cachée de l'*Atalanta fugiens*," *Chrysopoeia* 1 (1987), 56–76.

——, "La *Musique de Flamel*," in Kahn & Matton (1995), 507–546.

Reidy (John), "Thomas Norton and the *Ordinall of Alchimy*," *Ambix* 6 (1957), 59–85.

Ricketts (Mac Linscott), *Mircea Eliade: The Romanian Roots, 1907–1945* (Boulder: East European Monographs, 1988).

Roosen-Runge (Heinz), *Farbgebung und Technik frümittelalterlicher Buchmalerei: Studien zu den Traktaten* Mappae Clavicula *und* Heraclius, 2 vol. (München: Deutscher Kunstverlag, 1967).

Rösche (Johannes), *Robert Fludd: Der Versuch einer hermetischen Alternative zur neuzeitlichen Naturwissenschaft* (Göttingen: V&R, 2008).

Rose (Thomas Kirke), "The Dissociation of Chloride of Gold," *Journal of the Chemical Society* 67 (1895), 881–904.

Ruska (Julius), "Al-Biruni als Quelle für das Leben und die Schriften al-Rāzī's," *Isis* 5 (1923), 26–50.

——, *Arabische Alchemisten*, I: *Chālid ibn-Jazīd ibn-Mu'āwija* (*Heidelberger Akten von-Portheim-Stiftung* 6 [1924]; repr. Vaduz: Sändig, 1977).

——, *Arabische Alchemisten*, II: *Ǧa'far Alṣādiq, der Sechste Imām* (*Heidelberger Akten von-Portheim-Stiftung* 10 [1924]; repr. Vaduz: Sändig, 1977).

——, *Tabula Smaragdina: Ein Beitrag zur Geschichte der hermetischen Literatur* (Heidelberg: Winter, 1926).

——, *Turba philosophorum: Ein Beitrag zur Geschichte der Alchemie* (Berlin: Sprin-

ger, 1931).

——, "Die Alchemie des Avicenna," *Isis* 21 (1934), 14-51.

——, "Die Alchemie ar-Razi's," *Der Islam* 22 (1935), 281-319.

——, *Al-Rāzī's Buch der Geheimnis der Geheimnisse* (Berlin: Springer, 1937; repr. Graz: Geheimes Wissen, 2007).

Ruska (Julius) & E. Wiedemann, "Beiträge zur Geschichte der Naturwissenschaften LXVII: Alchemistische Decknamen," *Sitzungsberichte der Physikalisch-medizinalischen Societät zu Erlangen* 56 (1924), 17-36.

Saffrey (Henri Dominique), "Historique et description du manuscrit alchimique de Venise *Marcianus graecus* 299," in Kahn & Matton (1995), 1-10.

Schott (Heinz) & Ilana Zinguer, *Paracelsus und seine internationale Rezeption in der frühen Neuzeit* (Leiden: Brill, 1998).

Segonds (Alain-Philippe), "Tycho Brahe et l'alchimie," in Margolin & Matton (1993), 365-378.

——, "Astronomie terrestre/astronomie céleste chez Tycho Brahe," in *Nouveau ciel, nouvelle terre: la révolution copernicienne dans l'Allemagne de la Réforme (1530-1630)*, ed. Miguel Ángel Granada & Édouard Mehl (Paris: Les Belles Lettres, 2009), 109-142.

Shackelford (Jole), "Tycho Brahe, Laboratory Design, and the Aim of Science: Reading Plans in Context," *Isis* 84 (1993), 211-230.

Siggel (Alfred), *Decknamen in der arabischen alchemistischen Literatur* (Berlin: Akademie, 1951).

Sivin (Nathan), *Chinese Alchemy: Preliminary Studies* (Cambridge, MA: Harvard University Press, 1968).

——, "Research on the History of Chinese Alchemy," in *Alchemy Revisited*, ed. Zweder R. W. M. von Martels (Leiden: Brill, 1990), 3-20.

Slater (John), "Rereading Cabriada's *Carta*: Alchemy and Rhetoric in Baroque Spain," *Colorado Review of Hispanic Studies* 7 (2009), 67-80.

Smith (Cyril Stanley) & John G. Hawthorne, *Mappae Clavicula: A Little Key to the World of Medieval Techniques* (Philadelphia: American Philosophical Society, 1974).

Smith (Pamela H.), "Alchemy as a Language of Mediation in the Habsburg Court," *Isis* 85 (1994), 1-25.

——, *The Business of Alchemy: Science and Culture in the Holy Roman Empire* (Princeton: Princeton University Press, 1994).

Stapleton (Henry Ernest) et al., "Chemistry in Iraq and Persia in the Tenth Century AD," *Memoirs of the Asiatic Society of Bengal* 8 (1927), 317-418.

—— et al., "Two Alchemical Treatises Attributed to Avicenna," *Ambix* 10 (1962),

41–82.
Steele (Robert B.), "The Treatise of Democritus on Things Natural and Mystical," *Chemical News* 61 (1890), 88–125.
Stolzenberg (Daniel), "Unpropitious Tinctures: Alchemy, Astrology, and Gnosis according to Zosimos of Panopolis," *Archives internationales d'histoire des sciences* 49 (1999), 3–31.
Strein (Jürgen), "Siegmund Heinrich Güldenfalks *Sammlung von mehr als 100 Transmutationgeschichten* (1784)," in *Iliaster: Literatur und Naturkunde in der frühen Neizeit*, ed. Wilhelm Kühlmann & Wolf-Dieter Müller-Jahncke (Heidelberg: Manutius, 1999), 275–283.
Strohmaier (Gotthard), "Al-Mansūr und die Frühe Rezeption der Griechischen Alchemie," *Zeitschrift für Geschichte der Arabisch-Islamischen Wissenschaften* 5 (1989), 167–177.
——, "'Umāra ibn Hamza, Constantine V, and the Invention of the Elixir," *Graeco-Arabica* 4 (1991), 21–24.
Sutherland (Carol H. V.), "Diocletian's Reform of the Coinage: A Chronological Note," *The Journal of Roman Studies* 45 (1955), 116–118.
Taylor (Frank Sherwood), "Alchemical Works of Stephanus of Alexandria," *Ambix* 1 (1937), 116–139; 2 (1938), 39–49.
——, *The Alchemists: Founders of Modern Chemistry* (New York: Schuman, 1949) ＝F・S・テイラー『錬金術師：近代化学の創設者たち』平田寛・大槻真一郎訳（人文書院，1978 年）.
Telle (Joachim), "Chymische Pflanzen in der deutschen Literatur," *Medizinhistorisches Journal* 8 (1973), 1–34.
——, "Paracelsistische Sinnbildkunst: Bemerkungen zu einer Pseudo-*Tabula smaragdina* des 16. Jahrhunderts," in *Bausteine zur Medizingeschichte* (Wiesbaden: Steiner, 1984), 129–139 = "L'art symbolique paracelsien: remarques concernant une pseudo-*Tabula smaragdina* du XVIe siècle," in *Présence de Hèrmes Trismégeste*, ed. Antoine Faivre (Paris: Albin Michel, 1988), 184–208.
——, "Remarques sur le *Rosarium philosophorum* (1550) ," *Chrysopoeia* 5 (1992–1996), 265–320.
—— (ed.), *Analecta Paracelsica: Studien zum Nachleben Theophrast von Hohenheims im deutschen Kulturgebiet der frühen Neuzeit* (Stuttgart: Steiner, 1994).
Travaglia (Pinella), *Magic, Causality and Intentionality: The Doctrine of Rays in al-Kindī* (Firenze: Sismel, 1999).
——, "I *Meteorologica* nella tradizione eremetica araba: il *Kitāb sirr al halīqa,*" in Viano (2002), 99–112.
Ullmann (Manfred), *Die Natur- und Geheimwissenschaften im Islam* (Leiden: Brill,

1972).
——, "Hālid ibn-Yazīd und die Alchemie: Eine Legende," *Der Islam* 55 (1978), 181-218.
Van Bladel (Kevin T.), *The Arabic Hermes: From Pagan Sage to Prophet of Science* (Oxford: Oxford University Press, 2009).
Van Lennep (Jacques), *Art et alchimie* (Bruxelles: Meddens, 1966).
Van Martels (Zweder R. W. M.), "Augurello's *Chrysopoeia* (1515): A Turning Point in the Literary Tradition of Alchemical Texts," *Early Science and Medicine* 5 (2000), 178-195.
Van Minnen (Peter), "Urban Craftsmen in Roman Egypt," *Münstersche Beiträge zur antiken Handelsgeschichte* 6 (1987), 31-87.
Viano (Cristina), "Olympiodore l'alchimiste et les Présocratiques," in Kahn & Matton (1995), 95-150.
——, "Aristote et l'alchimie grecque," *Revue d'histoire des sciences* 49 (1996), 189-213.
——, "Gli alchimisti greci e l'acqua divina," *Rendiconti della Accademia nazionale delle scienze*, parte II, *memorie di scienze fisiche e naturali* 21 (1997), 61-70.
—— (ed.), *Aristoteles chemicus: il IV libro dei* Meteorologica *nella tradizione antica e medievale* (Sankt Augustin: Academia, 2002).
——, "Le commentaire d'Olympiodore au livre IV des *Météorologiques* d'Aristotle," in Viano (2002), 59-79.
——, "Les alchimistes gréco-alexandrins et le *Timée* de Platon," in *L'Alchimie et ses racines philosophiques: la tradition grecque et la tradition arabe*, ed. Cristina Viano (Paris: Vrin, 2005), 91-108.
——, *La matière des choses: le livre IV des* Météorologiques *d'Aristotle et son interpretation par Olympiodore* (Paris: Vrin, 2006).
Vinciguerra (Antony), "The *Ars alchemie*: The First Latin Text on Practical Alchemy," *Ambix* 56 (2009), 57-67.
Waddell (Mark A.), "Theatres of the Unseen: The Society of Jesus and the Problem of the Invisible in the Seventeenth Century," Ph.D. diss. (Johns Hopkins University, 2006).
Warlick (M. E.), *Max Ernst and Alchemy: A Magician in Search of a Myth* (Austin: University of Texas Press, 2001).
Webster (Charles), *Paracelsus: Magic, Medicine and Mission at the End of Time* (New Haven: Yale University Press, 2008).
Weisser (Ursula), *Das* Buch über das Geheimnis der Schöpfung *von Pseudo-Apollonios von Tyana* (Berlin: de Gruyter, 1980).
Westfall (Richard S.), "Alchemy in Newton's Library," *Ambix* 31 (1994), 97-101.

Weyer (Jost), *Graf Wolfgang von Hohenlohe und die Alchemie: Alchemistische Studien in Schloss Weikersheim 1587-1610* (Thorbecke: Sigmaringen, 1992).
Wiedemann (Eilhard), "Zur Alchemie bei der Arabern," *Journal für praktische Chemie* 184 (1907), 115-123.
Wilsdorf (Helmut), *Georg Agricola und seine Zeit* (Berlin: Deutsche Verlag der Wissenschaften, 1956).
Winter (Alison), *Mesmerized: Powers of Mind in Victorian Britain* (Chicago: University of Chicago Press, 1998).
Wujastyk (Dominik), "An Alchemical Ghost: The Rasaratnakara by Nagarjuna," *Ambix* 31 (1984), 70-84.
Zanier (Giancarlo), "Procedimenti farmacologici e pratiche chemioterapeutiche nel *De consideratione quintae essentiae*," in Crisciani & Bagliani (2003), 161-176.
Ziegler (Joseph), *Medicine and Religion c. 1300: The Case of Arnau de Vilanova* (Oxford: Clarendon Press, 1998).

3. 邦語の補足文献

榎本恵美子『天才カルダーノの肖像：ルネサンスの自叙伝，占星術，夢解釈』(勁草書房，2013年).
グラフトン (アンソニー)『テクストの擁護者たち』ヒロ・ヒライ監訳 (勁草書房，2015年).
菊地原洋平『パラケルススと魔術的ルネサンス』(勁草書房，2013年).
ヒライ (ヒロ)「ルネサンスの種子の理論：中世哲学と近代科学をつなぐミッシング・リンク」『思想』第944号 (2002年)，129-152頁.
——「ルネサンスにおける世界精気と第五精髄の概念：ジョゼフ・デュシェーヌの物質理論」『ミクロコスモス：初期近代精神史研究』(月曜社，2010年)，39-69頁.
ヒライ (ヒロ) + 小澤実編『知のミクロコスモス：中世・ルネサンスのインテレクチュアル・ヒストリー』(中央公論新社，2014年).
山田俊弘『ジオコスモスの変容：デカルトからライプニッツまでの地球論』(勁草書房，2017年).

口絵・図版一覧

口絵 1, 8, 9, 10, 11, 12＝科学史インスティテュート (旧ケミカル・ヘリテイジ財団) 蔵
口絵 7＝ウィーン美術史美術館蔵
図 3-1, 3-2, 3-3, 3-4, 3-5, 5-1, 6-3, 6-4, 6-5, 6-7, 6-9, 6-10＝ウィスコンシン大学記念図書館蔵
図 6-1, 6-8, 7-1, 7-5, 7-6＝科学史インスティテュート (旧ケミカル・ヘリテイジ財団) 蔵
図 7-2＝ジョンズ・ホプキンズ大学シェリダン図書館蔵
図 2-1, 5-2, 6-2, 6-6＝クレア・ヒライ制作